감각·착각·환각

감각·착각·환각 증보판

제1판 제1쇄 발행 2014년 07월 07일
증보판 제2쇄 발행 2022년 07월 18일

지은이 최낙언
펴낸이 임용훈

마케팅 오미경
편집 전민호
용지 (주)정림지류
인쇄 올인피앤비

펴낸곳 예문당
출판등록 1978년 1월 3일 제305-1978-000001호
주소 서울시 영등포구 문래동 6가 19 문래SK V1 CENTER 603호
전화 02-2243-4333~4
팩스 02-2243-4335
이메일 master@yemundang.com
블로그 www.yemundang.com
페이스북 www.facebook.com/yemundang
트위터 @yemundang

ISBN 978-89-7001-623-8 14470
      978-89-7001-615-3 14470 (세트)

＊ 본사는 출판물 윤리강령을 준수합니다.
＊ 이 책은 저작권법에 의하여 보호를 받는 저작물이므로 무단전재와 무단복제를 금합니다.
＊ 파본은 구입하신 서점에서 교환해 드립니다.

우리는 어떻게 세상을 보고 맛보는가
HOW BRAIN CREATE FLAVOR

감각·착각·환각

증보판

최낙언 지음

예문당

증보판 서문

우리는 어떻게
세상을 보고 '맛'보는가

　이 책의 초판본이 나온 지도 벌써 7년이 지났다. 이보다 앞서 쓴 몇 권의 책은 식품에 대한 오해와 편견을 풀기 위한 내용이라 뭔가 애써 설득하고 숙제하는 느낌이었다면, 당시에 이 책은 처음으로 오로지 내가 하고 싶은 말에 집중하여 쓴 것이라 탈고하고 난 뒤 기분이 아주 좋았다. 더구나 오랫동안 찾으려 했던 지각의 원리를 '지각은 감각과 일치하는 환각이다'라는 개념 하나로 정리하고, 그것으로 내가 궁금했던 여러 가지 맛의 현상이 설명되어 즐거웠다. 이는 이후에 나온 『맛의 원리(2015)』를 쓸 때도 많은 도움이 되었다. 맛에서 뇌의 역할이 절반 이상이라고 생각했지만 그것을 어떻게 풀어야 할지 난감했는데, 내 나름의 지각의 원리가 정리되자 글쓰기가 훨씬 쉬워진 것이다.

　이후 여러 책을 계획 없이 그때그때 쓰다 보니 중복되는 부분이 생기고, 설명이 미진한 부분도 있었다. 그래서 작년부터 몇 권의 책을 〈맛 시리즈〉로 묶어서 정리하기 시작했고, 이 책도 그중 하나라 시리즈에 어울리게 내용을 가감하여 증보판으로 보완했다. 초판에서는 주로 시각을 이용하여 지각의 원리를 다루었다면, 이번에는 범위를 넓혀 감각의 기작에 대한 설명과 지각의 원리가 맛에 어떻게 적용되는지에 대한 설명을 추가했다. 이 책을 통해 맛의 감각부터 지각까지 맛 전체에 대한 내 생각을 정리해 보고자 한 것이다.

　'본다'는 것과 '맛을 본다'는 행위는 정말 많이 닮았다. 그런데 우리는 본다는 것 자체를 잘 알지 못한다. 물론 이에 대한 설명은 과학이 없던 시절부터 계속 존재했지만, 나에게 그런 설명은 세상에 무수히 많은 지식의 하나였을 뿐 별다른 의미는 없었다. 그런데 맛을 지각하는 원리를 알기 위해 시각의 원리를 고민하다가 감각, 지각, 착각, 환각이 각각 다른 것이 아니라 단 하나의 장치에서 만들어지는 다양한 상태일 뿐이라는 사실을 알게 되면서 '본다'는 것에 대한 의미를 완전히 새롭게 깨달았고, '맛을 본다'는 현상에도 많은 답을 얻을 수 있었다. 다른 사람이 나에게 "맛이란 무엇인가?"를 묻는다면 『맛의 원리』로 답하겠지만, 나 스스로에게 묻는다면 이 책이 가장 정리된 답이 아닐까 한다.

나는 지식을 늘리는 것보다 기존의 지식을 얼마나 유기적으로 통합하여 일관성 있게 설명할 수 있는지에 관심이 많다. 이 책을 쓰면서 탐구했던, 환각이 존재할 수밖에 없는 이유를 통해 '시각이라는 현상'과 '맛이라는 현상'을 통합적으로 설명할 수 있어서 즐거웠다.

이 책은 '맛'이라는 거대한 현상 중에서 감각과 지각의 기본 원리를 정리하여 맛에서 뇌의 역할을 좀 더 쉽게 이해하고, 맛을 좀 더 온전히 이해할 수 있도록 노력했다.

2021. 12.
최낙언

초판 서문

맛은 뇌가 만든
환각이다

내가 뇌과학에 관심을 가지게 된 계기는 『프루스트는 신경과학자였다』라는 책이었다. 저자인 조나 레러Jonah Lehrer는 콜롬비아 대학에서 신경과학을 전공하고 노벨상 수상자인 유명한 뇌과학자 에릭 캔들Eric Richard Kandle의 실험실에서 연구하면서 요리까지 좋아해서 뉴욕의 일류 레스토랑에서 요리사로 일하기도 했다. 그러던 중 마르셀 프루스트Marcel Proust의 책 『잃어버린 시간을 찾아서』를 읽다가 주인공이 마들렌 과자를 먹으면서 과거의 기억을 오롯이 되살리는 대목을 보고, 그것이 최근에야 신경과학이 밝혀내기 시작한 메커니즘과 동일하다는 것을 깨닫는다. 그리고 과거의 예술가들이 뇌에 관한 진실을 과학이 밝히기 이전에 이미 알고 있었던 것이 아닐까 하고 생각하게 된다. 그래서 자신의 책에 지금에야 밝혀지고 있는 뇌과학 현상을 과학 이전에 통찰한 예술가 8명의 삶을 다룬다. 그 중 한 명이 바로 위대한 요리사 '오귀스트 에스코피에Auguste Escoffier'다. 조나 레러는 그를 통해 미각과 후각 시스템을 조망한다. 나는 그 부분을 읽으며 젊은 뇌과학자가 식품회사에서 20년 이상 근무한 나보다 식품 현상의 본질을 잘 알고 있구나 하는 생각에 부끄러웠다.

그런 그의 이야기 중에는 "어떻게 복잡한 성분이 든 요리에서 전체적인 맛도 알고 부분적인 맛도 구분할 수 있는지 아직 잘 모르고 있으며, 앞으로도 쉽게 풀릴 문제는 아니다"라는 대목이 나온다. 그 문구가 묘하게 나를 자극했다. 그래서 뇌과학에 관한 자료를 볼 때면 항상 그에 대한 힌트가 있는지 살펴보곤 했다. 하지만 여전히 뇌과학은 이해가 쉽지 않았다. 부분에 관한 자료는 많지만, 막상 뇌가 전체적으로 어떻게 작동하는지를 설명하는 이론이 많지 않은 것도 이유 중 하나였다. 결국 뇌과학에 진화론처럼 단순하지만 많은 것을 설명하는 아름다운 이론이 있으면 정말 좋겠다는 생각이 들었다.

그러다 라마찬드란V. S. Ramachandran 박사의 『명령하는 뇌, 착각하는 뇌』를 읽었다. 부분적 에피소드보다는 그것을 단초로 전체적 의미를 찾으려 하는 그의 접근 방식이 아주 좋았다. 라마찬드란은 뇌과학의 원리로 예술의 원리마저 설명하려 한다. 세상에! 인간 정신의 창조적 발산 행위인 예술마저 원리로 설명하려 하다니! 시도 자체만으로 대단해 보였다. 식품은 맛조차 그 원리를 찾으려 하지 않고, 맛은 그저 사람마다 다르고 상황마다 다르다는 설명으로 그냥 넘어가려 하는데 말이다. 물론 맛의 모든 것을 원리로 설명하기는 힘들다. 하지만 최소한의 노력은 해봤는지 묻고 싶다.

얼마 전 올리버 색스Oliver Sacks의 『환각』을 읽었다. 본인이 경험한 여러 가지 환각과 그가 만난 여러 환자의 환각에 대해 다룬 책이었는데 그중에는 향기로 인한 환각(환후) 사례도 있었다. 그것을 본 순간 '아! 환후로 우리가 어떻게 향기를 구분할 수 있는지 설명이 가능하겠구나!' 하는 생각이 들었다. 여기까지가 이 책을 쓰게 된 경위다.

뇌에서 후각이 차지하는 비중은 아주 적다. 뇌 피질에서 후각이 차지하는 비중이 0.1%에 불과하기 때문에 중요성이 무시되고, 관심을 가져도 워낙 좁은 영역이라 마땅히 관찰할 방법도 없다. 그런데 시각에 대한 자료는 아주 풍부하다. 피질의 25%를 차지하여 후각보다 250배 넓은 면적이고, 관측도 용이하다. 후각과 시각의 기능은 다르지만, 모든 감각의 모태는 후각이라 완전히 다른 것은 아니기도 하다. 후각이 가장 먼저 만들어지고 다른 감각은 이때 개발된 시스템을 응용하여 발전한 것이라고 하니, 나는 거꾸로 시각을 통해 후각을 알아보고자 한다.

그리고 감각의 정보를 이용해 뇌는 어떻게 외부 세계를 지각하는지를 설명하는 핵심 수단으로 미러뉴런 시스템을 이용하고자 한다. '미러뉴런'은 거울처럼 따라 하기 기능을 하는 세포로 인간의 탁월한 흉내 내기 능력과 공감하는 능력 등을 설명하는데 쓰인다. 하지만 아무도 지각의 원리를 설명하기 위해 쓰지 않았다. 나는 『환각』을 읽던 중 문득 시각이나 후각 등 감각을 지각하는 과정에서 미러뉴런이 중요한 역할을 하는 것이 아닐까 하는 생각이 들었다. 눈으로 감각한 정보를 미러뉴런 시스템이 만든 그림과 비교하여 의미를 파악하는 것은 아닌지 고민하게 된 것이다. 그렇게 추론하고 보니 많은 것이 연결되어 설명이 가능해졌다. 감각, 착각, 환각, 지각이 모두 미러뉴런 매칭 시스템으로 연결된 것이다. 물론 이것은 나의 추론일 뿐이다. 하지만 지금같이 뇌에 관한 세부 자료는 많지만 뇌의 전체적인 작동방식을 설명하는 이론이 부족한 상황에서 나의 이런 추론이 아주 의미가 없을 것 같지는 않다.

    누구나 먹어야 산다. 그리고 먹을 때 느끼는 맛의 즐거움은 평생 유지되는 쾌락이며, 그 쾌락은 뇌가 만든 것이다. 뇌를 아는 것이 맛을 아는 동시에 우리를 아는 것이고, 아는 만큼 자유로워지고 제대로 즐길 수 있게 된다.

2014. 7.

최낙언

contents

증보판 서문 우리는 어떻게 세상을 보고 '맛'보는가 ·················· 4
초판 서문 맛은 뇌가 만든 환각이다 ·································· 6

PART 1 감각은 맛의 시작일 뿐

1. 후각의 비밀을 푼 공로로 노벨상이 수여되다 ················ 14
2. 미각은 단순하지만 깊이가 있다 ································ 24
3. 후각은 다양하지만 흔들리기 쉽다 ····························· 40

PART 2 우리는 어떻게 세상을 볼 수 있는가
　　　　　 -시각으로 풀어보는 지각의 원리

1. 시각을 알면 후각도 알 수 있지 않을까? ······················· 52
2. 우리 눈으로는 세상을 있는 그대로 볼 수 없다 ················ 58
3. 꿈과 환각은 왜 있는 것일까? ··································· 89
4. 지각, 따라 하면 알 수 있다 ···································· 100
5. 지각은 감각과 일치하는 환각이다 ····························· 110

PART 3 착각은 너무나 당연한 일

1. 착각에 대한 착각: 왜 착시는 알고도 벗어날 수 없을까? ········ 120
2. 감각에 대한 착각: 절대 미각? 맥락에 따라 보정된 미각 ········ 138
3. 지각에 대한 착각: 예측을 통한 채워 넣기 기능 ················ 144
4. 뇌에 대한 착각: 자유의지? 뇌에 주인은 없다. 무의식이 핵심 ··· 161

PART 4 환각은 내 안의 초능력

1. 가벼운 환각은 가볍게 넘어간다 — 178
2. 압도적인 환각은 위험하다 — 191
3. 불일치의 억제가 핵심 중 핵심이다 — 201
4. 모든 것은 뇌가 만든 환상이다 — 209

PART 5 언어, 뇌는 어떻게 맛을 만드는가

1. 어떻게 감각이 지각이 될까? — 232
2. 어떻게 지각이 감동이 될까? — 269
3. 어떻게 해야 맛을 잘 표현할 수 있을까? — 288

증보판 작업을 마치고… — 310
감사의 글(초판) 우연과 필연 — 312
참고문헌 — 314

감각은 맛의 시작일 뿐

PART 1

후각의 비밀을 푼 공로로 노벨상이 수여되다

1
Flavor
Perception

1. 향은 과학으로 풀기에는 너무나 어려운 문제다

● 후각은 오랫동안 과학에서 잊힌 감각이었다

과거에는 향을 지금보다 훨씬 신비하고 귀하게 생각했다. 꽃이나 과일의 향기는 매우 유혹적이고, 뭔가를 태울 때 나는 냄새는 보이지 않지만 뭔가 신비로운 힘이 있다고 느낀 것이다. 이런 향의 신비를 밝히려는 노력은 그리스·로마 시대부터 있었지만 큰 진전은 없었다. 현대 과학이 등장한 이후에도 시각이나 청각은 상당히 많은 비밀이 밝혀졌지만, 후각은 과학적으로 접근할 방법조차 찾지 못했다. 그래서 후각은 과학에서 잊힌 감각이었다. 그나마 음식을 하거나 맛에 관심이 있는 사람 정도가 관심을 가지고 있었다.

맛에서 후각이 중요한 이유는 향기가 사라지면 맛의 다양성이 대부분 사라지기 때문이다. 주기적으로 찾아오는 심한 비염으로 고생하는 사람은 그때마다 음식에서 맛이 사라지는 경험을 한다. 참외와 수박의 차이가 없어지고, 사과와 양파의 차이마저 없어진다. 음식은 고작 씹는 느낌과 단맛과 짠맛 정도만 존재하는 그렇고 그런 덩어리가 되는 것이다. 생선회의 경우 원래 향이 약하니 그래도 먹을만하지 않을까 기대하지만,

씹어보면 그저 물컹한 덩어리에 불과하다. 이처럼 모든 음식의 맛 차이가 없어져서 아무리 다른 메뉴를 시켜도 그 맛이 그 맛인 상태가 되어버린다. 맛에서 후각의 의미는 이번 코로나 19로 후각을 상실해 본 사람의 말을 들어보면 확실히 알 수 있다. 하지만 사람들은 사과에 사과 맛이 따로 없고 사과 향만 있다는 것도 모를 정도로 향에 무심하고, 인간의 후각 능력을 경시한다.

자연에는 향을 탐색하는 능력이 탁월한 동물이 많다. 번식을 위해 수천km를 헤엄쳐 모천에 회귀하는 연어나 반대로 번식을 위해 수천km 떨어진 바다로 가는 장어도 있고, 수km 밖에서 극미량의 페로몬을 감각하여 날아드는 나방도 있다. 이들에 비하면 인간의 후각은 보잘것없어 보이기도 하지만, 그렇다고 아주 형편없는 것도 아니다. 향을 탐색하는 능력은 약할지 몰라도 차이를 식별하는 능력만은 탁월하기 때문이다. 인간은 뛰어난 뇌를 바탕으로 거의 무한대에 가까운 식별력을 가지고 있다.

● 인간은 향의 차이를 구분하는 능력이 탁월하다

강연을 하면서 사람들에게 "당신은 몇 가지 향을 구별할 수 있으십니까?"라고 물으면 대개는 자신 없이 "한 100가지 정도?"라고 말하는 경우가 많다. 1,000종 이상이라고 말하는 사람은 드물다. 그런데 "과일만 해도 몇 종이고, 꽃은 또 몇 종인가요? 심지어 딸기라고 해도 모두 같은 맛인가요?"라고 물으면 대부분 자신이 너무 적게 말한 것 같다며 슬그머니 수를 늘린다. 그렇다 해도 1만 종을 넘기는 사람은 없다.

우리가 바로 이름을 떠올릴 수 있는 향의 수는 많지 않지만, 사실 구분할 수 있는 향의 종류는 엄청나다. 커피 하나만 생각해봐도 그렇다. 생두 한 가지로 커피를 만들 때도 품종, 산지, 생두의 처리법, 로스팅 정도,

추출 방법 등에 따라 맛이 천차만별이다. 각 변수별로 10가지 차이만 있다고 해도 품종(10)×산지(10)×가공법(10)×로스팅(10)×추출(10)의 차이에 의해 1만 가지의 서로 다른 풍미가 나온다. 여기에 설탕, 우유, 계피, 헤이즐넛 같은 부재료를 첨가한다면 맛은 또 달라진다. 그러니 1조 가지 이상의 향기를 구분할 수 있다고 주장하는 어느 과학자의 말이 충분히 설득력 있는 것이다.

● 그렇게 다양한 향기를 구분하는 방법은 뭘까?

우리는 어떻게 이처럼 다양한 향기를 구분할 수 있을까? 과학자들은 그동안 몇 개의 후각 수용체가 있어야 세상에 존재하는 무수히 다양한 향을 구분할 수 있고, 그렇게 다양한 수용체가 어떻게 작동하는지 구체적인 기작을 궁금해했지만 답을 찾기는 쉽지 않았다.

향기 물질이 휘발하면 코의 후각 영역으로 들어가는데, 후각 세포는 코 전체에 퍼져있지 않고 코 상단의 대략 $2~4cm^2$, 작은 동전 크기 정도의 영역에 집중해있다. 과학자들은 후각 세포가 한 종류라면 한 가지 향기밖에 구분할 수 없을 테니 여러 종류가 있으리라 추정했고, 1970년대까지는 다른 감각 세포 연구로 알려진 사실에 근거해서 후각 세포에 존재하는 감각 수용체 역시 세포막에 존재하는 단백질의 일종이며, 향기 분자와 결합할 수 있을 것이라 추측하는 정도에 불과했다.

후각 세포에 존재하는 수용체(센서)의 작동 방식에 대한 대표적인 이론은 '형태설'과 '진동설'이다. 형태설은 분자의 형태를 감각한다는 이론으로, 처음에는 수용체로 분자 전체의 형태를 인식한다는 '아무어Amoore의 분자 모형'이 설득력 있게 받아들여졌다. 향기 물질은 저마다 형태가 다르며 후각 세포도 그 형태에 적합한 모양의 수용체가 있어서 향기 분자는 각각의 자기 형태에 맞는 수용체와 결합하여 향기를 구분할 수 있

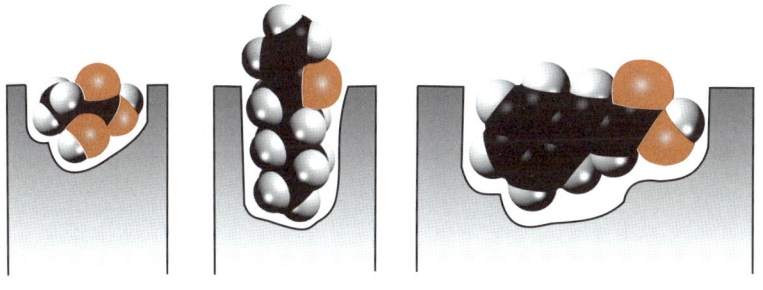

형태설의 모식도

다는 이론이다.

 분자의 모양이 다른 것을 이용해 각각의 향기 물질을 구분한다는 형태설은 효소가 기질과 결합하는 원리, 면역 세포가 작동하는 원리, 약물이나 호르몬이 작용하는 방식과 같은 것이어서 비교적 쉽게 받아들여졌다. 이런 형태설에 강하게 반발한 이론이 바로 진동설이다.

● 형태설과 진동설은 오랫동안 경쟁했다

 19세기 영국의 생리학자 윌리엄 오글William Ogle은 1870년 발표한 논문을 통해 후각도 시각이나 청각처럼 파동(진동)을 감각한다고 처음으로 주장했다. 1920~30년대에 영국의 멜컴 다이슨 등도 진동설을 제기했지만 큰 관심을 받지는 못했다. 그러다 루카 투린Luca Turin이 등장하면서 진동설이 전면에 등장하게 된다. 투린은 구아야콜과 벤즈알데하이드 두 분자에서는 바닐라 향이 나지 않지만 적절한 비율로 섞으면 바닐라 느낌이 나며, 이것은 두 분자의 진동 패턴을 합친 것이 바닐라 향의 주 향기 물질인 바닐린의 진동 패턴과 비슷하기 때문이라고 설명했다. 루카 투린은 이외에도 몇 가지 흥미로운 실험적 증거를 바탕으로 진동설을 주장했고, 곧 사람들의 관심을 받았다.

형태설이 진동설의 공격을 받게 된 결정적인 이유는 분자 형태가 완전히 다르지만 같은 향기로 느껴지는 경우가 있고, 반대로 분자의 형태가 거의 같은데도 향기는 전혀 다른 경우가 상당히 많았기 때문이다. 그래서 코가 감지하는 것은 분자의 전체적인 형태가 아니라 향기 분자를 구성하는 원자들 사이에 존재하는 진동이라는 주장도 설득력이 있다.

우리의 시각과 청각은 진동(파장)을 감각한다. 귀로는 0.02~20kHz의 진동을 소리로 듣고, 눈으로는 400~790THz의 진동을 색으로 감각한다. 촉각에는 4종류의 수용체가 있는데, 이 중 '마이스너소체'는 느린 진동을 감각하고 '파치니소체'는 빠른 진동을 감각한다. 여기에 후각이나 미각마저 진동으로 감각한다면 오감이 모두 진동을 감각하는 현상이라 할 수 있는 것이다.

사실 향기를 진동이라 생각하게 된 것은 역사가 매우 깊다. 원자의 존재를 모르던 과거에는 공기가 분자로 되어 있고 향기도 분자로 되어 있다는 사실을 몰랐고, 사과에서 사과 향이 난다고 무게가 줄어들지는 않으므로 향기는 물질이 아니라 사과가 일으키는 진동이 물결처럼 전달되는 것이라고 생각했다.

● 결국 형태설이 승리했다

이런 진동설에 가장 반대되는 증거가 바로 '광학이성체'이다. 광학이성체는 분자량, 형태, 작용기 그리고 진동수까지 똑같다. 향기를 분자의 진동으로 느끼는 것이라면 광학이성체도 같은 향기가 나야 하는데, 실제로는 전혀 다른 향기가 나는 경우가 많다. 이것은 왼손 장갑을 오른손에 끼우기 힘든 것처럼, 진동은 같지만 형태가 달라 결합이 달라지는 것이다. 진동설은 이것만으로도 곤란에 처했는데, 형태설에 더욱 힘을 실어주는 실험마저 등장한다. 바로 '동위원소 이성질체' 실험이다.

향기 물질은 주로 탄소와 수소 그리고 산소로 이루어져 있는데, 이 중 수소(H)의 일부를 중수소(^{2}H)로 바꾸면 분자의 형태는 같고 진동만 달라진다. 이때 만약 형태설에 따르면 같은 향기가 나야 하고, 진동설에 따르면 다른 향기가 나야 한다. 이 방법으로 어느 쪽이 맞는지 실험한 논문 몇 편이 등장했는데, 사람의 관능에 의존한 평가이다 보니 엇갈린 결과가 나왔다. 그러다 2015년, 마침내 논란을 종식할 만한 실험 결과가 뉴욕 주립대학 에릭 블록 Eric Block 교수 연구팀에 의해 발표되었다. 이들은 사람에게 향기를 맡게 하지 않고, 후각 수용체가 있는 세포를 만들어 반응성을 수치로 측정했다. 사이클로펜타데카논이라는 분자를 일반 형태와 동위원소로 치환한 것을 준비한 후, 이 분자를 감각하는 수용체(OR5AN1)를 세포 표면에 발현시켜 그 반응 정도를 측정한 것이다. 결과적으로 2가지 분자 모두 반응했다. 진동설에 따른다면 하나만 반응해야 했지만, 형태가 같아서 같이 반응했으니 형태설이 승리한 것이다.

형태는 비슷하지만 향기가 전혀 다른 분자는 후각 수용체가 분자의 전체 형태를 인식하는 것이 아니라 분자의 극히 일부인 발향단(Osmophore)만을 인식한다는 것으로 해석이 가능하다. 예를 들어 머스크 향을 내는 화합물은 모두 케톤(C=O)기가 있는데, 여기에만 반응하고 나머지는 무시한다면 겉보기에는 전혀 다른 분자가 같은 향기를 낼 수 있다. 분사의 선체적인 모습은 비슷해도 발향단의 모양이 다르면 다른 향기가 되고, 나머지 부분의 형태는 많이 다르지만 발향단 부위만 절묘하게 닮아도 같은 향기가 될 수 있다. 이런 원리는 약물 등에도 적용된다. 약리 작용을 하는 분자를 흉내 낼 때는 작용기는 동일한 형태를 유지하면서 나머지 부분을 조금씩 바꾸어 용해도, 침투성 등을 조절하여 좀 더 효과적이고 사용하기 쉬운 약물로 개량한다.

그리고 서로 다른 형태의 분자에서 같은 향기가 나는 것은 후각 수용체가 무려 400종이나 된다는 것으로 답할 수 있다. 서로 다른 형태의 향기 수용체를 가진 후각 세포라도 같은 후각 연합영역에 연결되면 같은 향기가 되는 것이다. 그래서 지금은 형태설이 일반적으로 받아들여지고 있다.

2. 잊어버렸던 감각에 노벨상이 수여되었다

시각, 청각은 과학적으로 많이 연구되었지만, 후각은 오감 중에서 가장 소외되고 잊힌 감각이었다. 시각과 청각은 객체와 직접 접촉하거나 소비하지 않고 멀리서 객관적으로 관찰하는 뭔가 고상한 감각으로 대접받았다. 책을 읽고, 미술품을 보고, 음악을 감상하고, 공연을 보며 예술적 감흥을 즐기는 고상한 감각이고, 이에 비해 후각, 미각, 촉각은 접촉이 필요한 관능적인(고상하지 못한) 감각이라 여긴 것이다. 유리병 속의 꽃을 보고 모양과 색은 자유롭게 감상할 수 있지만, 그 향은 병을 열고 맡아보기 전까지는 짐작조차 할 수 없다. 향기 분자가 공기를 타고 콧구멍 안으로 들어와 후각 세포와 '접촉'해야 비로소 감각할 수 있기 때문이다. 접촉을 고상하지 못하다고 여겼던 시절에는 상대적으로 낮은 평가를 받을 수밖에 없었다.

향기 물질이 후각 세포의 표면에서 무언가와 작용하고, 그 작용의 결과로 신호가 발생한다는 사실은 짐작하고 있었지만, 그 무언가에 대한 정체는 오랫동안 알 수 없었다. 그러다 1991년, 리처드 액설Richard Axel 과 린다 벅Linda B. Buck 박사가 후각 세포에서 향기 분자를 식별하는 수용체가 'G 단백 결합 수용체(G protein coupled receptor, GPCR, 이하 G 수용체)'임을 밝히면서 그 실체가 드러났다. 그리고 그 공로로 불과(?) 13년 뒤인 2004년에 노벨상을 받게 된다. G 수용체의 모체인 'G 단백'을 연구한 공로로 알프레드 길먼Alfred Gilman과 마틴 로드벨Martin Roadbell 박사가 노벨상을 받은 것이 1994년이다. 그리고 2012년에 로버트 J. 레프코위츠Robert J. Lefkowitz 교수와 브라이언 K. 코빌카Brian K. Kobilka 교수가 노벨 화학상을 받았는데, 이것은 G 수용체 연구의 토대를 마련한 공로가 인정받은 결과였다. 결국 G 단백질을 이용한 감각의 연구에 3번의 노벨상이 수여된 셈이다. 이는 그만큼 중요한 의미를 가진다.

● **노벨상 이후 향에 대한 연구가 본격적으로 시작되었다**

리처드 액설 박사와 린다 벅 박사가 노벨상을 받은 후부터 후각에 대한 모든 것이 바뀌었다. 후각은 오랫동안 과학보다는 감성과 정서의 영역이었는데, 본격적으로 과학적 연구가 시작된 것이다. 두 사람이 노벨상을 받기 전에는 후각에 대한 낮은 인식이 문제였지만, 정작 후각을 연구하려고 해도 마땅한 방법이 없는 게 큰 문제였다. 시각은 뇌의 25%를 차지할 정도로 부위가 넓고, 기능도 분화되고, 여러 가지 방법으로 연구

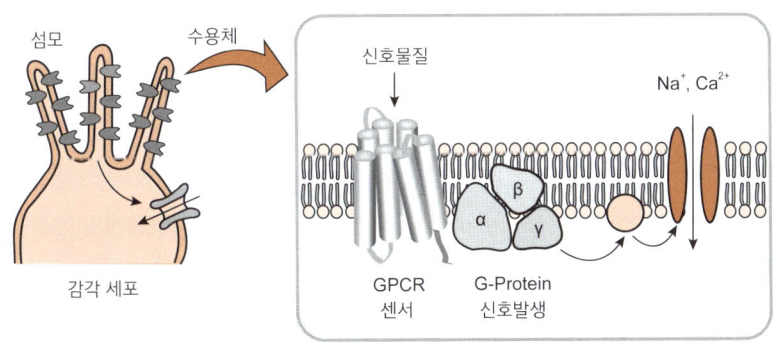

노벨상이 3번 수여된 G 단백 관련 연구

가 가능하지만, 향기는 뭔가를 객관적으로 측정하기 어렵고 뇌에서 차지하는 비율도 너무 낮아 모든 것이 어려웠다. 사실 향기는 분류조차 힘들었다.

세상에는 수백만 가지 색이 있지만 3가지 원색만 있으면 모든 조합이 가능하다. 마찬가지로 향기도 원향을 찾을 수 있다면 적은 향기 물질로도 세상의 모든 향을 조합할 수 있을 것이다. 하지만 이런 노력은 항상 씁쓸한 결과를 가져왔다. 새콤한 레몬 향은 다른 어떤 과일 향을 섞어도 결코 재현할 수 없었다. 그래서 향기를 체계적으로 분류하려는 시도가 많지만 한 번도 성공한 적은 없다. 과학적인 접근의 시작이라 할 수 있는 분류조차 실패하자 후각에 관한 연구는 어두운 늪에 빠졌고, 과학자들은 오랫동안 후각 연구에 뛰어들지 않았다. 그러다 린다 벅과 리처드 액설이 후각 수용체를 발견하면서 모든 게 바뀌었고, 현재는 후각도 과학의 주류 연구 분야로 당당하게 편입되어 비약적인 연구와 발전이 이루어지고 있다.

3. 후각 수용체에 가장 많은 유전자가 사용된다

● 800여 종의 G 수용체 절반이 후각 수용체다

코에 존재하는 후각 수용체의 종류는 약 400종이다. 우리 몸에 존재하는 수용체 중 가장 많은 것이 G 수용체이고 대략 800종 정도가 있는데, 그중 절반이 후각에 사용되는 것이다. 우리 몸의 32,000종에 불과한 유전자 중 후각 기능에만 무려 400개가 사용된다.

G 수용체는 세포막에 존재하면서 세포 안과 밖을 7번 통과하는 것이 특징이다. 그래서 '7TM(Transmembrane) 수용체'라고도 한다. G 단백질

은 자물쇠에 해당하고 G 수용체는 자물쇠의 열쇠 구멍과 비슷한 역할을 한다. G 수용체는 기본 형태와 작동 원리는 같지만, 구성하는 아미노산의 종류에 따라 입체적인 모양이 바뀐다. 한마디로 열쇠 구멍의 형태가 달라지는 것이다. 열쇠 구멍이 달라지니 열쇠 즉, 결합 가능한 분자도 달라진다. 이런 G 수용체는 후각 세포의 세포막에서 계속 꿈틀거리다가 모양이 일치하는 분자와 만나면 결합하여 ON 상태로 바뀐다. 전기적 신호를 만드는 것이다. 그러면 감각이 시작된다.

우리 몸에 존재하는 G 수용체는 약 800종류다. 이 중 절반은 후각에 쓰이고, 쓴맛에 25종, 단맛과 감칠맛에 3종이 쓰인다. 그런데 400종류의 후각 수용체를 딱 분자 한 가지만 결합할 정도로 특별한 형태로 만드는 것은 쉬운 일이 아니다. 그래서 생각보다 상호작용이 심하다.

감각 수용체는 G 수용체 말고도 TRP 등 여러 유형이 있지만, 이 책의 주제는 맛과 향이므로 미각과 후각에 관련된 수용체에 대해서만 좀 더 자세히 알아보겠다.

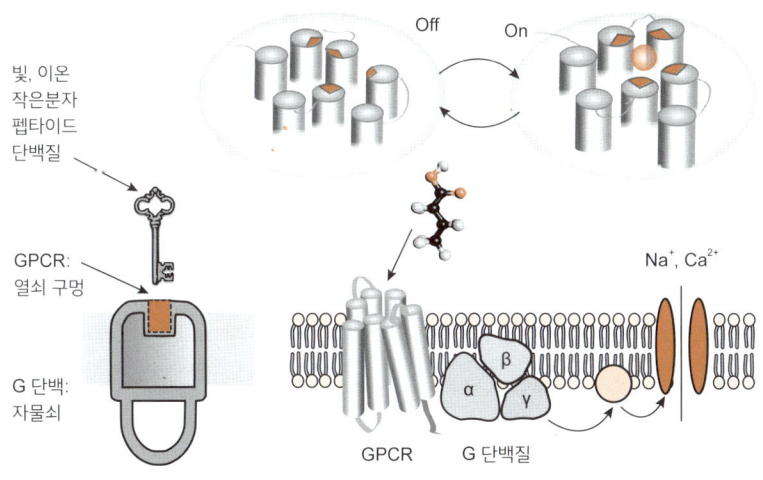

G 단백질과 그 수용체인 GPCR

미각은 단순하지만 깊이가 있다

2 Flavor Perception

입에는 미각을 담당하는 맛 세포가 있다. 맛 세포는 개별로 혀에 골고루 분포되는 것이 아니라 미뢰(맛봉오리)에 수십 개씩 모여 있으며, 그런 맛봉오리가 모인 유두가 혀의 곳곳에 있다.

맛봉오리의 미각 세포에 존재하는 수용체는 단맛, 신맛, 짠맛, 쓴맛, 감칠맛 이렇게 5종류뿐이다. 후각의 400종에 비하면 정말 단순하다. 하지만 수용체 형태가 단순하거나 그 의미가 단순한 것은 아니다. 후각은 400가지 수용체가 모두 같은 구조의 G 수용체인데 미각은 단맛, 감칠맛, 쓴맛이 G 수용체이지만, 신맛과 짠맛이 이온채널 형이다. 더구나 쓴맛 수용체와 감칠맛/단맛 수용체는 타입이 완전히 다르다. 단맛과 감칠맛은 C형이고 쓴맛은 후각과 같은 A형이다. 이처럼 미각은 5종에 불과하지만, 그 수용체는 제각각이고 그 작용방식도 제각각이다.

미각은 그 종류는 단순하지만 의미까지 단순한 것은 아니며, 수용체는 후각보다 오히려 훨씬 어렵고 복잡하다. 그래서 자세한 설명은 생략할까도 생각했지만, 세상에 맛에 대한 책은 많아도 미각 수용체를 설명한 책은 없으므로 간략히 설명하고자 한다.

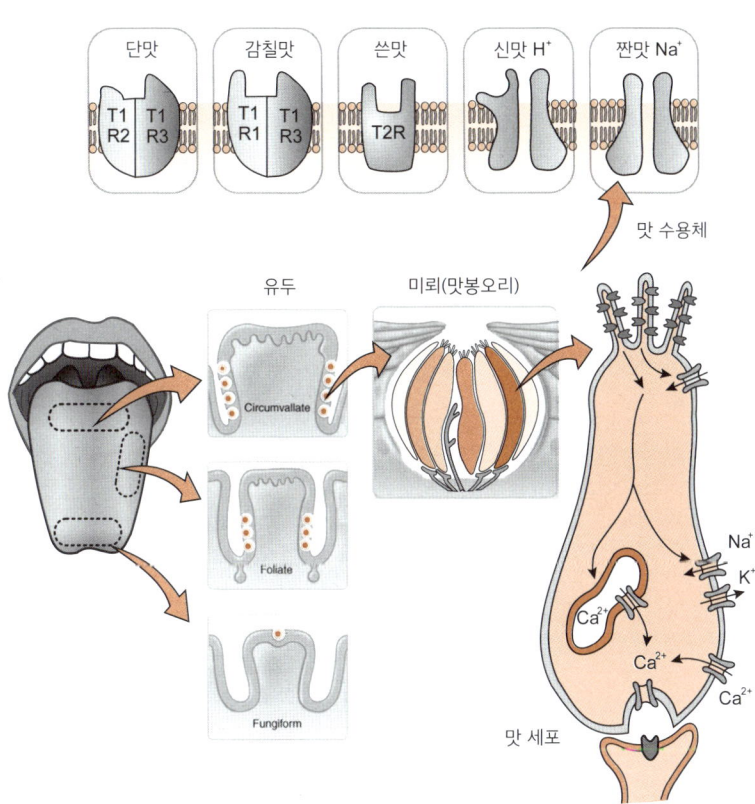

미각 수용체의 위치와 종류

1. 단맛 수용체는 추가적인 큰 결합 부위가 있다

● **단맛과 감칠맛은 거대한 C형이다**

단맛과 감칠맛 수용체는 C형이며, 단맛은 T1R3형과 T1R2형이 결합한 형태이고, 감칠맛은 T1R3형과 T1R1형이 결합한 형태를 하고 있다. 수용체의 미묘한 차이로 단맛과 감칠맛이 따로 작동하지만, 벌새의 경우 감칠맛 수용체가 변형되어 단맛을 감각하기도 한다. 쓴맛과 향을 감각하는 A형에 비해 상단에 거대한 결합 부위가 있고, 그런 수용체가 2개나 결합한 형태라 4배 이상 거대하며, 그만큼 다양한 형태의 결합이 가능하다.

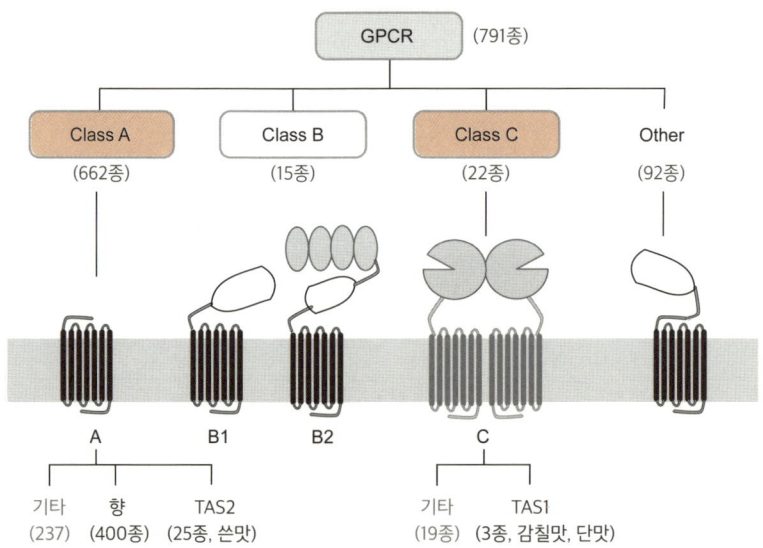

GPCR 수용체의 분류

● 단맛에 유난히 둔감한 이유

단맛은 기본적으로 에너지원을 감각한다. 우리가 가장 많이 섭취해야 하는 음식 성분이 에너지(ATP) 합성에 필요한 에너지원이고, 대표적인 에너지원이 당류이다. 그만큼 당류는 많이 섭취해야 하고, 그래서인지 인간은 단맛에 유난히 둔감한 편이다.

그동안 일반적인 당류보다 훨씬 단맛이 강한 고감미 감미료가 발견되었다. 사카린, 아스파탐, 아세설팜, 수크랄로스 등은 설탕보다 200~600배나 감미가 강하다. 천연에는 이보다 강한 것도 있는데, 스테비아는 100배 이상, 감초의 글리시리진은 200배, 과일에서 얻어지는 단백질인 모넬린은 3,000배, 소마틴은 2,000~3,000배의 감미를 가지고 있다. 심지어 러그던에임(Lugduname)이라는 화합물은 설탕보다 무려 20~30만 배나 감미가 강하다.

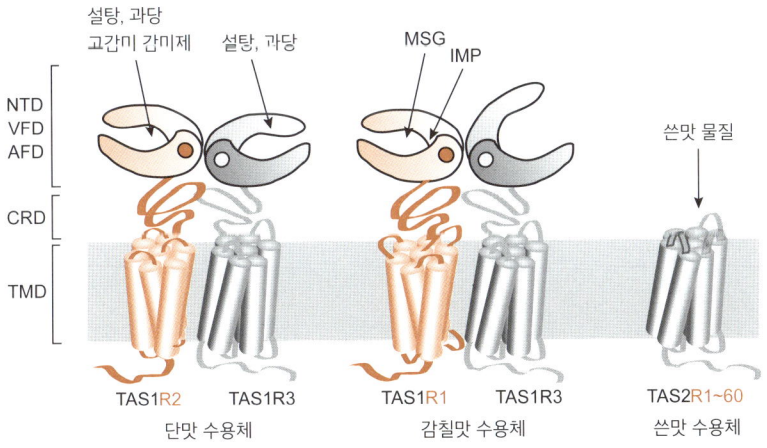

미각의 G 수용체와 반응 물질

이들에게서 감미를 강하게 느끼는 것은 그만큼 감미 수용체와 강하게 결합하기 때문인데, 일반 당류에 비해 강하게 결합한 것이지 향이나 쓴맛에 비해 특별히 강한 것도 아니다. 당류는 10% 이상이어야 충분한 감미를 주지만 소금은 1%, 감칠맛은 0.5%, 신맛은 0.2%, 쓴맛은 0.1% 이하로도 충분하고, 향은 그것과 비교할 수 없을 만큼 적은 양으로도 작동하니 당류의 감미도만 특이하게 낮은 셈이다.

수용체와 결합력이 지나치게 강한 것은 좋지 않다. 비오틴은 아비딘이란 단백질에 아주 완벽하게 잘 맞아 오랫동안 결합하는데, 다시 떨어지는 것은 실온에서 19년에 한 번뿐이라고 한다. 만일 비오틴이 단맛 물질이고 혀에 있는 단맛 수용체가 아비딘 같은 단백질이라면 비오틴에 약간만 노출되더라도 무려 19년간 단맛을 느끼게 될 것이다.

감각 수용체는 어떤 분자와는 제법 오래 결합하고, 어떤 것은 정말 짧은 순간만 결합한다. 분자와 수용체 모두 격렬하게 진동하기 때문이다. 분자와 수용체는 결합 부위가 얼마나 적합한 형태인지, 극성 등 결합력은 어떤지, 적절히 가까운 거리에 위치했는지, 방향은 적절했는지 등에 따라 달라진다. 분자와 수용체의 궁합이 좋으면 오래 결합하지만, 모든 분자는 끊임없이 진동하고, 주변의 분자도 모든 방향으로 항상 움직이면서 이웃과 충돌하기 때문에 계속 결합하기 힘들다. 그래서 분자와 수용체는 아주 짧은 간격으로 붙었다 떨어지기를 반복하고, 그것이 전기적 펄스의 형태로 뇌에 전달된다.

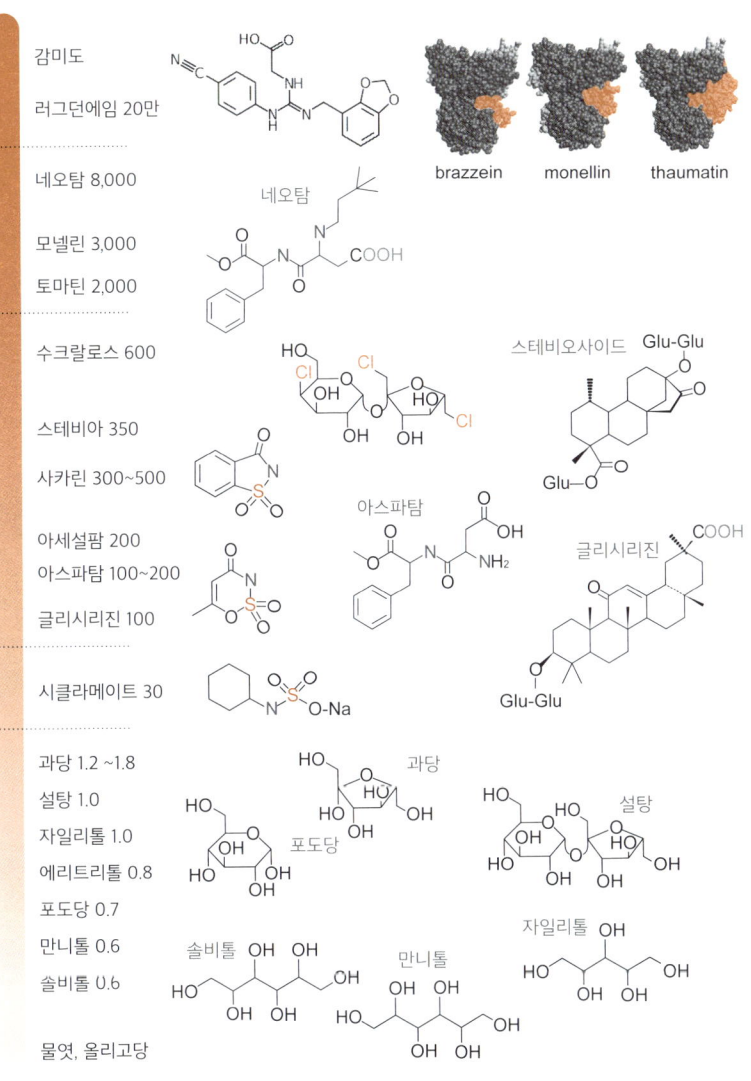

단맛 물질의 종류와 감미도

2. 감칠맛은 단맛 수용체와 유사한 구조를 가진다

● **감칠맛은 글루탐산 수용체로 감각한다**

감칠맛의 핵심물질이 글루탐산이라는 것은 1907년 일본의 화학자 이케다 기쿠나에池田菊苗에 의해 밝혀졌지만, 서양 과학계는 감칠맛을 처음부터 쉽게 5번째 맛으로 받아들이지 않았다. 그러다 1997년 생쥐의 맛 봉오리에서 감칠맛(글루탐산) 수용체가 발견되었고, 2002년에는 사람의 혀에서도 감칠맛 수용체가 발견되면서 지금은 그 누구도 부정할 수 없는 5번째 맛이 되었다.

그런데 글루탐산 수용체는 혀보다 뇌에 훨씬 다양하다. 글루탐산 수용체는 크게 '이온통로형 수용체(Ionotropic GluR)'와 이온통로가 없는 '대사성 수용체(Metabotropic GluR)'로 나눌 수 있는데, 혀에는 오로지 대사성만 있지만 뇌에는 이온통로형 등이 훨씬 다양하게 존재한다. 이는 글루탐산이 뇌에서 가장 중요한 신경전달물질이기 때문이다.

글루탐산 수용체의 종류

타입(종류)	이름(작용기)
이온통로형(iGluR)	NMDA 수용체 AMPA 수용체 카이네이트 수용체
대사성(mGluR)	G 단백질 결합 수용체(GPCR) - mGluR1, mGluR4

● **감칠맛은 상승작용이 잘 이루어진다**

감칠맛은 상승효과가 많이 일어나는데, 이는 감칠맛의 재료를 한 가지 쓸 때보다 궁합이 맞는 다른 재료와 같이 쓰면 감칠맛이 엄청나게 상승하는 것을 보면 알 수 있다. 아미노산계인 글루탐산과 핵산계인 이노신산을 50:50 비율로 혼합하면 감칠맛은 7배까지 증폭된다. 이노신산은 글루탐산에 비해 가격이 비싸므로 절반 대신에 10%만 혼합해도 감칠맛이 5배 증가하고, 단 1%만 혼합해도 2배가 증가한다. 다시마(글루탐산)로 국물을 낼 때 가쓰오부시(이노신산)나 멸치(이노신산)를 함께 넣는 것도 이런 이유이다. 표고버섯에 존재하는 구아닐산은 이보다 효과가 강력하여 50:50으로 혼합하면 감칠맛이 무려 30배나 증폭된다. 10%만 혼합해도 거의 20배, 1% 혼합해도 5배가 증폭된다.

이것은 최소 감각 농도에서 보이는 효과라 실제 음식에서의 효과는 이에 훨씬 못 미치지만, 우리가 음식에서 다양한 식재료를 사용하는 이유를 잘 설명해준다. 감칠맛 수용체는 단맛 수용체처럼 C타입으로 상단에 거대한 구조체가 있어서 아주 다양한 상호작용이 가능하다.

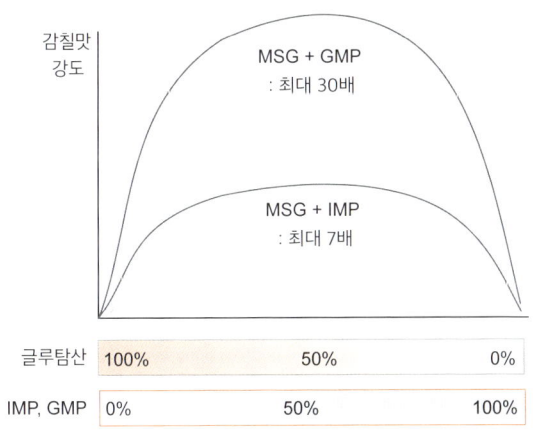

감칠맛의 상승기작

3. 왜 소금 대체물은 찾기 힘들까?

● 짠맛은 선택성이 높은 이온채널로 감각한다

짠맛은 소금의 양이온인 나트륨(Na)이 부여하고, 음이온인 염소(Cl)가 보조한다. 단순히 나트륨만 있으면 짠맛뿐 아니라 쓴맛이 나고, 염소 대신 특정 음이온을 사용하면 쓴맛이 너무 강해서 짠맛을 느끼기 힘들어진다. 이런 짠맛을 감각하는 수용체로는 ENaC(Epithelial sodium Channels)가 유력한 후보이다.

ENaC는 나트륨(Na^+)과 리튬(Li^+) 이온같이 작은 이온은 잘 통과하고 칼륨(K^+), 세슘(Cs^+), 루비듐(Rb^+)같이 큰 양이온은 매우 제한적으로 통과한다. 그래서 지금까지 순수한 짠맛을 내는 이온은 나트륨과 리튬뿐인 것으로 알려져 있다. 리튬은 상쾌한 짠맛을 내지만 식품에 쓸 수 없고, 염화칼륨도 짠맛을 내지만 염화나트륨의 60% 수준이고 쓴맛이 있다. 그래서 나트륨을 대체할 물질을 찾기 힘들다.

ENaC는 특히 신장(주로 집합세관), 폐, 피부, 결장 등에 있고, 대장과 신장에서 활동은 알도스테론에 의해 조절된다. 알도스테론이 부족하면 나트륨 이온의 재흡수율이 떨어져 그만큼 많은 소금을 섭취해야 한다. 쥐

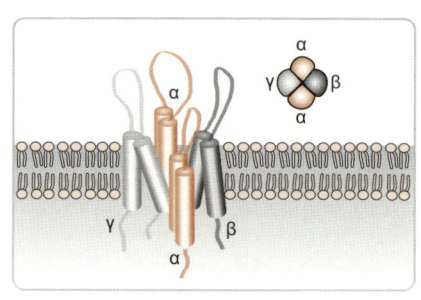

짠맛 수용체(ENaC)

같은 설치류는 거의 ENaC에 의존해 짠맛을 감각한다. 그 증거로 설치류에 아밀로라이드(Amiloride: 이뇨제)를 넣으면 짠맛을 훨씬 덜 느끼게 된다. 아밀로라이드는 1960년대에 개발된 약물로 ENaC의 작동을 막아 나트륨의 재흡수를 막고 배설량을 늘리는 이뇨제로 활용되었다. 아밀로라이드를 섭취하고 2시간이 지나면 효과가 나타나 하루 동안 지속되는데, 인간은 아밀로라이드를 섭취해도 짠맛의 차단 효과가 설치류보다 훨씬 적다. 이것으로부터 인간에게는 ENaC 말고도 다른 짠맛 수용체가 존재할 가능성이 있다고 추정하지만, 아직 후보만 있지 확실한 수용체는 발견되지 않았다.

그동안 ENaC 수용체를 통해 소금 농도가 증가할수록 짠맛이 증가하는 이유는 설명 가능하지만 농도가 너무 진할 때 불쾌한 맛이 느껴지는 이유는 설명하지 못했는데, 2013년 찰스 주커Charles Zuker 교수팀이 「네이처」지에서 밝힌 바에 의하면 짠맛이 과도할 때 쓴맛과 신맛의 정보를 전달하는 신경회로도 동시에 활성화되어 불쾌하게 느껴진다고 한다.

● 나트륨 저감화가 힘든 이유

인간은 아밀로라이드를 섭취해도 짠맛의 차단 효과가 적고, ENaC에 맞지 않는 양이온이 존재하는 경우에도 약간의 짠맛이 인지된다는 점에서 또 다른 짠맛 수용체가 있을 것이라 예상되고 있다. TRPV1이 강력한 후보인데, TRPV1은 원래 43℃ 이상의 고온을 감각하는 온도 수용체로서 주로 Na^+, K^+, NH_4^+, Ca^{2+}와 반응한다. 다시마, 멸치 등에 함유된 성분이나 양이온 물질은 TRPV1을 활성화시켜 짠맛을 느끼게 할 수 있다. 우리의 전통 장류에서 이러한 물질을 분리하여 활용하고자 한 시도도 있었지만 아직까지 뚜렷한 성과는 없다.

예쁜꼬마선충(C. elegans)의 TMC-1은 짠맛 회피 행동에 필요한 단백질로서, 염화나트륨에 의해 활성화되는 이온 채널이라는 사실이 밝혀지기도 했다. 포유류도 여러 가지 TMC 단백질을 가지고 있는데, 이 중에 짠맛을 감지하는 수용체가 있을 가능성도 있다. 하여간 짠맛은 혀에 존재하는 채널형(통로형) 수용체로 나트륨만 통과하도록 설계된 것이라 짠맛을 부여할 물질은 소금(나트륨) 말고는 그다지 존재하지 않는다.

단맛 수용체는 통로로 분자를 통과시키지 않고, 더듬이처럼 분자의 일부를 더듬어서(결합해서) 작동하는 방식이라 분자의 일부만 비슷해도 작동한다. 그래서 포도당과 비슷한 형태를 가진 분자뿐 아니라 당류가 아니면서도 우연히 설탕보다 수백 배 강력하게 결합하는 물질도 있다. 그럼에도 당류를 줄이기가 쉽지 않은데, 나트륨의 경우는 채널형(통로형) 수용체로서 분자가 아닌 이온(나트륨)만 통과하도록 설계된 것이라 나트륨 대신 짠맛을 부여할 물질을 찾기가 훨씬 어렵다. 그러니 나트륨 저감화가 더 어려울 수밖에 없는 것이다.

4. 신맛은 작고, 강하고, 다루기 힘든 맛이다

● 수소이온은 세상에서 가장 작고 섬세한 맛이다

신맛은 수소이온(H^+) 즉, 양성자 하나로 된 세상에서 가장 작고, 가볍고, 단순한 물질이다. 그런데 이 작은 물질이 만든 신맛은 5가지 맛 중에서 가장 이해하기 힘들고, 다루기 힘든 맛이기도 하다.

미생물은 온갖 종류가 있고 그만큼 다양한 환경에서 살지만, 그래도 공통적인 생존 조건을 꼽는다면 물, 영양분, 온도, pH가 있다. 수소이온의 농도인 pH는 세균의 생존에 절대적인 영향을 주고, 우리 몸도 정해진 pH를 유지하는 것이 정말 중요하다. 그리고 유기산은 생명의 대사에서 절대적이다. 이산화탄소와 물을 이용해 포도당을 만드는 광합성의 중간 대사 물질이 전부 유기산이고, 포도당을 다시 물과 이산화탄소로 분해하면서 에너지를 얻는 에너지대사의 중간물질 또한 모두 유기산이다. 단백질을 구성하는 아미노산, 지방을 구성하는 지방산도 유기산의 구조를 가지고 있다. 그러니 우리 몸의 핵심 대사 대부분이 유기산의 형태로 이루어진다고 해도 과언이 아니다.

우리 몸의 유기산 양이 일정하게 낮은 수준을 유지하는 것은 적게 만들어져서가 아니고, 만들자마자 계속 다른 물질로 전환되기 때문이다. 만약 대사과정에서 만들어진 유기산이 사용되지 않고 계속 누적된다면 우리 몸은 유기산으로 넘쳐날 것이다. 그러니 신맛을 감각하는 것은 생명현상 자체를 감각하는 것이라고도 할 수 있다.

그런데 우리는 아직 신맛을 어떻게 감각하는지 그 수용체마저 정확히

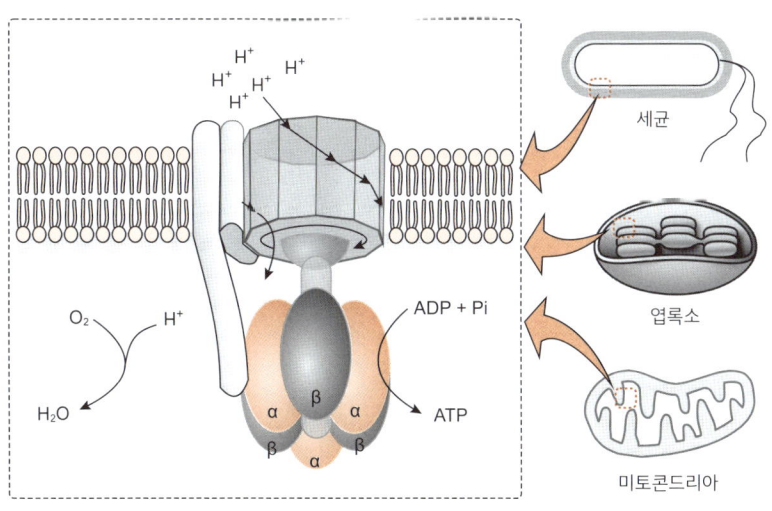

수소이온과 ATP 합성효소

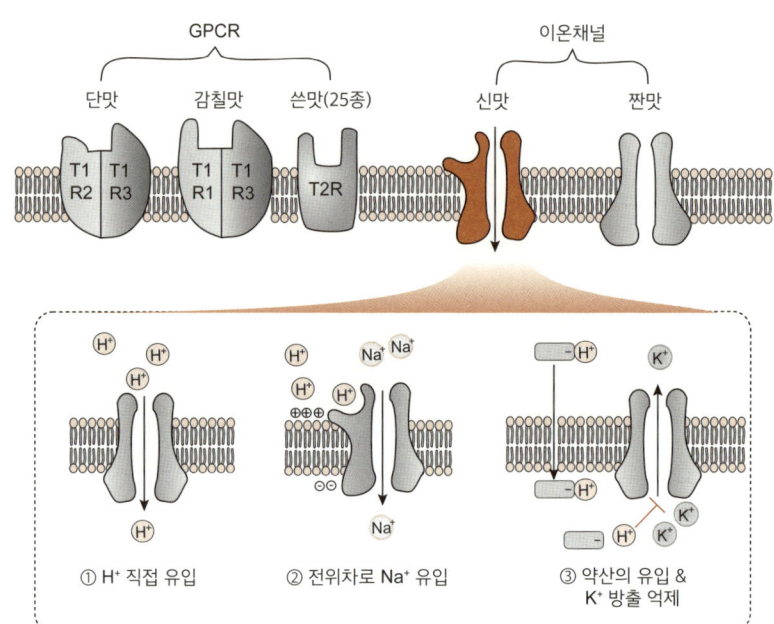

신맛 감각의 기작 후보들

모른다. 수소이온이 직접 미각 세포로 들어가서 일어나는 감각인지, 전하 차이가 발생하여 그 효과로 나트륨 같은 이온 채널이 열려서 일어나는 현상인지, 해리되지 않은 산미료가 세포 안으로 침투하여 칼륨이 봉쇄되어 발생하는 감각인지 확실하지 않다. 신맛은 물에 녹아 있는 수소이온이 많아질수록 시게 느껴진다는 것 정도만 아는 셈이다.

5. 쓴맛 수용체는 무려 25종이다

● 우리가 쓴맛을 피하기 힘든 이유

체내의 쓴맛 수용체는 25종으로 다른 모든 미각 수용체를 합한 것보

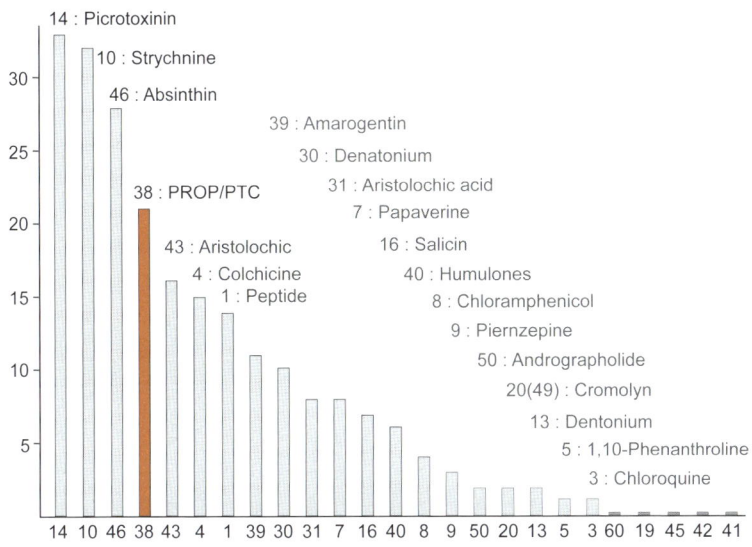

104가지 쓴맛 물질을 실험했을 때 쓴맛 수용체별 반응 정도
(Chem Senses. 2010;35:157e170)

다 수가 많다. 자연에는 다양한 독이 존재하므로 그것을 피하려면 그만큼 다양한 수용체가 필요한 것이다. 그런데 흡혈박쥐 같은 동물은 쓴맛 수용체가 없다고 한다. 동물이 쓴맛을 느끼는 것은 독성 식물을 감지하기 위한 것인데, 흡혈박쥐는 안전한 피만 빨아먹기 때문에 독을 걱정할 필요가 없으므로 쓴맛 수용체가 기능을 잃어버린 것이다.

쓴맛 수용제는 TAS2형이며 후각 수용체와 같은 형태이다. TAS2R1~TAS2R60까지 있으며 인간에게서 확인된 것은 모두 25종이다. 그중 어떤 수용체는 여러 물질에 폭넓게 반응하고, 어떤 수용체는 제한적인 물질에만 반응한다.

● 쓴맛의 개인차가 1,000배까지 나는 이유

쓴맛의 개인차를 측정하는 PTC 검사는 Phenylthiocarbamide(PTC)

라는 물질을 얼마나 잘 감각하는지를 측정하는 것이다. 어떤 사람은 이 물질을 아주 쓴맛으로 느끼는 데 반해, 어떤 사람들은 전혀 느끼지 못한다. 우리나라는 성인의 19%가 잘 느끼지 못하는 것으로 조사되었다.

이런 쓴맛의 개인차를 가장 많이 설명하는 유전자가 염색체 7q에 있는 쓴맛 수용체 38번인데, 이 유전자의 변이가 쓴맛 개인차의 55~85%를 설명한다. 이 유전자의 염기쌍 145, 785, 886 위치에 변이가 생기면 A49P, V262A, I296V의 변이가 생기는데, 49번 아미노산이 알라닌(A) 대신 프롤린(P), 262번 아미노산이 발린(V) 대신 알라닌(A), 296번 아미노산이 이소류신(I) 대신 발린(V)으로 바뀌는 것으로 알라닌/발린/이소류신(AVI)형이 프롤린/알라닌/발린(PAV)형으로 바뀌면서 쓴맛에 대한 감도가 100~1,000배 민감해진다고 한다. 그리고 PAV형은 같은 식품이라고 해도 AVI형에 비해 훨씬 쓴맛에 예민하기 때문에 자신도 모르게 피하게 된다. 오이, 참외, 수박, 멜론에도 약간의 쓴맛 물질이 들어 있는데, AVI은 아무렇지 않게 먹어도 PAV형은 쓴맛 때문에 먹기 힘들어한다.

38번 수용체는 술(알코올)의 쓴맛과도 관련이 있다. PAV형은 같은 술도 훨씬 쓰게 느끼고, AVI형은 훨씬 약하게 느낀다. 와인의 향을 사랑하는 사람은 향에는 민감하지만, 맛(쓴맛)에는 둔감한 사람일 수 있는 것이다.

하여간 쓴맛은 현대인에게는 종류도 너무 많고 민감한 측면이 있다. 우리가 야생에 산다면 쓴맛(독)에 예민할 필요가 있지만, 현대에는 이미 안전성이 검증된 재료만 사용한다. 그러니 쓴맛을 통해 독을 피하는 능력은 그다지 필요 없어진 기능이고, 기피하는 음식만 많아져 건강에도 별로 도움이 되지 않는다.

6. 맛과 관련된 감각은 오미 말고도 많다

혀에서 느껴지는 것은 오미 말고도 많다. 떫은맛은 쓴맛과 유사하지만 감각 기작은 완전히 다르다. 타닌 같은 물질이 혀의 침 단백질과 반응하고 상피조직에 결합하여 수축 등이 일어나 느껴지는 감각이다. 매운맛은 캡사이신이 고온을 감각하는 온도 수용체와 결합하기 때문이고, 마라의 얼얼함은 산쇼올이 촉각(진동) 수용체까지 자극하기 때문이다. 그럼에도 오미의 감각 수용체만 다른 것은 오미만 온전히 이해하기도 쉽지 않기 때문이다.

단맛은 포용하는 힘이 크다. 음식에 단순히 달콤함만 부여하는 것이 아니라 온갖 풍미를 높이는 작용을 하여 익숙하지 않은 음식도 쉽게 친숙하게 해준다. 신맛은 그 자체로는 날카롭지만, 단맛과 어우러지면 매력적으로 되고, 단맛, 짠맛, 감칠맛을 섬세하게 드러나게 한다. 짠맛의 원료는 매우 단순하지만, 맛에 미치는 영향은 가장 강력하다. 우리 몸의 영양분을 공급하는 혈액의 주성분답게 피가 흐르듯 맛도 조화롭게 흐르게 하여 맛의 판도를 바꾼다. 감칠맛은 자체로는 밍밍하다는 악평도 받지만 다른 맛과 어울리면 음식의 풍미를 깊게 하고, 심지어 쓴맛마저 다른 맛과 조화를 이루면 독특한 개성을 부여하여 고급스러운 맛으로 대접받기도 한다. 이런 맛의 복합적인 의미는 감각 자체로는 도저히 풀 수 없는 문제다.

후각은 다양하지만 흔들리기 쉽다

3
Flavor Perception

1. 향기 물질은 종류도 다양하고 상호작용도 복잡하다

● 향기 물질은 종류가 정말 다양하다

코 안쪽 상단에는 황갈색을 띠는 작은 동전 크기의 부위가 있는데, 여기에 향기를 맡는 후각 세포가 1,000만 개 정도 밀집되어 있다. 후각 세포에는 많은 섬모가 나 있으며, 이 섬모의 세포막에 향기를 감지하는 후각 수용체가 1,000개 정도 있다. 후각 수용체의 종류는 400가지 정도인데, 코끼리의 2,000종, 쥐의 1,000종에 비해 많은 편은 아니지만, G 수용체에서 후각 수용체 다음으로 많은 세로토닌 수용체가 15종에 불과하고, 시각의 색 수용체가 3종, 촉각 수용체가 4종인 것에 비하면 압도적으로 많다고 볼 수 있다.

식품에서 발견된 향기 물질은 11,000종에 달하고, 후각 수용체가 400종이나 되어 어떤 물질이 어떤 수용체에 결합해서 어떤 향기를 낼지 예측하기가 힘들다. 똑같은 원자의 조성과 무게를 가진 분자도 아주 사소한 입체적 형태의 차이로 어떤 것은 강력한 향기 물질이 되기도 하고, 어떤 것은 전혀 향기가 없는 물질이 되기도 한다. 그러니 이해하기가 쉽지 않다.

● 미각은 나름 독립적인데 후각은 의존적이다

하나의 후각 세포에는 몇 종의 후각 수용체가 발현되어 있을까? 후각 세포의 섬모에는 1,000개 정도의 후각 수용체가 발현되는데 모두 동일하다. 즉 1개의 후각 세포에는 400가지 후각 수용체 중에 단 1가지만 표현되는 것이다. 그런데 재미있게도 하나의 후각 수용체가 하나의 향기 물질에만 반응하지는 않는다. 린다 벅 박사 연구팀은 후각 세포를 개별적으로 분리하여 리모넨 같은 특정 향기에 대한 민감도를 조사했다. 그러자 리모넨은 딱 한 종류의 후각 수용체만 활성화하거나 하지 않고, 어떤 수용체는 강하고 어떤 수용체는 약한 식으로 여러 종류의 수용체를 활성화했다.

미각의 경우 단맛 수용체는 단맛 물질, 짠맛 수용체는 짠맛 물질에만 반응하는 식으로 상당히 독립적인데, 후각 수용체는 모두 기본구조가 같

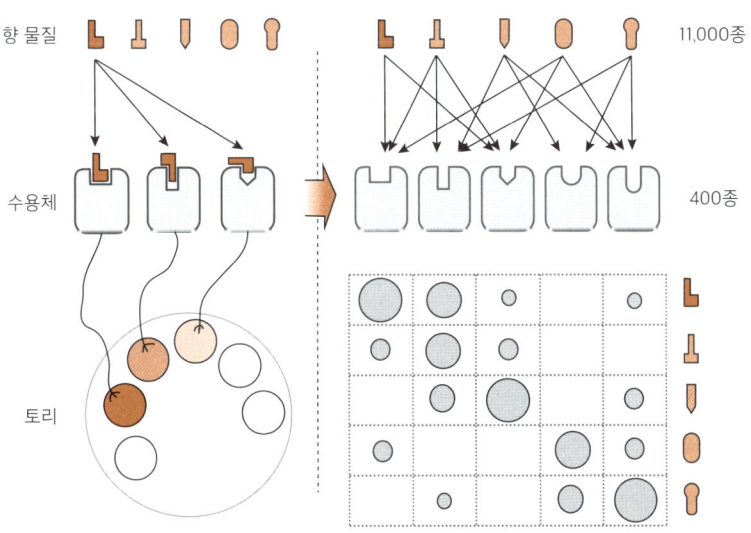

후각 수용체의 작동 특징(후각은 상호작용이 유난히 많다)

은 형태라 하나의 향기 물질이 여러 수용체를 자극하기도 하고, 하나의 후각 수용체가 여러 가지 향기 물질에 반응할 수 있다.

하나의 물질이 여러 가지 후각 수용체를 자극하는 것은 수용체가 분자 전체를 감각하는 것이 아니라 분자의 일부만 감각하기 때문이다. 하나의 향기 물질도 여러 부위가 있어서 여러 가지의 발향단을 가질 수 있고, 또 후각 수용체가 400종이나 되다 보니 모든 수용체가 완벽하게 다르지 않고 비슷한 형태가 많다. 이런 복잡한 상호작용이 400개의 후각 수용체로 어떻게 1조 가지가 넘는 향기를 구별할 수 있는지에 대한 힌트를 주지만, 풀기 힘든 또 다른 수수께끼도 남긴다. "색은 왜 3원색만 있어도 모든 색을 만들 수 있는데, 향은 수백 가지 향기 물질을 가지고도 원하는 향을 마음대로 만들 수 없을까?"와 같은 질문 말이다.

● 향은 역치(최소 농도) 차이가 가장 크다

향의 역치 차이는 심한 경우 100만 배까지도 난다. 같은 양이라도 역치에 따라 향이 100만 배나 강할 수도 약할 수도 있으니 향에서 중요한

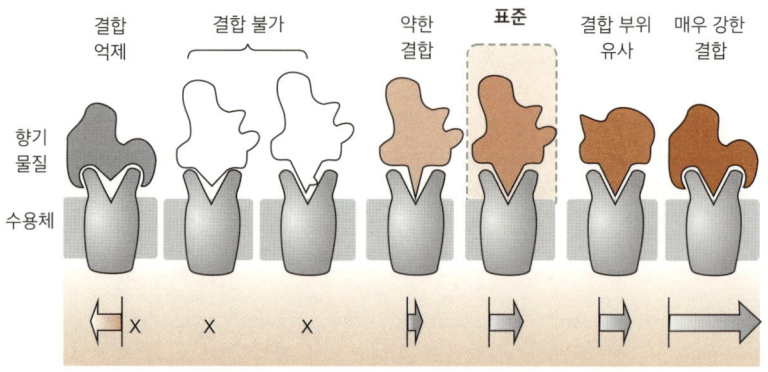

수용체와 결합 모식도(수용체와 강하게 결합하면 강한 향이 된다)

것은 함량이 아니라 함량에 역치를 반영한 기여도인 것이다. 사람들은 주정(에탄올 95%)이나 증류주에서 강한 알코올취가 난다고 생각하지만, 그 정도는 양에 비하면 향이 전혀 없다고 말해도 과언이 아니다. 실제 향료 원료로 쓰이는 물질은 에탄올보다 수만 배 이상 강하다.

더구나 향은 신호를 취합하는 과정에서 일어나는 증폭 또는 억제 현상에 따라 달라진다. 개인에 따라 이런 수용체의 발현 정도가 다르니 사람마다 완전히 다른 감각을 가지고 있다고 해도 과언이 아니다.

● 향은 포화 농도(최대 강도)도 다양하다

보통의 향기 물질은 알코올(주정)보다 향이 1만 배에서 10억 배 이상 강하다고 하는데, 그것은 최소 농도일 때 이야기이지 고농도가 되면 그닥 많은 차이를 보이지 못한다. 보통 향기 물질은 0.1% 이하에서도 더 이상 결합할 수 있는 수용체가 없는 포화 농도에 도달한다. 그러면 그 이상에서는 농도가 높아진다고 향이 더 강해지지 않는다.

포화 농도라고 똑같이 진히게 느끼는 것도 아니다. 수용체의 숫자와 수용체와 결합하는 정도 등에 따라 최대 강도가 달라진다. 결국 향의 진정한 강도와 느낌은 실제 식품에 존재하는 만큼 희석해봐야 알 수 있다. 어떤 것은 희석한 만큼 강도가 낮아지기도 하고, 어떤 것은 천 배, 만 배를 희석해도 크게 강도가 낮아지지 않는 것처럼 느껴지기도 한다.

색은 불을 끄면 사라지지만 향은 물질이라 결코 사라지지 않는다. 희석될 뿐이다. 그러니 우리가 온갖 향에 포위되어 살면서도 별로 느끼지 못하는 것은 아무리 강력한 향이라고 해도 공기 $1cm^3$당 최소한 100만 개가 넘게 존재해야 어느 정도 감각할 수 있기 때문이다. 그러니 세상에 예민한 코는 없고 상대적으로 덜 둔감한 코만 있다. 이것은 페로몬 현상만 봐도 알 수 있다. 나비는 극미량의 페로몬에 이끌려 수km를 날아오

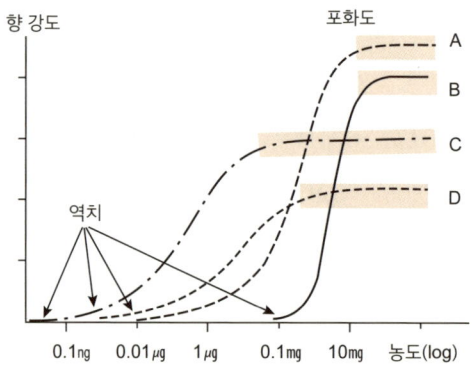

향기 물질의 역치(향기 물질은 역치와 포화도가 제각각이다)

는데, 페로몬 수용체나 페로몬 물질은 후각 수용체나 향기 물질에 비해 별로 다르지 않다. 단지 반응만 특별할 뿐이다.

● **향기 물질의 혼합효과는 예측하기 힘들다**

향은 한 가지 물질만으로도 그 느낌이 복잡하지만, 혼합되면 그 양상이 더욱 복잡해진다. 향기 물질을 섞으면 향은 당연히 달라지겠지만 그 패턴은 색을 섞는 것과 차이가 있다. 색은 선형적이라 섞으면 어떤 색이 나올지 예측할 수 있지만, 향기는 비선형적이라 예측이 안 된다. 희석/경쟁/강화/마스킹 등의 복합적인 현상이 동시에 일어나 혼합물의 향기가 어떻게 날지 예측이 힘들다. 그러니 조향사는 오랜 경험을 통해 혼합물의 느낌을 하나하나 훈련한다.

예를 들어 감자의 대표적인 향기 물질인 메치오날(Methional)은 향기 물질 중에는 가장 감자에 가까운 느낌을 주지만, 순수한 감자보다는 토마토, 육수, 크리미함 등 다양한 느낌을 동시에 준다. 이런 메치오날에 썩은 양배추나 마늘 느낌을 주는 메테인싸이올(Methanethiol)과 구운 커

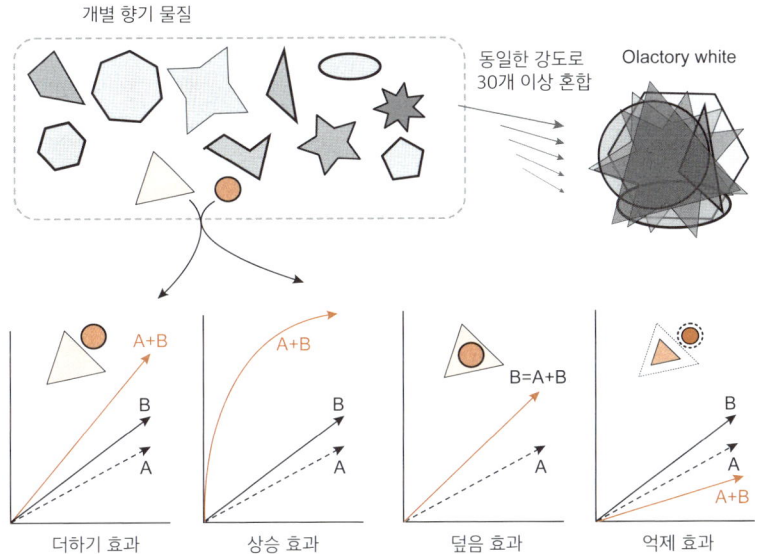

향기 물질의 상호작용(더하기, 상승, 덮음, 억제)

피나 너트 느낌을 주는 피라진(2-Ethyl-3,5-dimethylpyrazine)을 적절하게 혼합(추가)하면 감자와 마늘과 커피 향이 복합적으로 나는 게 아니라 순수한 감자칩 향이 난다.

이처럼 여러 물질을 혼합하면 개별 물질의 특성이 계속 쌓이는 것이 아니라 억제와 완충 그리고 상쇄효과가 나타난다. 그래서 혼합물의 향이 오히려 단순해질 수도, 풍성해질 수도 있다. 완충효과도 흔히 나타나는데, 수용액에 버퍼(완충제)를 넣으면 소량의 산이나 알칼리를 첨가해도 pH가 변하지 않는 것처럼 향에서도 충분한 조합이 갖추어지면 특정 향을 조금 추가하거나 빼도 그 영향이 적어지고 풍미의 증감만 일어난다.

이런 억제의 극단적인 현상이 '백색 향기'이다. 아무 향기 물질이나 비슷한 강도로 조절하여 30개 이상 혼합하면 물질의 종류와 관계없이 유쾌하지도 불쾌하지도 않으면서 뭔지 전혀 알 수 없는 똑같은 향기가 되는 현상을 말한다. 노래에 노래를 섞으면 무슨 노래인지 알 수 없는 것처럼 일부러 강도를 동일한 수준으로 조절하여 향기 물질을 섞다 보면 점점 그 특성이 뭉개지는 것이다.

2. 향기의 선호도는 농도와 맥락에 따라 쉽게 변한다

● 혼합을 하면 특징이 강화될 수도 있고, 단순해질 수도 있다

향기 물질은 매우 희석된 상태에서는 그 특성이 애매하다가 농도가 진해짐에 따라 고유의 특성이 드러나고 어떤 경우에는 저농도에서 없던 느낌이 드러나기도 한다. 4-에틸페놀은 저농도에서는 페놀과 같은 냄새지만 고농도에서는 동물, 땀내 같은 악취가 출현한다. 그리고 많은 황화합물도 고농도에서는 단순히 향이 강해지는 것이 아니라 새로운 이취가 느껴지는 경우가 있다.

이처럼 혼합의 경우에도 개별적인 풍미가 두드러지게 나타나기도 하고, 개별 물질에는 없는 새로운 향이 갑자기 출현하기도 한다. 그래서 향수나 향료를 만드는 조향사는 개별 물질의 특징보다 혼합 현상의 이해에 많은 노력을 기울이기도 한다. 조향사가 갖추어야 할 능력은 단순히 개별 향기 물질의 느낌을 기억하고 덧셈을 하는 것이 아니라 뺄셈, 곱하기, 균형 잡기 등을 통해 본인이 원하는 바를 끌어내는 일인 것이다.

인돌(Indole)은 악취로 유명하지만 희석하면 재스민, 튜베로즈 등의 향에 불가결한 성분이 된다. 소량의 인돌이 있어야 더 풍부한 향으로 비싼 대접을 받는 것이다. 인돌은 꽃뿐만 아니라 여러 향기에 들어 있지만 악취로 느끼기는커녕 그 존재도 모르는 경우가 대부분이다. 인돌은 트립토판(아미노산)의 분해로 쉽게 만들어지는 물질이기도 하여 도처에 조금씩

이나마 포함되어 있다. 심지어 상당히 고농도의 인돌이 사랑을 받기도 한다. 켈빈클라인의 '이터너티(Eternity)'는 인돌을 가장 많이 사용한 향수다. 사실 과거에는 인돌처럼 동물적인 느낌의 향기 물질이 향수의 원료로 사랑받기도 했다.

같은 향기 물질도 사람마다 다르게 느끼고, 같은 사람도 컨디션과 상황에 따라 달라진다. 향기는 이처럼 주관적이고 충동적이고 변화무쌍한데, 사람들은 후각의 변덕스러움을 알기는커녕 모두 동일한 코를 가지고 있다고 생각하거나 절대 후각(미각)을 꿈꾸기도 한다. 그만큼 신뢰성이 있다는 것인데 이런 변덕스러움 속의 일관성은 어디에서 생기는 것일까? 이것은 결코 감각으로 풀 수 있는 문제가 아니다.

● 혼합물의 향기는 개별 물질의 합이 아니다

내가 뇌과학에 관심을 가진 것은 어떻게 개별적인 향기와 전체적인 맛을 구분할 수 있는지에 대한 문제를 풀기 위해서다. 음식은 여러 가지 재료로 만들어지며, 각각 다른 향을 가지고 있다. 그래서 음식의 향을 맡으면 뒤죽박죽 섞인 향기들이 우리 후각 수용체를 동시에 여러 패턴으로 활성화시킨다. 피자 한 조각을 먹을 때도 밀가루 반죽이 구워지면서 만들어진 향기, 토마토소스의 향기, 토핑된 치즈나 고기의 향기, 여러 향신료 향 등이 동시에 작동한다. 그런데 이 모든 향은 모여서 피자 전체의 맛을 이루기도 하고, 각각의 맛을 따로 느끼게도 한다. 피자 전체의 맛과 각 재료의 맛을 따로 느낄 수 있는 것이다. 그런데 우리는 어떻게 전체의 맛과 각 재료의 맛을 자유자재로 느낄 수 있는지 알지 못한다.

이 말의 의미를 제대로 알려면 치즈와 토마토의 향 성분이 따로 있지 않다는 것을 먼저 알아야 한다. 각각의 독자적인 향기 물질이 있다면 그것으로 추론이 가능할 수 있지만, 식재료에 독자적인 향기 물질은 없다.

단지 배합비만 다른 것이다. 세상에 수만 가지 다른 맛의 식재료가 있지만 그것은 단지 향기 성분의 배합비만 다른 것인데 우리는 어떻게 어떤 조합은 딸기 향으로, 어떤 조합은 사과 향으로 구분할 수 있을까? 아직 아무도 그 원리를 모르고 앞으로 상당한 시간이 지나더라도 그 비밀이 밝혀질 것 같지는 않다고 『프루스트는 신경과학자였다』의 저자 조나 레러는 말한다. 그래서 나는 계속 그 원리를 찾으려 노력했고, 나름대로 원리를 찾았다고 생각해서 쓴 것이 바로 이 책이다.

5장에서 자세히 다루겠지만 우리가 후각에 대해 알고 있는 것은 코에는 후각 영역이 있고, 향기 물질은 후각 영역 내 후각 세포의 향기 수용체와 결합하여 전기적 신호가 만들어져 사구체(토리)에 연결된다는 사실이다. 하나의 사구체에는 한 종류의 수용체 신호만 모인다. 그래서 향기 물질별로 각기 다른 패턴의 지도가 그려진다. 여기까지가 과학이 밝힌 후각의 감각 기작이다. 그런데 뇌가 향기지도를 보고 어떻게 사과 향인지 딸기 향인지 구별하고, 좋은 향인지 나쁜 향인지를 판단하는지에 대한 지각의 원리는 전혀 밝혀지지 않았다.

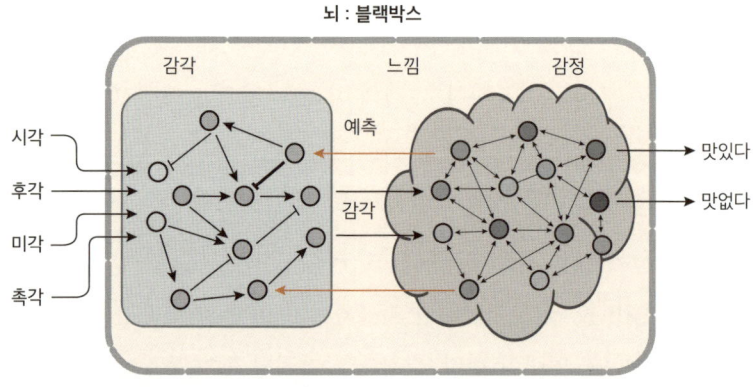

맛의 블랙박스(감각의 원리는 알려졌지만 지각의 비밀은 전혀 알지 못한다)

● 지각을 통해 감각을 이해하는 것도 방법이다

우리는 이제 식품 속에 어떤 향기 물질이 있고, 감각별로 어떤 수용체가 있으며 그것이 어떻게 작용하는지, 어떤 수용체가 있으며 그것이 어떻게 작용하는지에 대해 어느 정도 알게 되었다. 하지만 향기 물질과 감각의 원리를 완벽하게 알아도 지각의 원리를 모르면 대부분의 맛 현상을 제대로 이해할 수 없다. 뇌가 어떻게 사과 향과 딸기 향을 구분하고, 왜 향기 물질은 농도와 맥락에 따라 그 느낌이 달라지는지, 특정 위스키는 소금이 없는데도 짠맛이 나고, 커피에는 당류가 없는데도 단맛이 나는지 등은 감각만으로 설명되지 않는다.

혼합물의 향기는 개별 물질의 합이 아니다. 향기 물질과 수용체의 상호작용, 수용체 간의 상호작용, 감각과 지각의 복잡한 상호작용이 일어나기 때문에 개별 향기 물질을 안다고 그것이 전체 풍미에 어떤 영향을 주는지를 예측하기 힘들다. 사실 향을 지각하는 과정에서 일어나는 상호작용의 일부만 알아도 우리의 뇌가 그토록 복잡한 상호작용 속에서도 사과를 사과로 일관성 있게 인식할 수 있다는 사실이 오히려 신비할 정도다.

이처럼 맛은 아직 많은 부분이 블랙박스 안에 있고, 그 비밀을 감각으로부터 풀어보려는 접근에는 한계가 있다. 그래서 내가 지각의 비밀을 풀어보려고 한 것이다. 감각은 수단일 뿐이고, 뇌의 목표는 생존에 적절한 행동을 결정하는 것이다. 그러니 거꾸로 지각과 행동의 원리로부터 감각을 바라보는 것이 오히려 쉬운 방법일 수도 있다.

우리는
어떻게 세상을
볼 수 있는가

시각으로 풀어보는 지각의 원리

PART 2

시각을 알면 후각도 알 수 있지 않을까?

1
Flavor Perception

1. 시각에 대한 연구가 가장 잘 되어 있다

● 후각은 뇌의 0.1%에 불과하지만, 시각은 25%나 된다

맛을 이해하기 위해서는 먼저 후각과 미각을 알아야 하지만, 이에 관한 자료는 매우 빈약하다. 반면, 시각에 대한 자료는 매우 많다. 시각이 감각에서 가장 많은 정보를 담당한다는 중요성도 있지만, 뇌의 가장 많은 부위를 차지하고 있어서 후각보다는 관측이 용이한 이유도 있기 때문이다. 그래서 향기를 어떻게 지각하는지에 관한 연구 자료보다 우리가 눈으로 본 세상을 어떻게 지각하는지에 대한 자료를 더 찾기 쉽다. 내가 후각을 이해하기 위해 시각을 먼저 알아보려 한 이유도 여기에 있다.

시각은 뇌에 가장 많은 정보를 주며, 가장 선명하고 객관적이다. 그런데도 착시가 있고 환시도 있다. 후각은 시각과 반대되는 감각처럼 느껴지지만 감각은 후각에서 먼저 시작되었고, 동물의 지향성 메커니즘도 후각계에서 먼저 나타난 것이니 시각에도 후각적 흔적이 있으므로 시각을 알면 뇌를 알고 후각을 아는 데 도움이 될 것이다.

인간의 뇌에 인간만 가진 새로운 부분은 없다. 다른 포유류 척추동물에서도 다 볼 수 있는 것들이다. 오감의 수용체는 존재하는 위치와 형

후각과 시각의 비교

	후각	시각	비고
처리 정보량	5%	60%	12배
수용체 타입	GPCR	GPCR	동일
수용체 종류	400	3	1/133배
감각 세포 숫자	1,000만	1억 2,000만	12배
사구체 숫자	< 1만	> 100만	100배
접근 구조	임의 접근	임의 접근	동일
뇌 영역비율	0.1%	25%	250배

태가 제각각일 수 있지만 수용체 이후의 단계는 비슷하다. 모두 전기적 펄스를 만든 다음에 연결된 모듈에 신호를 전달하고 피드백 신호를 받는다.

수용체도 신경세포도 공통적이며 심지어 목적도 비슷하다. 가장 단순한 생명체인 세균도 감각하고 운동한다. 먹이 쪽으로 다가가고, 위험으로부터 멀어진다. 이것은 모든 생명체의 공통적인 반응이다. 생명체에 따라 복잡도만 달라진다.

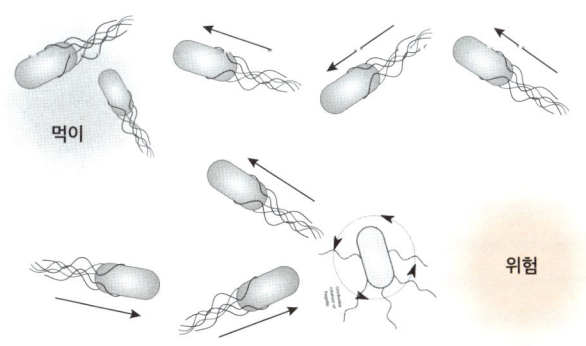

세균의 생존을 위한 기본 반응

● **눈에는 시각 수용체가 있다**

눈에는 눈꺼풀, 각막, 수정체(렌즈) 등이 있다. 먼저 수정체는 빛을 굴절시켜 망막에 초점을 모으는 작용을 한다. 모양체의 근육으로 수정체의 곡률을 변화시키면 초점 거리가 달라진다. 카메라의 조리개 역할을 하는 각막은 홍채로 안구 내부에 들어오는 빛의 양을 조절한다. 그리고 안구를 움직이는 근육이 각막에 붙어 있어서 6개의 작은 근육으로 안구의 방향을 조절할 수 있다. 이 근육의 조화로운 운동이 시선을 주시하고, 입체감을 만드는 핵심적인 역할을 한다.

망막(레티나)은 빛을 감지하는 세포와 신경세포로 이루어진 막이다. 망막은 뇌의 일부라 할 정도로 신경세포가 많이 있고, 그 사이에 글리아 세포마저 있다. 망막의 중심에 '중심와(窩)'라는 약간 오목한 곳이 있는데, 노란색으로 보이기 때문에 '황반'이라고도 부른다. 이 부분이 가장 해상력이 좋다. 그리고 옆에는 혈관과 신경 다발이 빠져나가느라 시신경이 없는 '맹점'이라는 부위도 있다. 바로 이 황반(중심와)과 맹점에서 일어나는 현상을 이해하는 것이 나의 시각에 대한 설명의 핵심이다.

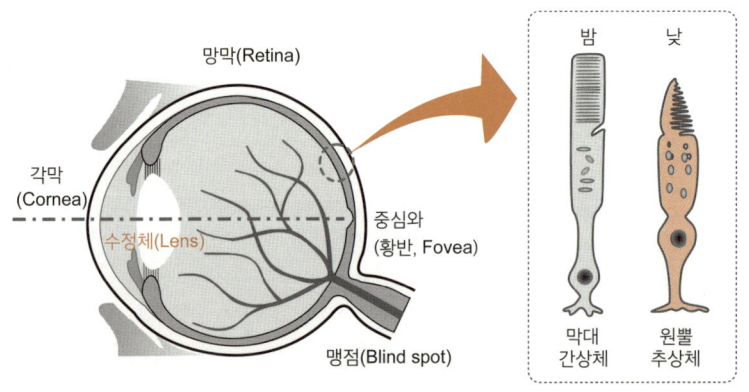

눈의 구조와 시각 세포

● 시각 수용체도 후각과 마찬가지로 G 수용체다

시각 수용체도 후각 수용체와 같은 G 수용체이다. G 수용체는 분자를 감지하는 수용체를 말한다. 빛은 크기도 형태도 없는데 G 수용체로 감각한다는 것은 터무니없어 보이지만 엄연한 사실이다.

빛 수용체는 옵신에 레티날(Retinal)이 결합한 형태다. 그런데 옵신은 사실 G 수용체이며, 일반적인 G 수용체의 구조에 레티날이 결합한 것을 별도로 로돕신이라 부른다. 분자를 감각하는 기관인 G 수용체가 빛을 감지할 수 있는 것은 바로 레티날의 '광이성화(Photoisomerizaion)' 능력 덕분이다. 레티날은 어두운 상태에서는 시스(꺾인) 형태로 존재하다가, 빛을 흡수하면 트랜스(직선) 형태로 바뀐다. 원래 카로티노이드 색소의 일부여서 색소는 빛을 흡수하는 능력이 있는데 이를 활용하는 것이다. 레티날의 형태 변화에 의해 G 수용체의 ON/OFF 상태가 바뀌며, 이후 과정은 다른 감각 수용체와 같다.

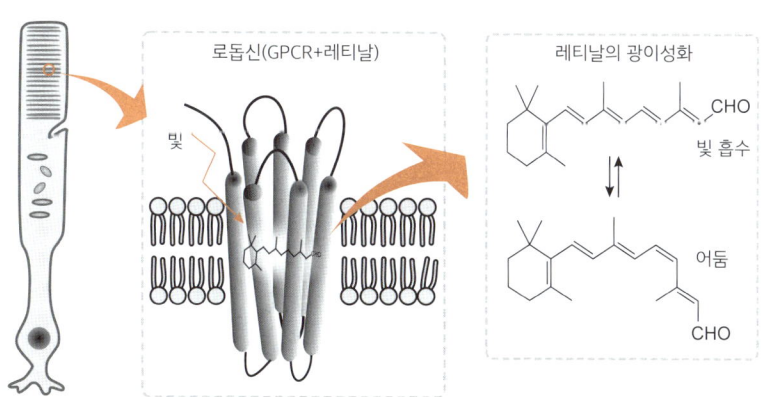

시각 세포와 시각 수용체(로돕신)의 작용 기작

● **시각은 많은 모듈로 연결되고, 피드백 제어를 받는다**

1881년, 헤르만 뭉크Hermann Munk는 뒤통수엽(후두엽)에 시각 영역이 있다는 발표를 한다. 현재는 1차시각겉질(V1)의 위치로 알려진 부위다. 눈에 정보가 들어오면 그 부위에 투사되는 것으로 시각이 시작된다. 시각은 V1과 V2가 메인을 맡고, 그 주변에 형태를 주로 담당하는 V3, 형태와 색을 담당하는 V4, 운동을 감지하는 V5(MT) 등이 연결되어 있다. 여러 모듈의 협업이 있을 뿐 따로 주인공은 없다. 그래서 명암과 윤곽, 색과 음영, 움직임 등의 요소들이 따로따로 처리된다. 더구나 측두엽 쪽으로 향하는 '배쪽(Ventral) 경로'와 두정엽으로 이어지는 '등쪽(Dorsal) 경로'가 따로 있다. 배쪽 경로는 주로 사물이 무엇인지 파악하고, 등쪽 경로는 사물의 위치와 행동 등을 파악한다. 그러니 배쪽 경로가 손상되면

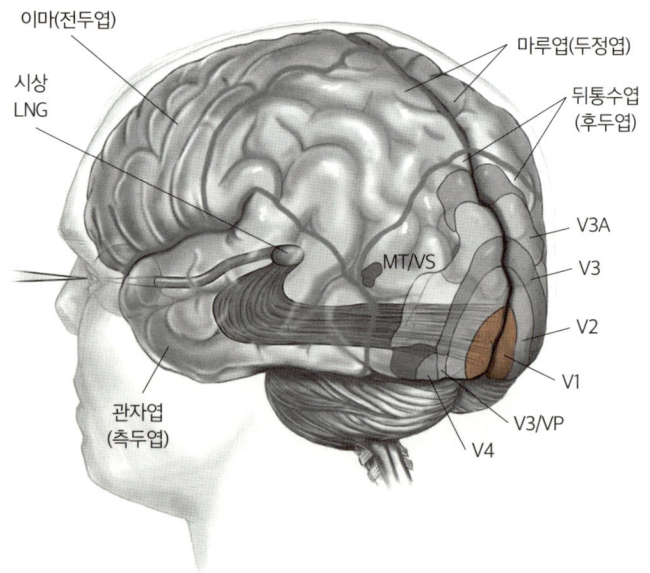

시각을 담당하는 기본 모듈(224p 컬러 사진 참조, ©1999 Terese Winslow LLC.)

물건을 잡고 움직일 수는 있어도 그 물건이 무엇인지 모르게 되는 현상이 나타난다. 시각은 여러 모듈로 되어 있고, 특정 모듈이 손상되면 전혀 예상하지 못한 현상이 발생하는데, 그런 것들이 어떻게 조화를 이루어 시각을 형성하는지를 이해하는 것이 핵심이다.

 여기까지의 설명은 대상만 다를 뿐 우리가 향기 물질을 어떻게 감각하고 그 신호가 어떻게 뇌로 전달되는지에 대한 설명과 별 차이가 없을 것이다. 그런데 시각에는 그 지각의 비밀에 대한 결정적인 힌트가 있다. 바로 뇌가 세상을 효과적으로 이해하기 위해 눈에서 오는 정보를 어떻게 보정하고, 그런 보정 장치 때문에 발생하는 착각과 환각이 무엇인지에 대한 것이다. 이런 현상의 내면을 살펴보면 지각의 원리에 대한 놀라운 힌트가 있고, 그런 힌트로부터 향기를 지각하는 원리에 대한 힌트까지 찾을 수 있다.

우리 눈으로는 세상을 있는 그대로 볼 수 없다

2
Flavor
Perception

1. 시각에는 많은 뇌의 조작이 들어 있다

● 시각마저 생각보다 어설프고, 정직하지도 않다

시각을 설명할 때 "눈으로 보는 것이 아니라 뇌로 본다", "눈의 신경세포부터 뇌이다", "의학적으로 눈은 튀어나온 뇌이다", "시각은 가상의 세계다"와 같은 표현이 등장한다. 이런 설명은 사실 내가 말하려는 것과 별로 다르지 않다. 차이가 있다면 그동안은 구체적인 증거가 부족해서 그저 '그럴 수도 있지.' 하는 수준의 것을 나는 구체적인 증거로 설명하고자 할 뿐이다.

지금 우리 눈 앞에 펼쳐진 세상은 단순히 눈에서 들어온 정보가 거울에 비추듯 뇌에 투사된 영상이 아니라, 뇌가 눈으로 들어온 정보를 참조해 일일이 그린 그림이다. 이 사실을 보여주는 가장 간단한 사례가 바로 '맹점 채우기'이다. 우리는 눈에 맹점이 있다는 것은 잘 알고 있지만, 그 맹점 부위가 어떻게 채워지는지는 잘 모른다. 더구나 낮에 작동하는 시각 수용체의 대부분은 아주 좁은 영역인 황반에 몰려있어 실제로 선명하게 보는 것은 1%에 불과하고 나머지 99%는 뇌가 짐작하여 세밀하게 채워 넣은 그림이라는 사실을 잘 모른다.

이처럼 뇌는 눈을 통해 들어온 정보를 그대로 그리는 것이 아니라 부족한 정보를 짐작하여 적당히 채우고 보정하여 가장 현실이라 생각되는 그림을 그린다. 그것이 살짝 어긋나면 착시가 되고, 보정이 지나쳐 존재하지 않는 것을 그리면 환각이 되고, 밤에 자고 있을 때 그림을 그리면 꿈이 된다. 지금까지 "우리는 눈이 아니라 뇌로 본다"라고 말한 사람은 많았지만, 구체적인 증거를 통해 '확실히 그렇구나!'라고 믿을 만하게 설명해주는 경우는 없었다. 만약 '시각은 뇌가 그린 그림'이라는 사실을 확실하게 알게 되면 감각, 착각, 환각 그리고 지각에 대해 완전히 새롭게 이해할 수 있는데도 그렇다. 사실 우리가 보는 세상이 뇌가 그린 그림이라는 증거는 생각보다 많다. 단지 그렇게 활용하지 않았을 뿐이다.

● 꼬이고 비틀리고 겹치고 역상으로 전달된다

시각은 우리의 감각 중에서 가장 믿을 만하고 정교한 편이지만, 그런 시각마저도 생각보다 정확하지 않고, 결함이 많으며, 엄청난 조작이 들어 있다. 그 가장 간단한 증거가 눈을 통과한 이미지는 실제로는 역상이지만, 우리가 보게 되는 건 역상이 아닌 정상적인 모습이라는 사실이다. 이는 시각은 뭔가 처리를 거친 결과물이라는 증거의 시작이다. 더구나 양쪽 눈의 정보가 반씩 나뉘는 것이 아니고 겹치고 섞여서 전달된다. 또한 최초로 상이 맺히는 1차 시각 피질은 울퉁불퉁 주름진 평면이다. 그런데 우리가 보는 세상은 주름이 없고 입체적이다. 망막의 시각 세포도 2차원 평면으로 배열되고, 뇌에 맺힌 영상도 평면인데 우리는 입체로 본다. 이런 사실만 곰곰이 생각해봐도 시각은 절대로 눈으로 본 그대로가 아니라는 것을 알 수 있다.

하지만 뭔가 약간 가공되고 변형된 정도일 뿐, 시각이 뇌가 그린 그림이라고 확신하기에는 아직 증거가 부족해 보인다. 그러므로 이제부터는

시각의 전달(왼쪽은 오른쪽으로, 오른쪽은 왼쪽으로)

카메라와 눈을 비교하면서 우리 시각의 유별난 점을 더 알아보도록 하자.

● 화이트밸런스, 왜 흰 종이는 조명이 달라도 항상 희게 보일까?

요즘 카메라는 성능이 워낙 좋아져서 대충 찍어도 사진이 잘 나온다. 하지만 예전에는 사진사의 기술이 없으면 사진을 잘 찍기가 쉽지 않았다. 빛이 풍부한 낮에는 사진이 잘 나오지만, 형광등이나 백열등에서는 사진을 찍기 힘들었고, 최대한 잘 찍어도 눈으로 보이는 것과 전혀 다른 결과물이 나왔다. 우리 눈으로 보면 흰색은 항상 흰색인데 카메라는 상황에 따라 흰색이 다르게 보이는 것이다. 여기까지 들으면 보통은 눈이 정상이고 카메라가 엉터리라고 생각하겠지만 사실은 반대다. 카메라가 있는 그대로를 보여준 정직한 화면이고, 우리가 눈으로 본 것이 완전히 조작된 결과물이다.

빛은 같은 햇빛이라도 아침, 한낮, 저녁 모두 다르고, 형광등, 백열등 같은 광원에 따라서도 달라진다. 색은 빛의 흡수도이기 때문에 같은 흰 종이라도 광원에 따라 색이 달라져야 정상인 것이다. 그런데 우리 뇌는 조명이 달라져도 흰색은 흰색으로, 피부색은 피부색으로 볼 수 있게 조작한다. 예전 카메라는 이처럼 화이트밸런스를 조절해주는 기능이 없어서 사실 그대로 빛에 따라 색이 달라졌고, 요즘에야 오토화이트밸런스 기능이 추가되어 흰색이 흰색으로 보이게 되었다. 이처럼 우리 눈의 화이트밸런스 기능은 정말 탁월하다. 우리 뇌는 대상물에서 순식간에 흰색으로 보여야 할 물건을 찾는다. 그리고 그것을 흰색으로 보정하는 순간, 다른 색들도 자동으로 보정된다.

'트루톤(True Tone)'은 애플사가 2016년부터 사용하고 있는 실시간 색상 보정 기술이다. 사람의 눈은 주변 환경의 색온도에 순응하는 반면, 디스플레이 화면은 항상 일정하기 때문에 오히려 색감에 이질감이 생기는데, 트루톤은 모니터에 주변광 센서를 붙여 색온도를 측정하여 실시간으로 주변의 색온도에 맞게 디스플레이를 조정한다. 조작된 인간의 시각에 맞추어 디스플레이 색을 조작하고 이를 트루톤이라고 부르는 것이다.

색온도의 조절

● 고감도 자동 조절 기능

예전에는 필름의 감도가 ISO100~400 정도로 매우 낮았다. 그래서 실내에서 움직이는 사람을 찍으면 사진이 심하게 흔들렸다. 우리 눈에는 빛에 따라 민감도를 10만 배까지 높여주는 기능이 있어서 어두운 곳에 적응하지만, 카메라에는 그런 기능이 없었기 때문이다. 어두운 밤에 빛이 1/10만 감소해도 시간이 지나면서 차츰 적응되는 것은 낮에 쓰는 600만 개 원뿔세포 대신 1억 2,000만 개의 막대세포를 이용하고, 세포 내 효소를 늘려 신호를 증폭하기 때문이다. 활성화된 하나의 로돕신은 수백 개의 효소를 활성화할 수 있고, 효소는 신호전달물질을 증폭한다. 그래서 아주 적은 빛에도 반응할 수 있게 된다. 이런 전환이 워낙 자연스럽다 보니 사람들은 밤에 형체만 보이고 색상이 보이지 않는 것을 별로 의식하지 못한다. 요즘 카메라는 비약적인 성능 개선이 이루어져 어두운 곳에서 사진을 찍어도 우리가 눈으로 보는 것만큼 찍힌다.

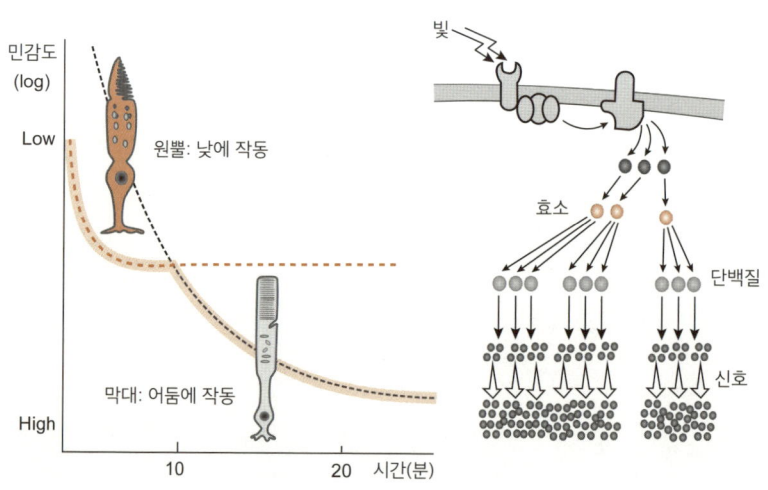

눈에서 일어나는 빛의 증폭 및 적응

● 역광, 고계조 자동처리(HDR)

과거의 카메라는 역광 문제도 심각했다. 밝은 낮에 사진을 찍을 때 역광이면 배경은 보기 좋지만 얼굴이 검게 나와 사진을 완전히 망치게 된다. 얼굴을 기준으로 노출을 밝게 하면 주변 배경은 너무 환하여 디테일이 사라지고, 평균의 밝기에 맞추면 얼굴이 어두워지는 것이다. 우리의

고계조의 처리

뇌는 사람의 얼굴을 매우 중시하기 때문에 역광으로 얼굴이 어두우면 그 부분을 보정하여 얼굴이 환하게 보이도록 하는 기능이 있다. 당연히 예전의 카메라는 그것이 불가능했다. 요즘은 고계조 기능이 있어서 어두운 부분은 적당히 밝게 하고, 밝은 부분은 적당히 눌러서 균형 있게 보이게 한다. 이제야 카메라가 우리 눈의 조작을 많이 따라온 것이다. 카메라에 강력한 CPU와 소프트웨어가 장착된 요즘에야 가능한 것을 우리 뇌는 그동안 너무나 쉽게 해왔다.

● 파검논쟁? 색은 뇌가 만든 것이다

2015년, 전 세계 인터넷 사용자를 격하게 흥분시킨 '색깔 논쟁'이 한바탕 있었다. 레이스가 달린 드레스 사진을 보고 어떤 사람은 "파란 바탕에 검은 레이스(파검)"라고 주장하고, 어떤 사람은 "흰 바탕에 금빛 레이스(흰금)"라고 말하는 바람에 서로 상대의 눈이 이상하다며 격렬하게 싸운 것이다. 그런데 이는 전혀 특이한 사건이 아니다. 이 정도의 색 착시는 매우 흔하게 일어난다.

아래 사진에서 점선 부위를 제외한 위아래(A, B)는 정확히 같은 색이다. 오른쪽 그림이 점선 부분을 가린 것인데, 믿기지 않으면 본인이 직접

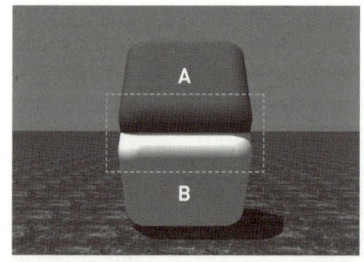 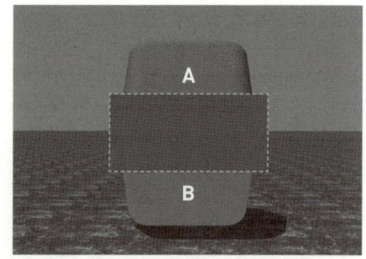

로토(Lotto) 착시
(225p 컬러 사진 참조, 출처: Lotto, R. & Purves, Dale & Nundy, Surajit. (2002). Why we see what we do. American Scientist. 90. 236. 10.1511/2002.3.236.)

왼쪽 사진의 점선 부분을 가려보면 된다. 색은 원래 자연에 있는 것이 아니고 뇌가 계산해서 덧입힌 것이라 언제든지 실수할 수 있다. 사실 실수라기보다는 뇌가 판단하기에 좀 더 현실적인 색을 입히는 것에 가깝다.

● **흔들림? 경이로운 손 떨림 방지 장치**

우리가 보는 세상이 뇌가 그린 그림이라는 사실을 좀 더 확실히 보여주는 것이 '손 떨림 방지' 기술이다. 과거에는 실내처럼 빛이 부족한 곳에서 사진을 찍으면 사진이 많이 흔들려서 나왔다. 그리고 그런 흔들림을 줄이기 위해 카메라에 손 떨림 방지 기술이 개발되었다. 렌즈와 센서 사이에 장치를 추가해 매우 빠른 속도로 상하좌우로 움직이면서 손 떨림을 보정하는 것이다. 그런데 우리 눈에는 카메라 촬영과 비교할 수조차 없는 격렬한 떨림이 있다. 바로 '안구도약 운동'이다.

우리는 눈동자가 얼마나 자주 움직이는지 의식하지 못한다. 하지만 다른 사람이 뭔가를 볼 때의 안구를 자세히 살펴보면 깜짝 놀랄만큼 쉴 새 없이 움직인다는 것을 알게 된다. 눈동자는 잠시도 가만히 있지 않고 120~130ms(밀리초) 간격으로 아주 짧게 휙휙 도약하듯 움직인다. 그런

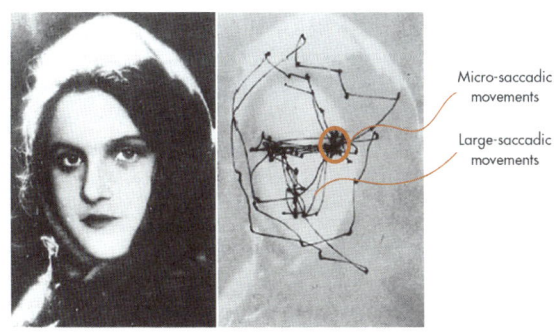

안구도약 운동(Saccadic eye movement,
출처: Ra`anan Gefen and Leonid Yanovitz, Nano Retian Inc.)

데도 우리가 보는 세상은 놀랍도록 꼼짝하지 않고 안정적인 영상을 유지한다.

그런데 만약에 눈가를 붙잡고 흔들면 어떻게 될까? 눈가에 손가락을 대고 위아래로 움직이면 눈동자는 손가락에 따라 흔들리고 우리가 보는 세상도 사정없이 흔들린다. 뇌의 뜻대로 눈동자를 굴릴 때는 예측과 보정이 가능하지만, 외부에서 강제로 눈동자를 움직이면 예측이 불가능해 보정을 하지 못하는 것이다.

이런 흔들림의 보정이 얼마나 놀라운 것인지는 비디오 촬영과 비교하면 잘 알 수 있다. 비디오카메라를 보통 눈으로 보는 것처럼만 움직여도 영상이 너무 흔들려서 볼 수가 없을 정도다. 그래서 영화 촬영장에는 카메라보다 훨씬 큰 스탠드와 이동 장치가 있고, 좌우로 움직이거나 줌을 할 때도 속도를 천천히 한다. 만약 우리의 안구도약과 같은 정도로 비디오카메라를 움직이면서 영상을 찍으면 끔찍한 결과물이 나올 수밖에 없다. 그런데 우리가 보는 세상은 안구도약이라는 현상이 있다는 사실조차 모를 정도로 안정되어 있다.

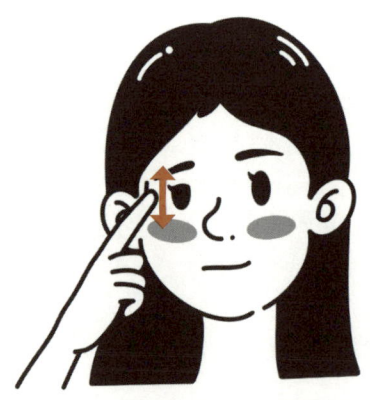

안구를 강제로 움직일 때

카메라의 손 떨림 방지

그리고 우리의 안구는 도약 운동을 할 뿐 아니라 아주 심하게 깜박거리기까지 한다. 눈은 눈물샘에서 나오는 액체로 각막 앞을 매끄럽게 청소하기 위해 쉴 새 없이 깜박거린다. 그럴 때면 잠깐 동공이 닫혀서 1/10초 정도는 시각을 완전히 상실한다. 그런데도 자신의 눈이 깜빡거린다는 것은 거의 의식하지 못한다. 우리는 형광등이 잠시 깜박거리는 것조차 극도로 예민하게 느끼지만, 눈을 깜박거리는 시간을 모두 합하면 하루에 무려 60~90분 정도는 시각이 완전히 상실되는데도 전혀 눈치 채지 못하는 것이다.

2. 맹점을 채우는 원리에 결정적인 힌트가 있다

● 눈에는 맹점이 있다

사실 모든 사람은 눈에 장애를 가지고 있다. 바로 '맹점(Blind spot: 암흑점)'이다. 오징어는 눈의 시각 세포가 망막 뒤에 있어서 자연스럽게 그 신호를 모아서 뇌 쪽으로 연결하지만, 인간은 시각 세포가 망막 앞에 거꾸로 배치되어 있다. 그래서 신경 신호를 모아 뇌로 전달하기 위해서는 눈의 일부 영역을 통로로 써야 한다. 눈의 중심인 황반(중심와)을 약간 벗어난 곳에 신경다발이 한군데로 모여서 지나가는 지점이 있는데, 이곳이 바로 맹점이다. 이 맹점 때문에 인간의 눈에는 상당한 양의 불량화소가 생기지만, 우리는 평소 그런 맹점이 있다는 것조차 전혀 느끼지 못한다. 뇌가 맹점을 워낙 잘 처리하기 때문이다.

나도 이런 맹점이 있다는 것을 이론적으로는 잘 알고 있었지만, 우리 몸에 있는 수많은 오류와 한계의 하나로 여겼을 뿐 별로 흥미를 느끼지 못했다. 그러다 라마찬드란 박사가 쓴 『두뇌 실험실』에 나온 맹점 실험(73p (h) 실험)을 따라 하고 정말 깜짝 놀랐다. 그 이후 눈과 뇌에 대한 생각이 영원히 바뀌었다. 나에게 그보다 충격적인 실험은 이전에도 이후로도 없었다. 이 맹점 실험이 환각과 지각을 이해하는 데 결정적인 실마리를 제공했으니 독자들도 이 실험만큼은 꼭 따라 해주었으면 좋겠다. 맹점을 찾는 방법만 알면 나머지는 금방 해볼 수 있다.

● **맹점 찾기**

맹점을 찾는 방법은 다음 그림에 잘 나와있다. 먼저 오른쪽 눈을 가리고 왼쪽 눈으로 종이 위의 + 표시를 계속 주시한다. 그 후 시선을 + 표시에 고정한 채 종이를 30cm 정도 떨어진 위치에서부터 천천히 당긴다. 그러다 보면 어느 순간 하트(♥) 모양이 사라지는 순간이 온다. 시선을 돌리면 하트가 다시 나타나니 계속 + 표시를 주시하는 것이 핵심이다. 이것만 성공하면 준비는 끝난다. 그 다음으로 이 책에서 제시하는 순서에 따라 맹점 실험을 하다 보면 '본다는 것이 무엇인지'에 대해 지금과 전혀 다른 생각을 가질 수 있을 것이다. 꼭 직접 해보기를 바란다.

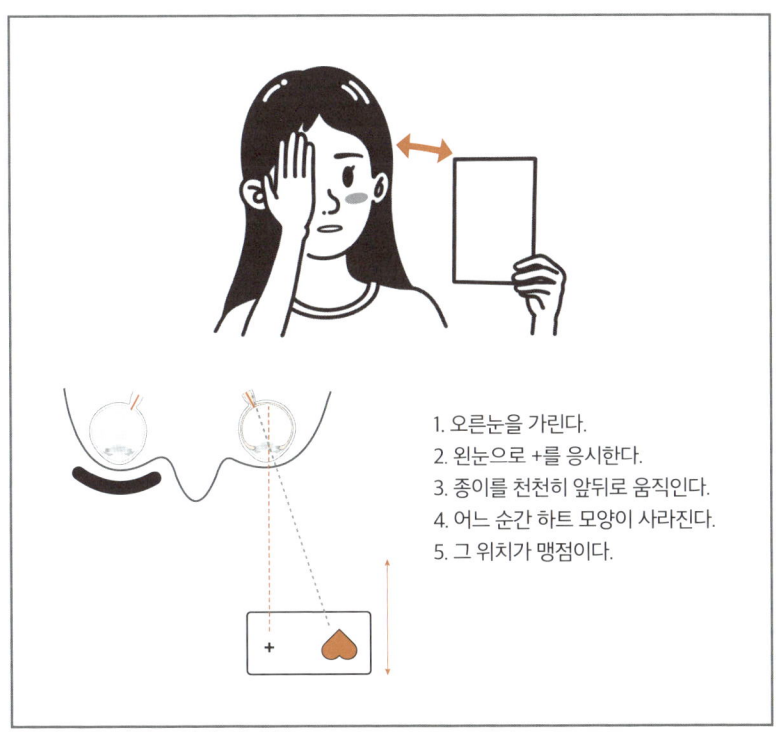

맹점을 찾는 방법

● **핵심은 맹점이 자동으로 채워진다는 것이다**

고작 맹점 실험 하나로 지각의 원리를 이해할 수 있다는 주장이 터무니없이 느껴질 수도 있을 것이다. 하지만 이 실험은 맹점이 있다는 것을 확인하는 게 아니라 그 맹점이 어떻게 채워지는지를 아는 것이다. 가장 먼저 (a) 실험에서 단순히 맹점이 정보가 없어서 안 보이는 것이라면 하트가 사라지면서 그 부분이 비어 있어야 할 텐데 빈자리를 배경색으로 채운다. 배경이 회색이면 회색으로 노란색이면 노란색으로 채우는 것이다. 맹점이 단순히 사라지는 것이 아니라 뭔가로 채워진다는 것이 핵심이다.

(b)에서는 맹점의 위치에 아무 것도 없다. 그런데 맹점을 찾게 되면 상당히 놀라운 현상이 일어난다. 맹점 부위에 분명 아무것도 없었는데 저절로 선이 이어져 보이게 된다. 어떤 사람은 검은 선만 보이고 어떤 사람은 빨간 선과 검은 선이 이어져 보일 것이다. 그만큼 맹점은 개인차도 크다. (c)는 좀 더 강력한 현상이다. 맹점에 존재하는 하트가 사라지고 존재하지 않는 선이 나타나 (b)와 똑같이 보이게 된다.

(d)

　　(d)에서는 맹점을 찾으면 빨간색 하트가 뒤집어져 주변의 하트와 같은 모양, 같은 색이 된다. 모양도 색깔도 바뀌는 것이다. 이 놀라운 사실을 도대체 어떻게 해석해야 할까? 더 이상 맹점 현상은 나에게 단순한 흥밋거리가 아니게 되었다.

　　(e)에서는 하트가 사라지는 순간, 그 자리에 뭔가 글자가 나타난다. 하지만 구체적인 글은 확인할 수 없다. 글자를 읽기 위해 주시하면 금세 하트가 나타나 글자를 가린다.

캠릿브지 대학의 연결구과에 따르면,
한 단어 안에서 글자가 어떤 순서로
배되열어 있는가 하것는은 중하요지 않고,
첫째번와 마지막 바른 위치에
있것는이 중하요다고 한다.
나머지 글들자은 완전히 엉진망창의 순서로
되어 있지을라도
당신은 아무 문없제이 이것을 읽을 수 있다.

+
(e)

이쯤이면 (f)의 가운데 하트 부분이 어떻게 보일지 대부분 예측할 수 있을 것이다. 선이 다 이어져 보일 것으로 예측했다면 맹점 채움을 충분히 이해했다고 봐도 된다. 실제로 해봐도 예측대로 될 것이다.

(g)의 구멍 난 모기장은 어떨까? 맹점을 이용하면 모기장을 정말 간단히 고칠 수 있다. 실제로 고쳐진 것이 아니니 나를 기만하지 말고 사실 그대로 보이게 하라고 아무리 뇌에게 명령을 내려도 소용이 없다. 뇌는 나의 의지와 무관하게 자신이 하던 패턴대로 묵묵히 맹점을 채운다.

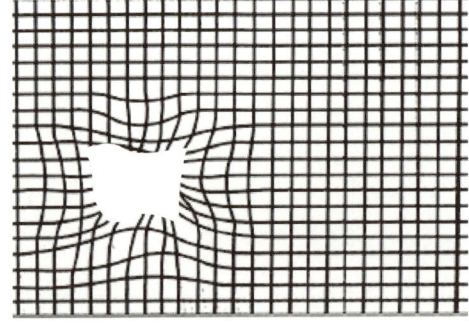

● **나에게 정말 놀라웠던 맹점 채움 현상**

이 정도까지 맹점 채움을 실험하고 나니 나도 이제 어느 정도 맹점에 대해 알았다고 생각했다. 하지만, 아래 맹점 실험은 나를 또 한 번 놀라게 했다. 눈에 구조적 문제로 인해 맹점이 있다는 것을 확인하는 실험이었으면 맹점은 그저 흥밋거리의 하나였을 텐데, 맹점 자리가 채워지는 현상을 보다가 '본다는 것에 대한 생각'이 영원히 바뀌었다. 맹점을 채우기 위해서는 멀쩡한 정보까지 서슴지 않고 조작하기 때문이다.

(h)를 보면 여기서도 맹점은 당연히 사라진다. 문제는 맹점이 사라지는 부분을 채워야 하는데 선이 약간 어긋나 있다. 맹점을 채우기 위해서는 막대를 잇는 것이 합리적인데, 선을 잇다보면 그 부분이 어긋나게 된다. 아주 부자연스러운 모습이다. 하필 맹점 부분에 이런 부자연스러운 연결이 있다고 뇌는 믿고 싶지 않아진다. 그래서 눈은 단순히 맹점 부위뿐 아니라 정상 부위의 자료까지 조작하여 순식간에 선이 어긋나지 않고 온전한 십자(+) 모양으로 보이게 한다. 아무리 그렇게 조작하지 말라고 해도 맹점을 만나는 순간, 순식간에 채워진다. 맹점이 아무렇게나 대

『라마찬드란 박사의 두뇌 실험실』에 나온 맹점 실험을 응용한 그림

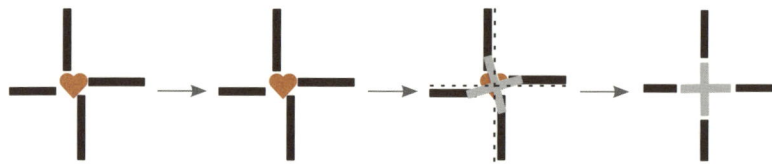

충 채워지는 것이 아니고, 매우 정교하게 일정한 패턴대로 채워진다는 것은 우연이 아닌 뇌의 정교한 계산에 의한 결과라는 증거다.

아래의 (i)에서 맹점의 범위는 몸통에 있는 원형 정도의 공간이다. 그림 원형 부위만 적당히 회색으로 채우면 될 텐데, 우리의 뇌는 다리와 머리 부분까지 색을 바꾼다. 그것이 자연스럽다고 믿는 것이다.

맹점을 채우기 위해 정상적인 신호마저 조작하여 그럴 듯한 이미지를 만드는 것이야말로 뇌에 대한 이해에 새로운 실마리를 제공한다. 우리 눈에는 정말 놀라운 채워 넣기와 보정 장치가 들어 있는 것이다. 더구나 완전 자동이라 자신의 의도와 전혀 관계없이 어느 순간 순식간에 저절로 일어난다. 아무리 조작을 하지 말라고 해도 소용이 없다. 뇌는 우리가 도저히 알아챌 수 없는 순간에 맥락에 맞추어 자동적으로 채워 넣는다.

(i)

맹점만 채우면 　　　　　　 맹점 밖까지 조작한다

3. 우리 눈은 중심와만 선명하다

　우리 눈동자는 잠시도 쉬지 않고 상하좌우로 안구도약을 한다. 이렇게 눈동자를 바쁘게 움직이는 것은 우리 눈의 해상력이 매우 낮기 때문이다. 매우 선명한 디스플레이를 레티나 디스플레이라고 부르는 이유도 우리 눈의 망막(Retina)에 엄청나게 많은 시각 세포가 있기 때문이다. 그러니 우리 눈의 해상력이 매우 낮다는 말을 쉽게 받아들이기 힘든 것이다.
　이론적으로 우리 눈에는 2억 개 정도의 시각 세포가 들어갈 수 있는 공간이 있고, 실제로는 1억 2,600만 개 정도가 들어 있다. 원기둥(Rod: 막대, 간상체) 모양이 약 1억 2천만 개, 원뿔(Cone: 원추, 추상체) 모양이 600만 개 정도다. 문제는 막대형은 밤에만 작동하고, 낮에는 원뿔 형태만 작동한다는 것이다. 낮의 해상력은 600만에 불과하며, 더구나 배치도 불균일하다. 눈의 중심인 '중심와(황반)'에 대부분이 몰려 있어 사실 이 1%에 불과한 부분만 우리가 기대하는 레티나 해상력이고, 나머지 부위는 형편없는 해상력을 가진다. 망막에서 중심와는 1%이지만 신경세포의 절반이 몰려있고, 거의 뇌에 1:1로 전달되어 다른 부위보다 1,000배나 선명한 것이다. 더구나 우리 뇌에 전달되는 최종 신호는 원뿔세포 숫자의 1/5 수준인 100만(또는 120만) 개에 불과하다. 우리 눈의 해상력은 고작 100만 화소에 불과하고, 그 정보의 90%는 눈의 극히 일부인 중심와에서 온다.

이런 눈의 생물학적 구조를 종합하면, 1%에 불과한 중심와 부분만 선명하고, 바로 옆에 아무것도 안 보이는 맹점이 있으며, 신경과 핏줄이 지

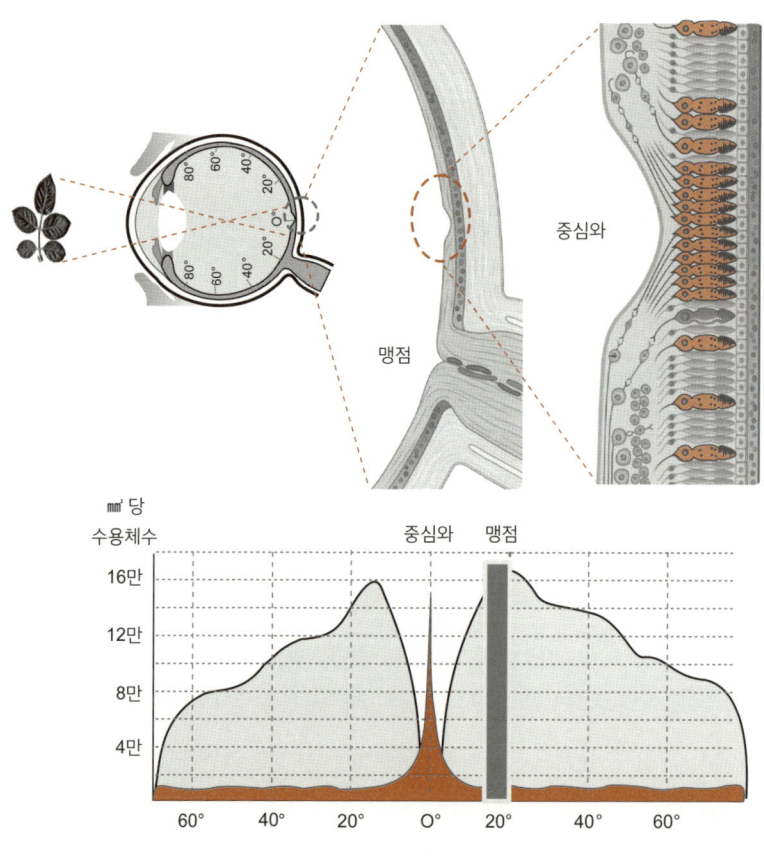

중심와(황반)와 시각 수용체의 분포

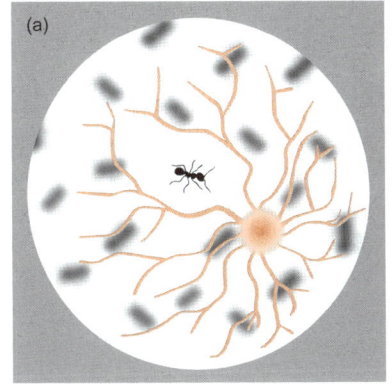
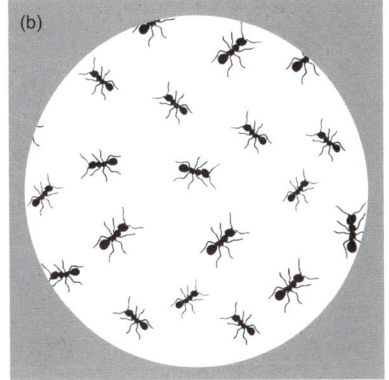

눈에 보이는 세상(a)   뇌가 보여주는 세상(b)

나가는 자리가 있음을 알 수 있다. 실제로 눈에 보이는 세상은 그림 (b)처럼 모두 선명하게 보이지 않고, 그림 (a)처럼 개미 한 마리나 겨우 보는 시각인 것이다.

그런데 우리는 눈에 아무런 결점이 없고, 1억 2천만 시각 세포를 모두 활용해서 전체적으로 매우 맑게 본다고 느낀다. 어떻게 불과 100만 화소에 불과한 해상력으로 수천만 화소의 카메라보다 선명하게 세상을 볼 수 있을까? 앞서 설명한 맹점 채움과 이번에 설명하는 중심와를 이용한 증강 해상력만 제대로 이해하면 시각은 뇌가 그린 그림이라는 사실을 알게 될 것이다.

우리의 눈이 중심와만 선명하다는 사실은 아래 그림에서 중앙에 있는 ●에 시선을 고정하고 주변의 글자를 읽어보면 잘 이해할 수 있다. 대부분이 중심에서 불과 좌우 몇 글자까지만 읽을 수 있을 것이다. 우리는 책

txac soty rexh zqmw ● tbnu qwyx vuid fpur

중심와의 크기

을 읽을 때 책 전체를 선명하게 본다고 생각하지만, 실제로는 주시하는 단어만 선명하게 보인다. 우리가 옆의 단어를 읽을 수 있는 것은 눈동자를 움직였기 때문이다. 그런데 우리는 눈동자가 움직였다는 것 즉, 선명한 영상 부위가 움직였다는 것을 전혀 눈치채지 못할 정도로 선명함과 흐릿함의 경계가 없다. 뇌의 놀라운 조작 덕분이다.

우리가 선명하게 볼 수 있는 중심와의 크기는 동전을 들고 손을 내밀었을 때의 크기에 불과하다. 하지만 그것을 믿기는 쉽지 않다. 진짜로 우리 눈에 선명한 부위가 30cm 밖의 동전 크기에 불과하다면, 우리는 어떻게 내 눈앞에 펼쳐진 모든 모습이 선명한 것처럼 보이는지 설명할 수 있어야 한다.

다음의 그림은 자크 니니오 Jacques Ninio의 '소멸 착시'이다. 여러분은 그림에서 ◎을 몇 개나 볼 수 있을까? 눈동자를 움직이면 물론 12개 전부를 볼 수 있다. 그런데 시선을 한 점에 고정하면 주시하는 곳을 제외한 나머지 ◎은 점차 사라진다. 대체 왜 사라지는 것일까? 이것을 제대로 설명하지 못하면 중심와의 크기를 제대로 이해했다고 볼 수 없다.

소멸 착시(Disappearing dots, 자크 니니오, 2000)

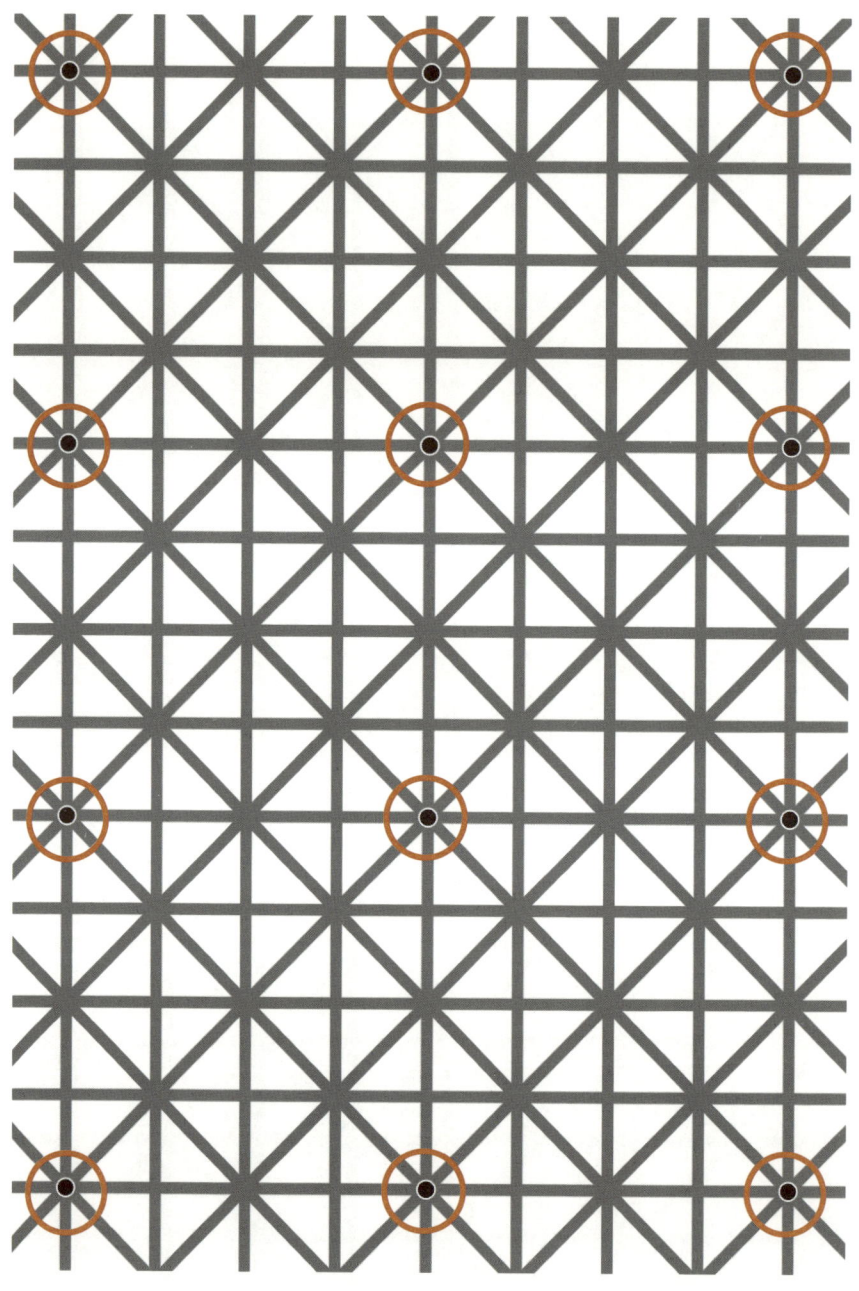

동일한 소멸 착시에 빨간 원만 추가해도 점이 쉽게 사라지지 않는다

PART 2 우리는 어떻게 세상을 볼 수 있는가 | 우리 눈으로는 세상을 있는 그대로 볼 수 없다

반짝 격자(Scintillating grid) 착시

이 그림은 '반짝 격자(Scintillating grid) 착시'라고 한다. 흰 선이 교차하는 점마다 어두운 점을 볼 수 있는데, 헤르만 격자를 응용한 것이다. 왜 초점이 맞은 부위는 흰점이 보이고, 초점이 맞지 않는 부위는 검은 점이 보이는지를 이해하면 중심와의 의미를 잘 알 수 있게 된다.

● 맹점과 주변시만 잘 알아도 보는 것에 대한 생각을 바꿀 수 있다

내가 사람들에게 중심시와 주변시를 이 정도 설명하면 다들 이해했다는 표정을 짓는다. 그런데 다음의 착시를 보여주면 또 놀라고 당혹해한다. 이 그림은 원래 여러 사진을 차례로 보여주는 슬라이드 쇼이다.

가운데 +에 눈동자를 고정하고 있으면 사진이 차례로 바뀌는데, +만 주시하면 사람 얼굴이 외계인이나 괴물처럼 보인다. 그 순간 눈동자를 돌려 얼굴을 쳐다보면 지극히 정상 얼굴로 보인다. 우리는 중심와만 선명히 볼 수 있는데, 그것을 +에 고정하면 주변시로 다른 사람의 얼굴이 등장했다는 것은 알지만 정보가 부족하니 대충 그려 넣고, 얼굴에 민감하지만 부정확한 그림이므로 괴물로 볼 수밖에 없는 것이다. QR코드를 통해 슬라이드 쇼를 직접 경험해볼 것을 강추한다.

4. 시각의 절반에 걸친 맹점 채움도 있다

 그런데 만약 맹점 채움이 눈의 맹점 부위에서만 일어나는 것이 아니라 눈 전체에서 일어나는 현상이라면 어찌 될까? 나는 올리버 색스가 겪은 맹점에 관한 경험담을 읽고, 우리의 뇌는 단순히 맹점 부위에만 영상을 적당히 지어내는 것이 아니라 시각 전체에 대해서도 맹점 채움과 같은 일을 한다는 것을 알게 되었다. 시각은 뇌가 그린 그림이라는 확신이 생긴 것이다.

 올리버 색스(1933~2015)는 신경 전문의로서 2015년 안암(흑색종)이 재발하여 사망하자 많은 사람이 그를 '의학계의 계관 시인'이라며 추모했다. 그는 보통의 의사들이 공감하기 힘든 특별한 환자 수천 명과 직접 또는 편지로 교류했다. 그래서 뇌 과학자들이 가장 만나고 싶어 한 의사이기도 했다. 그는 수많은 기록을 정리하여 『나는 침대에서 내 다리를 주웠다』, 『아내를 모자로 착각한 남자』, 『화성의 인류학자』, 『뮤지코필리아』, 『마음의 눈』, 『환각』 같은 명저를 남겼다.

 만약 눈에 기존에 없던 새로운 맹점이 생기거나, 맹점이 갑자기 2~3배 커지면 어떤 현상이 일어날까? 그 부분은 영원히 얼룩으로 남을까? 아니면 그곳에도 맹점 채움 현상이 일어날까? 맹점을 채우는 현상이 일어나려면 얼마나 시간이 걸려야 할까? 올리버 색스 본인의 체험담에 이 질문에 대한 답이 담겨 있다. 2010년에 출간된 『마음의 눈』에는 그가 눈에 생긴 암을 치료하면서 경험한 거대한 맹점에 관한 이야기가 있다. 안암을 수술하는 과정에서 눈의 맹점이 정상인보다 훨씬 커진 것이다.

 "붕대를 제거한 첫날 밤, 오른쪽 눈으로 아메바 같은 검은 얼룩(맹점)을 보았다. 그런데 저녁에 천장을 올려다보았을 때 그 얼룩이 사라져버려서 깜짝 놀랐다. 정말로 사라졌나 싶어서 테스트했더니 여전히 있었다. 단지 블랙홀(맹점)이 천장의 색으로 바뀐 것이었다. 그런데도 구멍은 구멍이어서, 손가락을 움직여 맹점의 가장자리를 지나는 순간 손가락이 사라져버린다. 정상적인 눈의 맹점이 아주 작다면 내 눈의 맹점은 거대해서 오른쪽 눈 시야 전체의 절반 이상을 덮고 있다.

다음날, 파란 하늘을 대상으로 이 현상을 실험했더니 같은 결과가 나왔다. 맹점이 하늘처럼 파란빛으로 바뀌었지만, 이번에는 그 가장자리를 손가락으로 짚어볼 필요가 없었다. 새 떼가 맹점으로 들어오면서 사라졌다가 몇 초 뒤 다른 쪽에서 나타났기 때문이다."

수술 후 안대를 풀고 하얀 천장을 보니 아침에는 얼룩(불량 화소)이 보였는데, 저녁이 되니 벌써 맹점 채움이 작동하여 천장을 보면 하얗게 보이는 경험을 했다. 불과 하루만이다. 맹점 채움 기능이 원래부터 존재하는 기능이라는 강력한 힌트가 될 수 있는 정보다.

"내 눈의 맹점이 어떤 힘과 한계가 있는지 실험하는 일은 재미있었다. 단순한 반복 무늬로 맹점을 채우는 일은 간단했다. 내 집무실의 양탄자부터 실험해 보았다. 하지만 무늬는 색보다 시간이 조금 더 걸려서 10~15초간 응시해야 맹점이 채워진다. 채워지는 과정은 가장자리부터 시작되는데, 연못에 얼음이 어는 것과 같은 이치다. 무늬는 같은 간격으로 반복되어야 하며, 아주 세밀한 부분까지 동일해야 한다. 나의 시각피질은 자잘한 무늬는 별 어려움 없이 채웠지만, 굵직한 무늬는 감당하지 못했다. 따라서 벽돌담에서 두어 뼘 거리에 섰을 때는 맹점이 붉은빛으로 변했지만, 세부 요소에는 변화가 없었다. 하지만 벽돌담에서 5~6m 거리에 서면 고상한 벽돌 건축물로 채워졌다.

그 벽돌 건축물이 원래의 것과 정확히 똑같은지는 모르겠지만 '사라진' 담장을 그럴듯하게 그려냈다고 할 만하다. 체스판이나 벽지처럼 예상하기 쉬운 반복 무늬는 응시하기만 하면 동일하게 복제할 수 있다. 한번은 뭉게구름이 가득한 하늘을 바라보았더니, 맹점 안에 가늘고 성긴 구름이 떠 있는 '사이비' 하늘이 떠올랐다. 시각피질이 개별 구름의 형태를 실제 모양 그대로 만들어내지는 못한다 해도, 최선을 다해 파란 하늘과 흰 구름의 비율을 본뜨거나 어림잡는 작업에 임하는 것으로 느껴졌다. 시각피질은 강직한 복제 장치가 아니라 일종의 평균화 장치가 아닌가 하는 생각이 든다. 제시된 정보에서 표본을 추려내어(사진처럼 정밀하게 일치하지는 않더라도) 통계적으로 타당한 현상을 만들어 보여주는 장치가 아닌가 말이다. 이것이 바로 갑오징어나 문어가 주위의 식물이나 산호 혹은 해저의 빛깔과 무늬, 나아가서는 질감까지 취하여(완전히 똑같지는 않지만, 천적이나 먹잇감을 속여 넘기기에는 충분히 그럴듯하게) 위장할 때 일어나는 작용이 아닐까?

움직임도 어느 정도까지는 채워질 수 있다는 것을 발견했다. 서서히 소용돌이치거나 잔물결 일렁이는 허드슨 강의 모습을 바라보고 있으면, 그 부분도 물결로 보인다. 며칠 뒤, 자전거와 자동차, 버스, 인파가 사방팔방으로 분주히 움직이는 복잡한 교차로를 걷는데 비슷한 일이 일어났다. 1분 동안 눈을 감고 있었는데, 눈을 떴을 때 보았던 그 복잡한 광경이 그대로 떠올라 색깔과 움직임까지 생생하게 '보이는' 것이었다. 이 현상이 특히나 놀라웠던 것은 원래 나의 시지각 능력이 아주 형편없었기 때문이다. 나는 친구의 얼굴이나 거실의 풍경, 아니 어떤 것이든 머릿속에 그린다는 자체가 매우 힘겨운 사람이다. 그런데 이날 경험한 것은 무분별할 정도로 상세하고 강렬했다. 어느 정도로 상세했는가 하면, 자동차의 색상은 물론이고 주의를 기울이지 않은 차량 번호판까지도 읽을 수 있었다. 이날 나의 의지와 무관하게 지속된 상은 사진과 같이 느껴졌다. 하지만 지속 시간이 짧아서 10초에서 15초가

지나면 서서히 사라졌다."

뇌는 예측하기 쉬운 무늬는 쉽게 맹점을 채우고, 어려운 것도 나름 최선을 다해 채워 넣었다. 심지어 고정된 색과 무늬뿐 아니라 예측할 수 있는 것이면 움직임마저 채워 넣었다. 불과 하루 만에 맹점을 채우는 기능이 발현되었지만, 새처럼 빠른 움직임에는 대응하지 못했다. 이처럼 맹점을 부정확하게 채워 넣는 것보다 있는 그대로 두는 것이 오히려 정직한 시각일 텐데, 우리 뇌는 왜 군이 얼룩으로 남기지 않고 마치 아무런 문제가 없는 것인 양 맹점을 채우려 하는지를 아는 것도 뇌의 작용 방식을 이해하는 데 결정적 단서가 된다. 또한 마지막 순간에는 시각(환각)을 억제하는 능력이 풀려 오히려 평소보다 훨씬 강력한 시지각을 보여주기도 한다.

보통 사람은 맹점이 워낙 작아 올리버 색스와 같은 맹점 채움은 경험할 수 없지만, 반대로 시각의 절반을 차지할 정도로 거대한 맹점을 가진 사람도 간혹 있다. 다음은 올리버 색스의 『환각』에 등장하는 고든 H 씨의 사례다. 고든 H 씨는 오랫동안 녹내장과 황반변성을 앓고 있었는데, 우측 측두엽에 작은 뇌졸중이 일어나면서 정신은 멀쩡한 대신 좌측반맹을 얻었다. 시각의 절반인 좌측을 전혀 보지 못하는 현상인데, 특이하게도 뇌가 손실된 절반을 맹점 채우듯이 채워 넣어서 절반의 시력이 상실되었다는 것을 잘 의식하지 못했다. 예를 들어 고든 H 씨가 시골 지역을 걸을 때면 오른쪽과 왼쪽 모두 시골의 풍경이 보이는데, (고장 난) 왼쪽 시야에 수풀과 나무가 보여서 몸을 돌려 오른 시야로 그 부분을 보면 그것이 사라졌다. 오른쪽 시야에 들어온 정보를 가지고 왼쪽도 적당히 시골의 풍경처럼 그려 넣은 엉터리였기 때문이다.

부엌을 볼 때도 전체가 자연스럽게 보이지만 엉터리가 섞여 있다. 왼쪽에 식탁이 보이고 그 위에 접시가 놓인 것도 보이는데 고개를 돌려 오른 눈으로 그곳을 쳐다보면 접시가 사라지는 식이다. 오른 시야에 들어온 식탁의 절반을 보고 평소에 알고 있는 대로 뇌가 자연스럽게 왼쪽까지 그려 넣었는데, 실제로는 없는 것이라 정상적인 오른 눈으로 보면 사라질 수 있다. 반대로 접시가 있는데 식탁만 있는 것처럼 보이다가 오른 눈으로 직접 보면 접시가 나타나는 경우도 있을 수 있다.

여기에서 생각해볼 또 하나의 핵심적인 정보는 맹점 채움을 통해 그려 넣은 식탁과 접시가 너무나 사실적이었다는 것이다. 눈앞에 존재하지 않는 접시를 상상하는 것은 정말 힘들다. 눈을 뜨고 접시가 없는 식탁을 보면서 식탁 위에 실제와 똑같아 보이는 접시를 상상하기란 불가능에 가깝다. 그런데 맹점을 채울 때 사용되는 환각 능력은 현실과 도저히 구분할 수 없을 정도로 똑같은 접시를 너무 쉽게 그려 넣는다. 단지 우리의 의지로는 통제가 불가능하고 뇌의 뜻대로만 가능할 뿐이다.

맹점에는 일반적인 맹점이 있고, 올리버 색스처럼 수술로 맹점이 크게 확장된 경우가 있다. 그리고 눈의 절반이 맹점인 경우도 있고, 심지어 실명하고도 실명한 것을 모르는 사람, 시가 전체가 맹점 채움인 사람도 있다. 그 사람의 시각은 너무나 현실적이지만 실제 현실이 아니므로 걷다가 자꾸 뭔가에 부딪히고 넘어진다. 그런데도 자신의 눈에는 아무 이상이 없다고 생각한다. 전체가 맹점을 채우는 현상이 매우 유별나게 느껴지지만, 사실 그것은 누구나 경험하는 현상이기도 하다. 단지 우리가 눈을 감고 자고 있다는 차이만 있다. 그것은 바로 꿈이다.

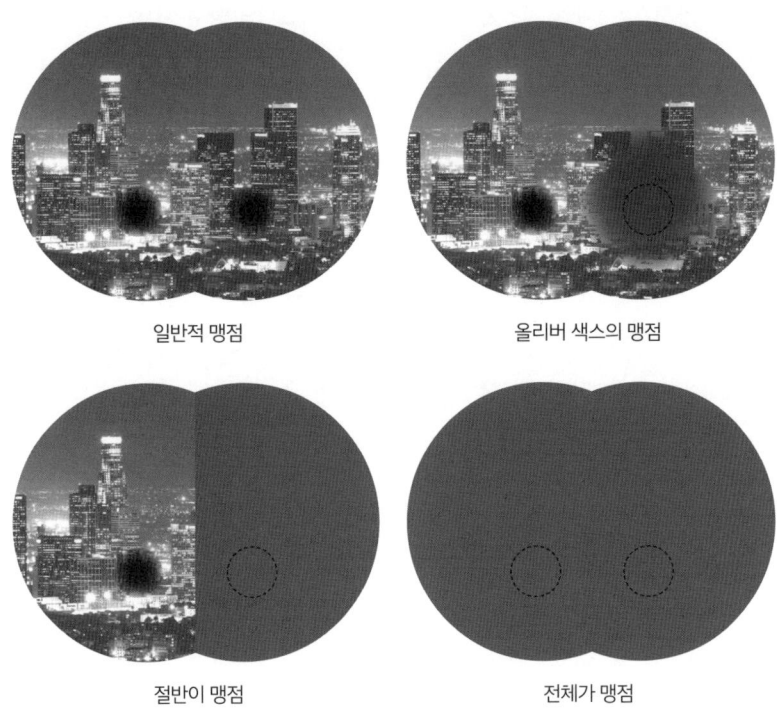

다양한 맹점 채움

맹점 현상은 보통 "뇌가 맹점 부위만 그려서 채워 넣은 것이다"라고 생각하기 쉽지만, 사실은 "우리가 보는 모든 것이 뇌가 그린 것이고, 다만 맹점 부위는 시각 정보의 도움 없이 채워 넣은 것이다"라고 말하는 것이 정확하다.

꿈과 환각은
왜 있는 것일까?

3
Flavor Perception

1. 꿈의 신비는 이미 풀렸다

● 꿈은 오랫동안 사람들의 관심의 대상이었다

요즘은 거의 사라졌지만 예전에는 꿈을 풀이하는 해몽이 대단한 인기를 끌어서 신문마다 꼭 한 귀퉁이에는 꿈 풀이가 있었다. 영웅의 신화에도 태몽이 있고, 돼지꿈을 꾸면 복권을 사라는 말을 지금도 한다. 이처럼 꿈 풀이가 인기를 끄는 것은 꿈이 현실과 아주 완벽히 동떨어지지 않고 뭔가 연관성이 있는 것처럼 보이기 때문이다. 그래서 프로이트Sigmund Freud(1856~1939, 정신분석학의 창시자)는 꿈을 잠재의식으로 해석했다. 현대에는 꿈의 내용 자체에 별 의미가 없다는 것이 확실해졌고, 정신적 현상보다 생물학적 현상으로 해석하고 있다.

꿈의 생물학적 해석은 안구 운동을 기록해 최초로 렘(REM)수면을 발견한 유진 아세린스키Eugene Aserinsky가 그 시작이라 할 수 있다. 그는 두피에 안구 운동과 뇌파를 감지하는 전극을 붙이고, 그 기계가 거칠고 날카로운 뇌파 패턴을 그리면 피시험자가 꿈을 꾸는 시점이라는 것을 알아냈다. 이전에는 밤이 되면 뇌는 가만히 쉬고 있고, 꿈은 외부에서 스며든 영상이거나 저절로 나타나는 영상이라고 생각했는데 그런 믿음이

깨진 것이다.

꿈에 관한 이론을 가장 체계적으로 정리한 사람은 앨런 홉슨Allan Hobson(1933~2021)이다. 그는 동료와 함께 고양이의 뇌에 미세 전극을 꽂아 수면 중 신경세포의 점화 패턴을 연구했다. 그리고 노르에피네프린과 세로토닌, 아세틸콜린 등 신경전달물질의 활성화와 비활성화가 꿈에 끼치는 영향을 알아내며 프로이트의 이론을 반박하는 대표 주자로 떠올랐다. 그에 따르면 꿈은 단순히 신경세포와 호르몬, 원시적인 뇌간의 작용이며, 우리가 꿈을 기억할 수 없는 이유는 꿈 회상에 필요한 신경전달물질이 부족하기 때문이지, 프로이트가 말한 검열관이 금기시되는 내용을 철저히 억압하기 때문이 아니다.

이처럼 과거에는 모두 꿈의 해석에 관심이 많았지만 지금은 미래를 예측하거나 그 내용을 직접 해석하는 것은 전혀 의미가 없다고 결론이 난 상태이다. 그런데 문제는 아무도 꿈의 비용을 따지지 않는다는 것이다. 아무런 의미 없는 꿈을 꾸는데 소모되는 비용은 얼마나 될까?

● 의미 없는 꿈의 기계를 유지하는 비용은?

꿈은 기억의 재생이 아니고 내용이 마구 바뀌는 컴퓨터 게임의 그래픽과 유사하다. 만약 꿈이 영화처럼 기억된 내용이라면 기억의 용량이 중요하겠지만, 게임과 유사하니 엄청난 그래픽 연산장치가 중요하다.

아주 간단한 자동차 경주 게임도 엄청난 양의 계산이 소요된다. 키보드나 마우스 등의 조작에 적합하게 즉각 반응해야 하는데, 그 반응을 처리하기 위한 계산도 엄청나고, 동시에 배경도 바뀌면서 자동차 움직임까지 바뀌어야 한다. 모든 정보는 최소한 1/20초 이내, 만약에 최신의 디스플레이 장치처럼 120프레임을 지원하면 1/120초 이내에 끝나야 한다. 요즘 평범한 모니터 화면 1장(FHD, 1920*1080)을 구현하려면 200만 개 정보를 처리해야 하고, 1초간 동영상을 구현하려면 4,000만 개 정보를 처리해야 하는 것이다. 더구나 그것은 수많은 대상의 복잡한 움직임을 정밀하게 계산한 결과물이다.

이런 그래픽을 위해서 얼마의 장비와 비용이 필요할까? 과학자들이 인간 두뇌의 뉴런 활동에 대한 대규모의 시뮬레이션을 수행한 바 있는데, 인간 두뇌의 약 1%에 해당하는 신경세포의 시냅스 활동을 단 1초간 시뮬레이션하는데 무려 82,944개의 프로세서를 가진 슈퍼컴퓨터를 40분 돌려야 했다고 한다. 이처럼 막강한 능력을 갖춘 인간의 뇌 피질 중 25%가 시각에 할당되어 있다. 엄청난 자원이 소비되는 셈이다.

더구나 우리의 뇌는 가장 에너지 낭비적인 기관이기도 하다. 큰 뇌는 생존에 큰 짐이다. 과거 생존에 필요한 먹거리를 구하는 일은 결코 만만한 일이 아니었다. 항상 굶어죽을 위기를 겨우겨우 넘기면서 생존한 인류가 의미 없는 꿈을 꾸기 위해 별도의 장치를 마련했을 리는 없는 것이다.

● 꿈은 꾸는 것이 아니고 보는 것이다

수면은 여러 단계로 진행된다. 그중에 '렘(REM, Rapid eye movement: 급속 안구 운동)수면'은 안구가 빠르게 움직이면서 잠을 자는 단계이다. 성인의 렘수면은 전체 수면의 약 20~25%(90~120분)를 차지하며, 갓난아이의 80%에 비하면 많이 줄어든 상태이다. 이런 렘수면 동안 뇌의 신경 활동은 깨어있을 때와 상당히 유사하다. 렘수면에는 대부분 꿈을 꾸는데, 이때 꾸는 꿈은 눈에 보이는 듯 선명하다고 한다. 보통은 렘수면을 벗어난 상태에서 깨므로 꿈을 잘 기억하지 못하지만, 활발하게 눈동자가 움직이는 렘수면 상태에 강제로 잠에서 깨우면 생생하게 꿈 이야기를 하는 경우도 있다.

렘수면 상태에서는 아세틸콜린이란 신경전달물질의 분비가 증가하면서 이미지가 많아진다. 세로토닌이 없어서 현실과 꿈을 구분하기 힘들어지고, 글리신(아미노산)이 분비되어 운동 관련 골격근이 마비된다. 그래서 꿈에서 하늘을 날아도 몸이 움직이지 않는 것이다. 청각, 체감각은 차단되고 전전두엽은 약해지며 전대상회, 해마, 편도체, 해마방회, 전방 변연계는 활성화된다. 감각이 억제되고 전전두엽의 억제기능이 약해지며, 감정을 분출하여 화/슬픔/두려움을 느끼지만, 내용은 제멋대로이다. 노르에피네프린이 없어 주의를 집중하기 힘들다 보니 내용이 제멋대로 되며

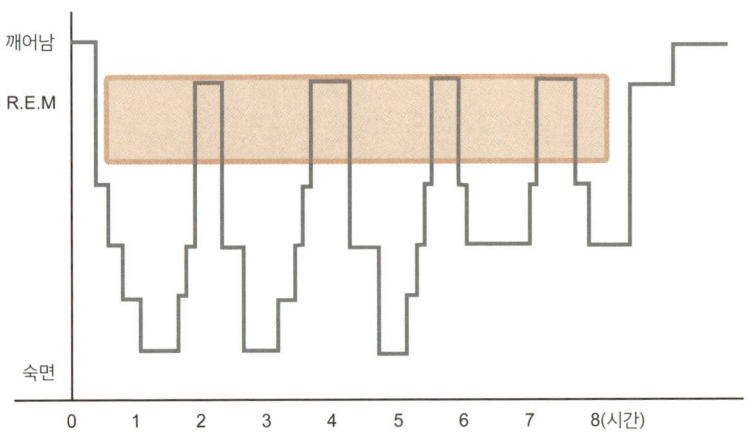

	렘수면	비 렘수면
안구운동	빠르다	없거나 느리다
뇌파	비동조적	동조적
대뇌 당소비/ 산소소비	증가	감소
혈압/심박수/호흡	변화가 심함	감소
아세틸콜린	증가	크게 감소
노르에피네프린	완전 감소	감소
세로토닌	크게 감소	감소

스스로 결정할 수 없다. 더구나 다음 상황이 예측되지 않아 다른 차와 충돌하기도 하고, 도로를 쉽게 벗어나 버리기도 한다. 뭔가를 암시하고 은유하는 것처럼 느껴지지만 해석은 되지 않는다. 시간과 공간은 비현실적이지만, 하측두정엽의 활성으로 움직임은 잘 통합된다. 그래서 날개도 없이 하늘을 날거나 갑자기 절벽에서 떨어지기도 하지만, 자세는 그럴듯하고 소뇌의 작동으로 동작의 타이밍도 잘 맞는다.

이처럼 뇌과학의 발달로 꿈의 생물학적 실체는 잘 밝혀져 있다. 꿈은 외부에서 들어온 영상이 아니라 우리 몸 안에서 생리학적으로 발생한 내적인 영상(환각) 즉, 자고 있을 때 일어나는 전면적인 맹점 채움 현상이라 할 수 있다.

2. 환각은 눈 뜨고 보는 선명한 꿈이다

환각(환시)은 '존재하지 않는 것을 보는' 현상이다. 현실에서 흔하지 않기에 별 관심을 가지지 않는 경우가 많고, 환시를 경험하더라도 혹시라도 미친 사람 취급받을까 하는 두려움에 잘 드러내지 않는 경우가 많다고 한다. (여기에서는 주로 시각적 환각인 환시를 다룰 예정이므로 굳이 환시라 하지 않고 환각이라고 통칭하겠다.)

환각은 몇 가지 특징이 있다. 자신이 원한다고 볼 수 있는 것이 아니고, 원하지 않는다고 사라지는 것도 아니다. 꿈과 유사한 면이 많지만 꿈을 꾸는 사람은 꿈속에 완전히 갇혀서 그것이 꿈인지 아닌지 깨어나기 전에는 알기 힘든데, 환각의 경우 깨어 있는 상태이므로 정상적이고 비판적인 의식을 유지한다. 그리고 극장의 스크린에 비친 상처럼 관찰이 가능하다. 현실처럼 눈앞에 펼쳐 보이지만 상호작용은 없다. 내 뜻대로 그 내용을 바꿀 수 없는 것이다. 그리고 환각은 항상 침묵하고 중립적이어서 좀처럼 감정을 불러일으키지 않는다고 한다. 그냥 눈앞에 개인 전용 무성영화가 펼쳐지는 것이다.

● **환각은 대낮보다 생생하다**

환각은 특이할 정도로 생생하고 대개는 밝은색을 띠며 매우 세부적이라고 한다. 환각을 경험한 사람들은 모두 과거에 경험했던 어떤 이미지보다 환각이 생생하다는 점에 동의한다. 아주 익숙한 장면도 막상 머릿속에 떠올리려면 힘든데, 환각은 우리 뇌에서 만들어지는 영상임에도 눈으로 직접 보는 것보다 생생하게 보인다. 워낙 생생하여 선명하게 기억하고, 환각의 종류에 따라 몸에 소름이 돋고 땀을 흘리며 공포나 불안 같은 감정을 경험할 수도 있지만, 모든 환각은 생생한 것이 본질이라 그것이 결코 진실이라는 증거는 되지 못한다. 사실 환각은 왜 그렇게 생생할 수밖에 없는지 이해하는 것이 환각에 대한 이해의 시작이라 할 수 있다.

상상의 반대는 환각, 환각은 현실보다 화려하고 생생하다

● **환각을 볼 때도 눈동자가 움직인다**

환각도 꿈처럼 내용에 의미가 있는 것은 아니다. 신앙심이 깊은 사람은 기도하는 손의 환각을 보기도 하고, 음악가는 악보를 보기도 하지만 특별한 의미는 없다. 환각에서 악보가 보이는 경우 처음에는 언뜻 진짜 음악처럼 보여도 조금만 자세히 형태, 멜로디 등을 따져보면 전혀 활용할 수 없다는 것을 금방 알게 된다고 한다.

도미니크 피체와 그의 연구팀은 런던을 기반으로 환각(환시)에 대한 과학적 연구를 수행한다. 그들은 수십 명의 대상자에게서 얻은 상세한 자료를 바탕으로 환각 분류법을 정했으며, 그 범주에는 모자를 쓴 인물, 어린아이나 소인, 풍경, 차량, 기괴한 얼굴, 텍스트, 만화 같은 얼굴 등이 포함되어 있었다. 그리고 시각 환각의 범주에 따라 환자를 선정한 뒤, 환각이 일어나는 동안 그들의 뇌를 정밀하게 촬영하여 환각과 그 환각에 필요한 뇌 부위가 뚜렷이 일치하는 성향이 있다는 것을 확인했다. 색이 보이는 환각이 나타날 때는 색을 담당하는 영역이 활성화되었고, 얼굴 환각이 나타날 때는 방추상회가 활성화되었으며, 텍스트 환각이 나타날 때는 좌반구에 있는 시각적 단어 형성 영역이 활성화되었다.

그리고 상상과는 완전히 다르다는 사실도 확인되었다. 예를 들어 색이 있는 물체를 상상할 때에는 V4 영역이 활성화되지 않았지만, 색이 있는 환각을 볼 때는 그 영역이 활성화되었다. 이런 연구 결과를 통해 환각은 상상과 완전히 다르고, 지각에 훨씬 가깝다는 사실이 밝혀졌다.

결국, 환각은 억지로 떠올린 영상(상상)이 아니고 보이는 대로 보는 현상인 것이다. 단지 존재하지 않는 것을 볼 뿐이다. 그러니 환각을 볼 때도 깨어있거나 렘수면 때처럼 눈동자가 활발히 움직인다. 올리버 색스의 『환각』에 등장하는 로잘리 M.이라는 90대 할머니가 눈앞에 이상한 것이 보인다고 말할 때 간호사들은 그녀가 뭔가를 상상하는 것이 아니라 구체적 환각을 보고 있다고 판단했다. 그녀가 마치 실제 장면을 보고 있는 것처럼 두 눈을 이리저리 움직였기 때문이다. 상상일 때는 보거나 살피는 듯한 행동을 하지 않는데 환각이 나타나면 현실보다도 세밀하고 생생한 영상이라 그 장면을 자세히 살피는 것이다. 그리고 이런 환각은 시각뿐 아니라 청각(환청), 촉각(환촉), 후각(환후), 미각(환미)에도 있다.

3. 모든 감각에 환각이 있다

● **청각과 촉각도 그런 식으로 작동한다**

청각에도 맹점 채움이 있다. 다음 문장을 읽을 때 *부분을 빼고 발음하면 문맥에 따라 다르게 듣게 된다.

"The *eel(peel) was on the orange."
"The *eel(heel) was on the shoe."

"The *eel was on the orange"라고 하면 사람들은 *eel을 'peel'로 듣고, "The *eel was on the shoe"라고 하면 *eel을 'heel'로 듣는다. 만약 소리를 있는 그대로 있는 듣는다면 'eel'이라고 들어야 맞다. 하지만 우리는 문맥에 따라 없는 소리는 짐작하여 만들어 넣고 소리를 듣는다. *eel은 orange나 shoe보다 먼저 등장하지만, 나중에 나오는 단어를 이용하여 앞서 들은 *eel을 적합한 단어로 채워 넣어 듣는다. 우리는 나중에 들은 소리로 앞에 들은 소리를 채워 넣었지만, 부자연스럽게 느끼기는커녕 청각에 그런 기능이 있다는 사실조차 모른다. 이와 같은 청각의 채워 넣기 기능을 조금만 확장하면 환청이 된다.

우리는 귀로 외부의 소리(진동)를 직접 듣는다고 생각하지만, 소리는 바깥귀의 일부인 고막을 흔들 뿐이고, 고막에 연결된 뼈(이소골)가 감각하기 적합한 진동을 만들어 그 진동이 달팽이관을 타고 흐른다. 그러면 달팽이관에 다양한 길이를 가진 청각 세포가 포진되어 있다가 해당 주파수에 공명하기 적당한 청각 세포가 활성화되어 전기적 신호가 발생한다. 그리고 그 신호를 바탕으로 뇌가 소리를 만들어야 우리가 들을 수 있다. 뇌 안에 소리를 만드는 장치가 있기 때문에 환청이 가능하고, 그 소리는 외부에서 들어오는 소리와 전혀 차이가 없다. 더구나 소리는 듣자마자 사라지기 때문에 사실 여부를 따질 방법이 없어서 환청이 가장 고약한 환각이기도 하다. 이런 환각은 촉각(환촉)에도 존재한다.

"두 번이나 머리 위로 물이 떨어져서 천장을 쳐다보았지만 아무것도 없었습니다. 머리에 물방울이 없다는 걸 확인했는데 다시 머리 위로 물방울이 떨어지더군요. 이 글을 쓰는 중에 다리 쪽에도 떨어지네요. 천장도 멀쩡하고 다리에 물방울 흔적도 없는데 어찌된 걸까요?"

이런 환촉은 실생활에서 의외로 쉽게 경험할 수 있다. 휴대폰을 오랫동안 진동모드로 바지 앞주머니에 넣어두면 가끔 전화가 오지 않았는데도 진동이 느껴지기도 하고, 심지어 주머니에 휴대폰을 넣지 않았는데 진동이 느껴지기도 하는 등이다. 그리고 몽정도 환촉을 동반하는 경우가 많다.

● 환미(미각)와 환후(후각)도 있다

환각은 미각(환미)에도 있다. 입맛이 씁쓸하다는 말은 문학적 표현만이 아니다. 실제로 컨디션에 따라 혀에 존재하지 않는 쓴맛을 감각할 수 있다. 그리고 후각(환후)에도 있다. 우리가 향기를 상상하는 능력은 너무나 약하다. 거의 없다고 할 수 있다. 하지만 분명히 환후는 있다. 다음은 『환각』에 등장하는 고든 C. 씨가 고백한 환후 증상이다.

"눈앞에 없는 물건의 향기를 맡는 것은 내 삶의 일부였다. 예를 들어 오래전에 돌아가신 할머니를 생각하고 있으면, 할머니가 애용하던 분가루 향기가 즉시 나의 감각기관에 완벽하게 되살아난다. 누군가에게 라일락이나 특정한 꽃에 대해 편지를 쓸 때 나의 후각은 어느덧 그 향기를 만들어낸다. 그렇다고 해서 '장미'라는 단어를 쓰면 그 향이 난다는 말은 아니다. 장미든 무엇이든, 그와 연관된 구체적인 사건을 회상해야 효과가 일어난다. 나는 이런 능력을 아주 당연하게 여겼는데, 10대 후반이 되어서야 그것이 모두에게 있는 정상적인 능력이 아님을 알게 되었다."

고든 C. 씨는 공감각 형태의 환후를 가졌지만, 질병이나 특별한 문제로 인해 일시적으로 환후 능력이 드러나는 경우도 있다. 역시 『환각』에 등장하는 로라 H. 씨의 사례다.

한밤중에 타는 냄새가 나는 것 같아 잠에서 깨어 주방을 둘러보았지만 화재의 흔적은 어디에도 없었다. 로라는 남편을 깨웠고 남편은 아무 냄새도 맡지 못했지만, 그녀는 계속해서 심한 연기 냄새를 맡았다. "난 충격에 빠졌어요. 실제로 존재하지 않는 냄새가 그렇게 강하게 날 수 있다니요."

환후도 이처럼 환시만큼 생생하다. 그냥 스쳐 지나가는 냄새처럼 희미한 것이 아니라 반드시 있다고 확신할 정도로 생생하게 느껴진다.

● 환각은 생각보다 대단히 다양한 경우에 발생한다

환각은 생각보다 더 다양한 경우에 발생한다. 노화, 질병, 약물 심지어 단순히 자극이 박탈되기만 해도 환각이 일어난다. 며칠 동안 잔잔한 바다를 응시하는 선원들은 종종 헛것을 본다. 낙타를 타고 황량한 사막을 건너는 여행자나 눈과 얼음에 뒤덮인 극지를 탐험하는 사람도 마찬가지다. 텅 빈 하늘을 몇 시간 동안 비행하는 조종사나 끝없는 도로를 몇 시간 동안 달리는 장거리 트럭 기사에게도 그런 환상이 발생할 수 있고, 끊임없이 레이더 화면을 감시하는 시각적으로 단조로운 업무에 종사하는 사람도 환각을 일으킬 수 있다.

이처럼 환각은 쉽게 생기고 부작용도 상당하지만, 우리의 뇌가 우리를 곤란에 빠트릴 목적으로 환각을 발생하는 장치를 만들었을 리는 없다. 그보다는 뇌에서 핵심적인 역할을 하는 기능의 우연한 부작용이라고 봐야 한다. 나는 이런 환각 장치야말로 지각과 감정의 비밀을 푸는 결정적인 힌트라고 생각한다. 환각은 따라 하기 장치이고, 그것을 통해 세상을 이해(지각)하는 것이다.

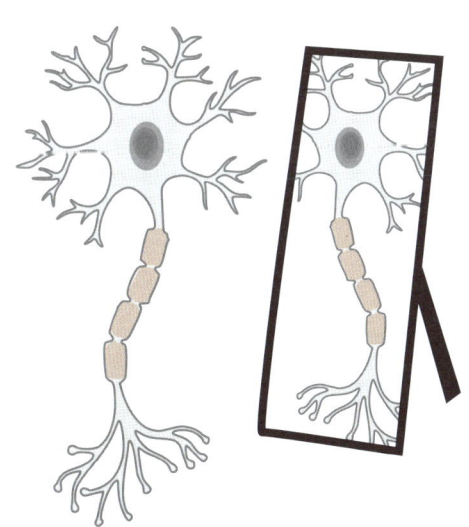

지각,
따라 하면 알 수 있다

4
Flavor
Perception

1. 인간은 따라 하기 천재다

미러뉴런의 공감은 자연이 우리에게 선사한 텔레파시에 가장 가까운 능력이다. 이러한 능력은 유인원에게서도 볼 수 있다. 그러나 오직 인간만이 발전을 거듭하여 행동보다 마음을 읽는 경지까지 도달하게 되었다.

— 『명령하는 뇌 착각하는 뇌』, 라마찬드란

미러뉴런은 이탈리아의 자코모 리촐라티Giacomo Rizzolatti와 동료 학자들에 의해서 발견되었다. 그들은 원숭이가 손으로 물체를 다룰 때 사용되는 신경을 연구 중이었다. 뇌에 전극을 설치하고 원숭이가 음식 조각을 잡을 때 작동하는 신경세포를 찾아냈고, 계속 관찰하던 중 놀라운 사실을 발견한다. 다른 원숭이나 사람의 동작을 보기만 해도 해당 동작 뉴런이 반응한 것이다. 자신이 움직이지 않고 다른 사람의 동작을 보기만 했는데, 거울에 비추듯(마치 자신이 하는 듯) 뇌세포가 반응했다. 원숭이의 경우 아래이마겉질과 아래마루겉질 신경세포의 10% 정도가 '거울'처럼 작동한다는 사실을 알게 된 것이다.

이 미러뉴런의 발견을 두고 라마찬드란 박사는 "DNA 이후 가장 중요한 발견"이라고 말한다. 인간은 이미 오래전에 지금의 두뇌 용량을 가지고 있었지만, 지금처럼 뛰어난 도구와 언어와 문화를 가지게 된 것은 고작 4~7만 년 전이라고 추측한다. 이런 인류의 위대한 폭발적 발전의 비밀이 미러뉴런 시스템에 숨겨져 있다는 것이다.

● 인간은 세상에서 가장 탁월한 흉내쟁이다

인간은 실로 흉내 내기 챔피언이다. 다른 동물도 어느 정도 흉내 내기가 가능하지만, 감히 인간의 흉내 내기에 견줄 만한 상대는 세상 어디에도 없다. 침팬지는 딱딱한 견과류 열매를 먹기 위해 평편한 돌이나 나무뿌리 위에 열매를 올려놓고 적당한 크기의 돌이나 나무막대로 내려쳐서 깬다. 쉬워 보이지만 이것도 요령이 필요하다. 잘못하면 열매가 저 멀리 날아가 버리고, 너무 세게 치면 열매가 완전히 박살 나서 건질 게 없어진다. 어린 침팬지가 이 기술을 따라 하면서 익히는 데만 몇 년이 걸리기도

미러뉴런, 나의 동작으로 남의 동작을 이해한다

한다. 하지만 인간은 단번에 따라 한다. 그리고 이런 흉내 내기 기술은 어디에나 적용된다. 누가 웃으면 따라 웃고, 누가 하품할 때도 따라 한다. 이 사소해 보이는 흉내 내기가 사실은 학습의 가장 기본적인 행위이다. 예전에 학교 없이 기술을 배우던 가내 수공업 시기에는 전적으로 이 학습법이 활용되었다. 심지어 인간의 탁월한 문화적 능력인 언어도 흉내 내기의 산물이라고 생각한다. 미러뉴런이 없으면 아기가 말을 배우기 매우 힘들었을 것이다.

인간은 어떤 상황에서 동작을 보면 대충 다음에 어떤 동작이 이어질지 짐작할 수 있다. 다른 사람의 사소한 동작과 표정, 소리를 듣고 무엇을 하려고 하는지, 어떤 기분인지 파악할 수 있다. 늘 다른 사람의 마음을 모르겠다고 불평하지만, 인간은 사실 가장 탁월한 독심술가다. 아주 미묘한 표정 변화로도 감정을 읽을 수 있으며, 이런 기능에 미러뉴런이

인간은 흉내 내기 챔피언이다

깊숙하게 개입해 있다. 그래서 보톡스 주사를 맞아서 표정이 굳게 되면 상대방의 마음을 읽기가 힘들어진다고 한다. 자기도 모르게 하던 표정 따라 하기가 잘 안 되는 것이다.

결국, 미러뉴런이 상대방의 행동을 머릿속에서 가상으로 따라 하기 때문에 그 행동이나 표정의 의미를 알 수 있는 것이다. 이런 상대방의 의도를 파악하는 능력이 인간의 공감 능력을 만들었고, 지금과 같은 사회와 문화를 만드는 데 큰 역할을 했다고 판단한다.

● 시각은 따라 하기 구조로 되어 있다

나는 이 따라 하기 방식이 시각을 통해 세상을 지각하는 데 결정적인 역할을 한다고 생각한다. 따라 하기 장치를 통해 우리는 세상을 지각할 수 있고, 꿈도 꿀 수 있고, 착시와 환시도 존재할 수 있다는 생각이다.

눈의 망막(Retina)에는 1억 개가 넘는 시각 세포가 있지만, 시상의 외측슬상핵(LGN)을 경유해 뇌로 전달되는 것은 100~120만 개에 불과하다. 그 과정에 이미 신호가 1차 가공되고, 시각의 중계기인 LGN에는 뇌에서 보내온 400~900만 화소가 추가되어 1차 시각피질인 V1 영역에 500~1,000만 화소의 시각 정보가 투사된다. 눈에서 온 정보보다 4~10배나 많은, 뇌에서 온 정보와 혼합되어 시각이 시작되는 것이다. 그리고 이것이 시각, 환각, 꿈을 이해하는 핵심 중의 핵심이다.

눈에서 오는 신호는 고작 10~20%이고, 나머지 80~90%는 뇌에서 만든 신호를 바탕으로 시각이 시작된다는 것은 쉽게 납득하기 힘든 일이다. 1억 2천만 화소의 정보를 뇌에 부담을 줄이기 위해 압축하여 100만으로 줄였는데, 거기에 10~20% 정도의 보정 정보를 추가하는 것이 아니라, 반대로 뇌에서 만든 시각 정보 80~90%에 눈에서 온 정보를 고작 10~20% 혼합하는 형태이니 말이다.

내가 시각의 원리에서 말하고 싶은 가장 핵심적인 정보가 바로 이 거대한 되먹임 회로이다. 우리는 보통 감각의 결과가 점점 뇌의 상위 체계로 전달되면서 지각이 이루어지는 단방향의 흐름으로 생각한다. 하지만 뇌는 결코 단방향으로 작동하지 않는다. 대부분 피드백이 피드백으로 연결된 쌍방향 되먹임 구조로 작동한다. 그중에서도 시각은 정말 격렬한 되먹임 구조이다. 신경세포 사이, 모듈 사이에 되먹임도 있지만, 뇌의 판단이 시각의 시작까지 되먹임하는 것이다. 결국 왜 시각은 그런 거대한 되먹임 구조를 만들었냐는 것이 가장 핵심적인 질문이다. 나는 이 되먹임 구조가 바로 거대한 따라 하기 구조라고 생각한다. 따라 한다는 것은 곧 이해한다는 의미이기 때문이다.

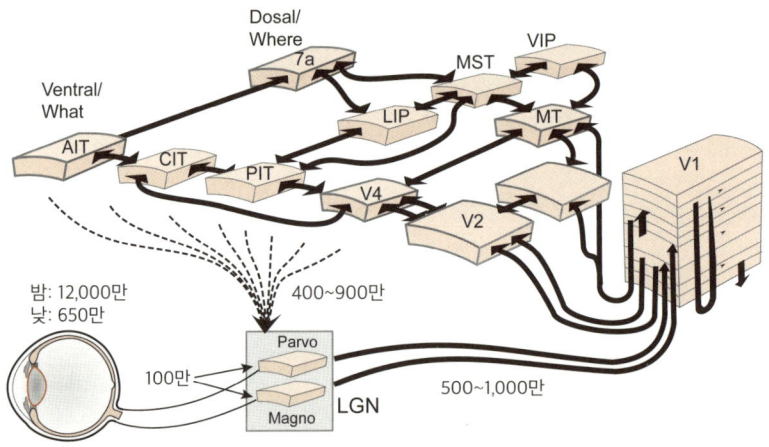

시각경로와 되먹임 회로

2. 공감과 학습, 따라 하면 알 수 있다

'무작정 따라 하기'는 수많은 학습 프로그램이 내세우는 구호이다. 과거의 기술자 교육은 도제식 교육 즉, 따라 하기 식으로 이루어졌고, 현대에 들어와서도 우리나라는 벤치마크를 통해 좋은 외국의 사례를 따라 하기에 바빴다.

자전거를 타다가 넘어지는 사진을 보면 우리는 인상을 찡그리면서 '와! 아프겠다'라고 생각한다. 그것은 이성적 계산에 의한 결과가 아니라 자신이 그와 같은 일을 당했을 때 발생하는 통증 부위에 똑같이 신경이 활성화되어 공감하는 것이다. 상대방의 아픔을 자신의 아픔으로 공감하는 능력 즉, 다른 사람과 공감하는 능력은 인간이 함께 살아가는 중요한 힘이며, 이는 따라 하기를 통해 저절로 되는 것이다. 인간을 사회적인 동물이라고 하는데, 이런 사회성의 핵심은 바로 다른 사람의 감정을 자신의 것처럼 느낄 수 있는 공감 능력이다.

영화를 즐길 수 있는 것도 이런 공감 능력 덕분이다. 영화는 단지 스크린에 비친 빛에 불과하다. 그런데 우리는 공포 영화에서 쫓기는 사람을 보며 마치 자기가 쫓기는 느낌을 받는다. 배경음악 때문에 점점 긴장감이 더해지고, 도망자와 추격자의 숨 가쁜 추격전에서 우리 역시 그들처럼 심장 박동이 빨리지고 긴장한다. 실세 응급상황 하에서 벌어질 교감신경의 활성화가 편안히 의자에 앉아 영화를 보고 있을 뿐인 우리에게 일어나는 것이다. 모두 따라 하기 덕분에 자신의 일처럼 몰입한다.

여성이 남성보다 미러뉴런이 잘 작동한다. 그래서 여성은 남성보다 섬세한 감정표현과 빠른 언어 능력을 보여준다. 심지어 드라마 중독의 원인이 되기도 한다. 따라 하기를 통해 드라마 주인공으로 빙의하는 것이다. 군중심리 또한 따라 하기의 일종이다. 한 연구에 따르면, 군중은 마치 스스로 알아서 움직이는 자기 동력을 가진 것처럼 보이지만, 참가자의 5%만 먼저 나서도 나머지 95%는 자동으로 따르는 것이 확인되었다. 그래서 한번 사람이 모이면 계속 많은 사람이 모이는 경우가 많다. 자기도 모르게 옆 사람을 따라 하기 때문이다.

미러뉴런 덕분에 이미지 트레이닝도 가능해진다. 많은 운동선수가 이미지 트레이닝으로 좋은 성과를 내는 것은 잘 알려진 사실이다. 이미지 트레이닝은 심상, 곧 마음속 이미지를 이용하여 경험을 만드는 것이라고 할 수 있다.

● 우리가 보는 것은 뇌가 감각을 따라 그린 그림이다

우리의 뇌 안에 작은 난쟁이 같은 의식(지각)기관은 없다. 860억 개 신경세포의 엄청난 네트워크만 있을 뿐이다. 뇌 안에 결국 특별한 의식기관이 없는데 어떻게 세상을 지각할 수 있는지 그 이유를 아는 것이 뇌의 작동원리를 이해하는 핵심이다. 그런데 지금까지 아무도 그 비밀을 속 시원히 말해준 적이 없다. 나는 시각 시스템에서 알아본 거대한 되먹임 네트워크가 환각의 비밀이며, 이 환각 장치를 통해 감각의 정보를 그대로 따라 재현해 보는 것이야말로 지각의 기본 원리라고 생각한다.

우리 망막에 비치는 영상은 정밀하지만, 그것에 반응해서 시각 세포가 시상(LGN)으로 보내는 정보는 불과 100만 화소에 해당하는 낮은 품질에 그것도 툭툭 끊기는 스냅사진이다. 그나마 눈의 중심와 부위는 레티나의 선명한 영상이지만 그 범위는 너무나 작고, 바로 옆에 아무런 시각 세포도 없는 맹점이 존재한다. 그런 결점을 극복하고 세상을 선명하게 보기 위해 눈동자는 쉬지 않고 흔들거린다. 더구나 수시로 깜박거리기 때문에 눈에서 전달되는 영상은 마구 흔들리고 끊어진다. 그 자체로는 도저히 해석 불가능한 영상이다.

그런데 그것이 시상(LGN)으로 전달되고 시각의 시작인 V1에 투사될 때는 정말 놀라운 화질로 완성된다. 눈에서 온 정보가 뇌에서 5~10배 정보와 조합되어 우리가 지각하는 최종 영상으로 V1에 투사된다. 눈에서 오는 정보는 정말 조잡하지만, 뇌 안의 모든 잠재력이 동원되어 눈에서 오는 정보를 통합하고, 기존의 패턴과 비교하고, 의미를 해석하여 조정하는 뇌 안의 초고도 인공지능 이미지 처리 시스템에 의해 가장 현실과 일치하도록 영상을 완성하여 V1에 투사하는 것이다.

그 과정을 통해 단편적 정보가 온전한 수박 조각이 되고, 수박 조각은 수박의 일부로 해석이 되고, 그 색과 형태로부터 우리는 이미 그 수박의 맛까지 예측한다. 눈에서 온 정보가 처음으로 뿌려지는 V1 영역은 시각의 시작일 뿐 아니라 모든 시각의 모듈이 참여하여 완성한 가장 그럴듯한 현실의 재창조이기도 한 것이다.

우리가 보는 것은 결국 뇌가 그린 그림이다. 감각으로 들어온 정보를 바탕으로 뇌가 그대로 재현해 보면서 그 의미를 이해하는 것이다. 보면

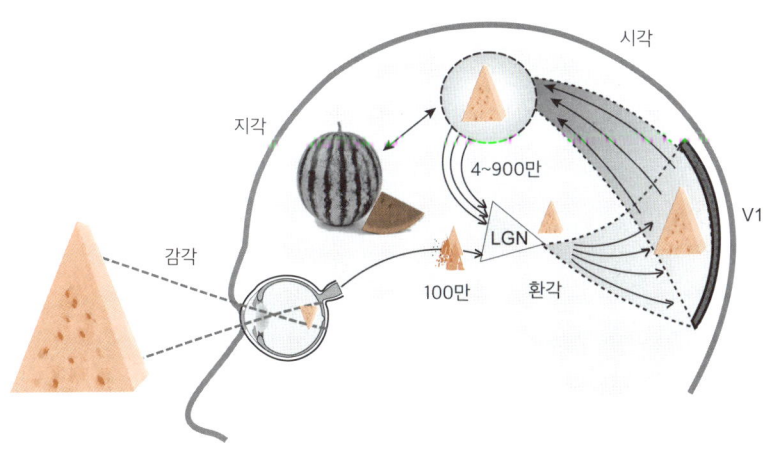

눈의 구조와 시각 경로

알 수 있고, 알아야 볼 수 있다는 말은 결코 비유가 아니다. 뇌에 이런 따라 하기 기능이 없다면 눈을 뜨고도 보지 못한다. 그러니 눈에 이상이 있는 어린이를 적절한 시기(예를 들면 10살 이전)에 발견하여 고쳐주지 않으면 이 장치가 만들어지지 않아 나중에는 치료를 받아서 정상적으로 시력을 회복해도 세상을 제대로 보지 못하게 된다.

눈은 태어나면서 저절로 볼 수 있게 만들어진 것이 아니라 시기적으로 점차 발달하는데, 생후 2주 정도 되면 명암을 구별할 수 있고, 생후 1개월 정도면 20~25cm 떨어진 물체에 초점을 맞춘다. 3개월 무렵부터는 물체를 움직여도 눈으로 잘 쫓을 수 있게 되고, 4개월 무렵에는 서서히 색을 구분하기 시작하며, 6개월 정도 되면 입체시가 완성되어 손을 뻗어 움직이는 물체를 정확히 붙잡을 수 있게 된다. 그리고 6세 무렵에야 성인의 표준 시력과 같은 1.0 정도가 된다.

● **꿈은 눈 감고 보는 맹점 채움, 환각은 낮에 눈 뜨고 보는 꿈이다**

뇌가 눈앞에 펼쳐진 것을 그대로 그리면 지각이고, 감각과 무관하게 밤에 그림을 그리면 꿈이고, 낮에 눈 뜨고 있는데 현실과 무관한 그림을 그리면 환각이다. 카메라는 우리 눈보다 정밀하게 영상을 찍을 수 있지만, 그 의미는 전혀 모른다. 따라 하기 시스템이 없기 때문이다. 우리의 뇌는 감각을 토대로 감각과 일치하는 영상을 만들 수 있기 때문에 세상을 이해할 수 있고, 그 장치를 이용해 꿈도 꾸고 환각도 경험할 수 있는 것이다. 그래서 꿈과 환각도 사진으로 찍을 수 있다. 만약에 이런 따라 하기 장치가 없다면 우리는 보고도 뭘 본 건지 모르게 된다.

만약에 시각이 만든 영상이 따로 있고, 뇌가 그린 그림이 따로 있다면 우리는 진즉에 뇌가 세상을 어떻게 지각하고 이해하는지를 알았을 텐데, 그것이 하나로 혼재되어 있었기에 오히려 꿈과 환각과 지각이 같다는 것을 알기 힘들었다.

우리 뇌는 V1 영역에 무제한의 그림을 그릴 능력이 있지만, 깨어 있는 상태에서는 눈을 통해 보이는 세상을 그대로 그리는 작업만 허용된다. 시각과 일치하지 않는 환각은 완벽하게 억제되는 것이다.

시각은 뇌가 만든 것, 눈앞에 펼쳐진 장면은 눈에 들어온 영상을 거울처럼 비춘 것이 아니라, 뇌가 하나하나 일일이 그린 그림이라는 것만 확실히 이해해도 시각에 대해 완전히 새로운 관점을 가질 수 있다. 그러면 그 이후로 정말 의미 있는 질문이 시작된다.

지각은 감각과 일치하는 환각이다

5
Flavor
Perception

1. 따라 하기, 흉내 낼 수 있는 만큼 알 수 있다

나의 뇌에 대한 공부는 맛을 어떻게 구분할 수 있을까 하는 질문에서 시작되었다. 우리는 김밥을 먹으면서 김, 달걀부침, 단무지, 우엉, 햄, 당근 등의 재료의 맛을 각각 따로따로 느끼기도 하고 전체적인 김밥의 맛을 느끼기도 한다. 많은 사람이 이를 너무나 당연하게 여기지만 각각 재료의 차이는 향의 차이에 의한 것이고, 향은 다양한 향기 물질의 조합이며, 단무지 고유의 향기 성분이나 우엉 고유의 향기 성분이 없기 때문에 맛의 구분은 결코 쉽지 않다.

그런데 나중에 생각해 보니 이 질문은 우리가 한 개의 스피커에서 어떻게 그런 다양한 소리를 들을 수 있는지와 완전히 같은 문제였다. 우리는 음악을 들으면서 사람의 목소리와 피아노 소리, 바이올린 소리를 따로따로 듣고 구분할 수 있다. 그리고 하나의 스피커에서 나오는 소리도 이 세 가지 소리를 구분해서 들을 수 있다.

모든 음악(소리)은 파동이다. 독창이 있고 합창도 있으며 4중주도 있고 대규모 관현악단도 있지만, 그래 봐야 모두 단 한 줄로 이어진 파동으로 저장 가능하다. 악기가 많이 등장할수록 파장의 패턴이 복잡해질 뿐이다. 눈으로는 아무리 음악의 파형을 본다고 해도 그것이 사람 목소리인지 악기 소리인지 몇 명이 부른 것인지 알지 못한다. 그런데 스피커로 그 파동을 재생하면 금방 구분이 가능하다. 지휘자는 수많은 연주자 중 한 명의 사소한 실수마저 금방 알아챈다고 한다. 모든 파장이 섞인 소리에서 전체의 소리와 각 악기의 소리를 구분해 들을 수 있기 때문이다. 자신의 머릿속으로 따라 연주할 수 있는 만큼 소리를 구분할 수 있는 것이다.

5장에서 설명하겠지만, 나는 맛과 향을 느끼는 것도 같은 원리라고 생각한다. 눈은 뇌가 그릴 수 있는 만큼 볼 수 있고, 노래는 뇌가 연주하는 만큼 들을 수 있고, 맛도 뇌가 그리는 만큼 알 수 있다.

이제는 모두가 알겠지만 딸기 향 성분이 따로 있고, 사과 향 성분이 따로 있지 않다. 모든 파장이 섞인 스피커의 소리에서 전체적인 소리를 듣고 각각 악기 소리를 따로 들을 수 있는 것처럼, 우리는 전체적인 맛도 느끼고 딸기 향과 사과 향을 따로 구분해 느낄 수도 있다. 뇌가 재현하는 만큼 내용을 구분하고 이해할 수 있는 것이다.

소리의 구분 원리

나는 모든 감각에 환각이 있는 것으로부터 결국 뇌는 거대한 미러뉴런 매칭 시스템이고, 모든 감각은 최종적으로 뇌에서 그대로 따라 하며 재구성하면서 내용을 이해한다는 확신을 얻었다. 그리고 여러 가지 재료가 섞인 요리에서 어떻게 개별적인 재료의 맛과 전체적인 맛을 구별할 수 있는지에 대한 답도 얻었고, '맛은 입과 코로 듣는 음악이다'라는 내 나름의 정의도 내렸다. 맛은 음식물의 분자가 미각과 후각 수용체를 자극하고, 음악은 파장이 귀의 청각 수용체를 자극한다는 것을 제외하면 나머지는 같기 때문이다. 그리고 이런 따라 하기 장치 덕에 꿈도 사진으로 찍을 수 있다.

2. 꿈과 환각을 영화처럼 찍을 수도 있다

볼프 싱어Wolf Singer는 신경과학 실험실에서 시각적 심상 능력이 매우 뛰어난 시각 예술가를 모아 22일 동안 눈가리개를 착용하게 했다. 그러자 하나 둘씩 시각박탈에 의한 환각이 나타났고, 볼프 싱어는 이를 fMRI(기능성 자기공명영상)로 촬영했다. 그 결과 뇌에 환각이 나타났다가 사

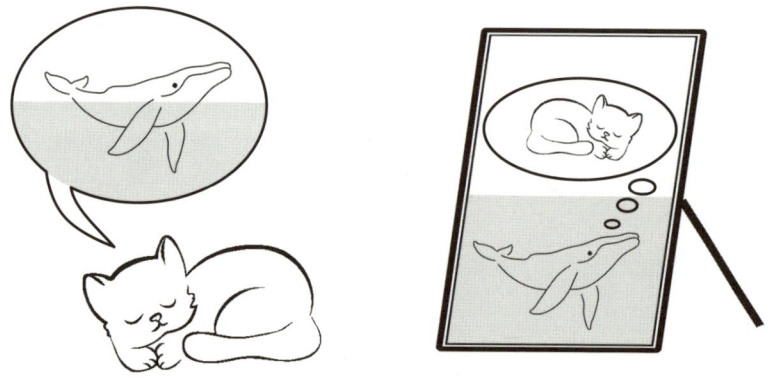

라지는 시간이 fMRI의 결과와 정확히 일치했고 활성화 영역도 환각과 일치했다. 회상하거나 상상할 때 많이 활성화되는 전전두피질의 활성화는 없고, 우리가 사물을 볼 때 활성화되는 시각 영역이 뭔가를 볼 때처럼 활성화된 것이다. 시각과 환각이 동일한 장치로 이루어지기 때문에 환각을 사진으로 찍을 수 있고, 꿈도 사진으로 찍을 수 있다.

2011년, 캘리포니아 버클리 대학 신경과학과 잭 갤런트Jack Gallant 교수는 fMRI로 실험 참가자들의 마음을 찍는데 성공했다. 실험자에게 짧은 영화를 보여주고 그들이 무슨 영화를 봤는지 뇌 활동만을 분석해 알아내는 데 성공한 것이다. 실험 원리는 간단하다. 먼저 영상을 보여주면서 fMRI로 실험 참가자의 뇌 활동을 측정하여 데이터베이스를 구축하고, 충분한 자료가 쌓이면 임의의 영화를 보여주면서 시각피질 활동을 측정하여 기존에 축적한 데이터를 바탕으로 그들이 지금 어떤 영상을 보고 있는지 알아내는 것이다. 그러면 시각피질의 뇌 활동만 측정하고도 그가 무엇을 보고 있는지 알 수 있다.

이 기술을 이용하면 꿈도 영상으로 찍을 수 있다. 우리가 자는 동안

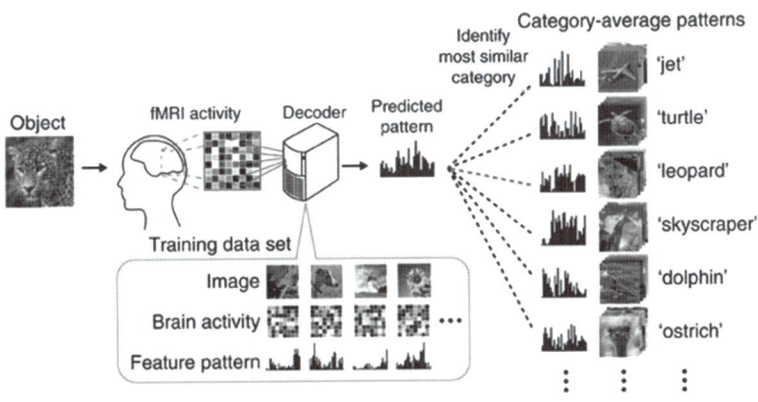

뇌를 촬영하여 마음을 촬영하는 방법(출처: 토모야스 호리카와 외, 2017)

뇌를 측정하여 무슨 꿈을 꾸고 있는지 동영상으로 남기는 것도 가능해지는 것이다. 심지어 환각마저 촬영이 가능해진다. 시각이나 꿈이나 환각은 모두 동일한 장치에서 일어나므로 꿈을 찍을 수 있다면 당연히 환각도 찍을 수 있는 것이다. 아직은 fMRI의 성능이 낮아서 겨우 대략적인 형태나 정지 상태인지 동작 중인지 여부를 알아보는 정도지만, 만약 뇌를 촬영하는 장비가 지금보다 수백 배 선명해지면 꿈이나 환각을 영화처럼 볼 수 있을 것이다.

● 뇌는 생존에 적합하도록 세상을 그린다

본다는 것은 뇌가 현실과 똑같이 그렸다는 의미이다. 우리는 그렇게 강력한 이미지 처리 장치를 가지고 있지만, 우리 뜻대로 쓸 수 없다. 그저 생존과 번식에 유리한 쪽으로 자동화된 프로그램이 작동할 뿐이다. 우리의 뇌와 유전자는 생존과 번식이 목적이지 우리를 즐겁게 해주는 것이 아니다. 그래서 생존에 도움이 되지 않는 환각은 철저하게 억제하고 의미 있는 정보, 세상을 이해하기 편한 정보 위주로 재구성을 한다.

컴퓨터를 보다가 화면 일부가 깜박거리면 누구든지 곧바로 주목하게 된다. 유난히 움직임에 민감하도록 진화되었기 때문이다. 정지된 경관이나 식물보다는 움직이는 동물이 위험 요인이거나 기회 요인(먹이)이므로 당연히 움직임에 예민할 수밖에 없다. 뇌는 배경과 움직임을 따로 본다. 우리는 최종적으로 그것을 합한 최종 모습만 인지하므로 각각 따로 작동한다는 것을 잘 모를 뿐이다. 움직임만 따로 보는 것의 극단적인 예가 개구리이다. 개구리는 움직이지 않는 것은 보지 못하고 움직이는 것만 본다고 한다. 그래서 날아가는 파리를 순식간에 잡아먹지만 움직이지 않는 파리는 보지 못한다.

우리가 보는 것은 뇌가 그린 불변 표상이 반영된 거대한 가상 화면 중 일부이다. 그래서 눈동자를 마구 굴려도, 깜박거려도, 고개를 흔들어도 이미지가 사납게 흔들리지 않는다. 원래 중심와 부분만 선명한데 주변마저 선명하게 보는 것처럼 그려준다. 뇌는 눈에 들어온 것보다 훨씬 큰 그림을 그리지만, 적당히 시야 범위에 들어온 정보만 제공한다. 이런 그리기 작업은 익숙한 공간이면 쉽게 하지만, 익숙하지 않은 공간에서는 힘들어 한다. 처음 보는 압도적인 풍경에는 잠시 멍하니 넋을 놓고 쳐다볼 수밖에 없다. 그래서 우리는 익숙한 곳에 가면 편안하고 낯선 곳에 가면 쉽게 피로해지는 것이다.

우리의 시각은 단순히 맹점만 채워 넣은 것이 아니라 시각 전체가 맹점을 채우듯이 눈에 들어온 정보를 참조하여 뇌가 그린 그림이다. 그런데 우리는 그것을 전혀 몰라봤다. 결국 지금의 컴퓨터 그래픽과 가상현실의 기능은 이미 처음부터 우리 뇌에 있던 기능이다. 요즘 컴퓨터 그래픽과 가상화 기술이 엄청나게 발전했다고 하지만, 우리는 그것을 보자마자 그것이 실제인지 아닌지 알아챈다. 그런데 우리 뇌 안의 환각 시스템은 너무나 교묘하여 그 오랜 세월동안 결국 눈치채지 못했다.

PART 2 우리는 어떻게 세상을 볼 수 있는가 | 지각은 감각과 일치하는 환각이다

지각을 위해서는 환각의 능력이 필요하다

뇌는 거대한 신경세포의 네트워크일 뿐,

뇌 안에 특별한 의식 장치도 주인공도 없다.

뇌에는 감각 세포에서 보내온 정보를 바탕으로 세상을 재현하는 회로가 있다.

그 회로는 결코 수동적이지 않다.

우리 눈에는 분명 맹점이 있지만, 뇌가 워낙 잘 채워 넣기에

맹점이 있다는 사실조차 잘 모른다.

눈은 맹점뿐 아니라 시각 전체가 그런 식으로 작동한다.

주변시, 깜박임, 화이트밸런스, 고계조 등 무수한 보정을 하지만,

우리는 세상을 있는 그대로 본다고 착각한다.

우리가 보는 것은 감각을 참조해 뇌가 그린 것이다.

세상을 그대로 뇌 안에 그리는 과정을 통해 세상을 이해하고,

그 장치를 통해 꿈도 꾸고, 때로는 환각도 경험한다.

시각, 꿈, 환각이 완전히 동일한 장치로 이루어지기 때문에

꿈과 환각도 사진으로 찍을 수 있다.

환각은 유별난 것이 아니다.

단지 평소에는 감각의 신호만 그대로 따라 하도록 완벽하게 통제가 될 뿐이다.

시각은 감각과 일치하는 환각이고, 꿈은 눈을 감고 자면서 보는 환각이고,

환각은 눈뜨고 보는 꿈이다.

우리가 보는 것은 뇌가 그림이고,

착시 또한 뇌가 판단한 가장 그럴듯한 현실이다.

그러니 착시나 환각이 일어나는 것은 특이한 일이 아니고,

평소에 그것들이 완벽하게 억제되는 게 오히려 특별한 것이다.

뇌에 현실을 그대로 재현하는 자체가 지각이다.

착각은 너무나 당연한 일

PART 3

착각에 대한 착각:
왜 착시는 알고도 벗어날 수 없을까?

1
Flavor
Perception

1. 착시는 너무나 다양하다

착시의 종류는 정말 다양하다. 똑같은 길이의 직선이 배경에 따라 달라 보이기도 하고, 휘어져 보이기도 한다. 색도 마찬가지로 같은 색이 배경에 따라 더 어둡게 보이기도 하고, 더 밝게 보이기도 하고, 다른 색으로 보이기도 한다. 현실에서 불가능한 그림이 꽤 그럴듯하게 보이기도 한다. 똑같은 그림도 보는 거리에 따라서 웃는 모습으로도 찡그리는 모습으로도 보인다. 종류가 워낙 많아 발견자의 이름을 딴 구체적인 명칭을 가지고 있을 정도다.

나는 이런 착시에 대해 '사람은 항상 실수를 하고, 우리 눈도 완벽할 수 없으니 당연히 실수할 수 있다'는 정도로 생각해왔다. 그런데 실수인 것을 알았다면 고칠 수 있어야 하는데, 착시는 그것이 실수라는 사실을 알아도 결코 고칠 수 없다. 왜 착각인 줄 알면서도 고칠 수 없을까? 어쩌면 그것을 이해하는 것이 뇌의 작동원리를 이해하는 지름길일 수 있다. 착시를 단지 재미있는 현상이나 심리적인 현상으로 가볍게 보지 말고, 시각의 본질을 이해하는 수단으로 보자. 그러기 위해 지금부터 대표적인 착시 몇 종을 살펴보려 한다.

● **위와 아래 착시**

아래 그림은 나름 유명한 착시이다. 책을 180도 돌려서 보면 볼록한 것이 오목하게 보이고 오목한 것이 볼록하게 보일 것이다. 우리의 눈은 항상 빛이 위쪽에 있다고 가정하기 때문에 일어나는 착시 현상이다.

위아래 입체감 착시(동일한 사진을 뒤집은 것, ©2012, Steve Jurvetson.)

● **마거릿 대처 착시**

아래 그림을 언뜻 보면 좌우 모두 정상으로 보인다. 그런데 책을 180도 돌려서 보면 깜짝 놀라게 된다. 이 그림은 원래 '마거릿 대처 착시'로 유명하며 여러 형태로 변형되어 퍼져나갔다.

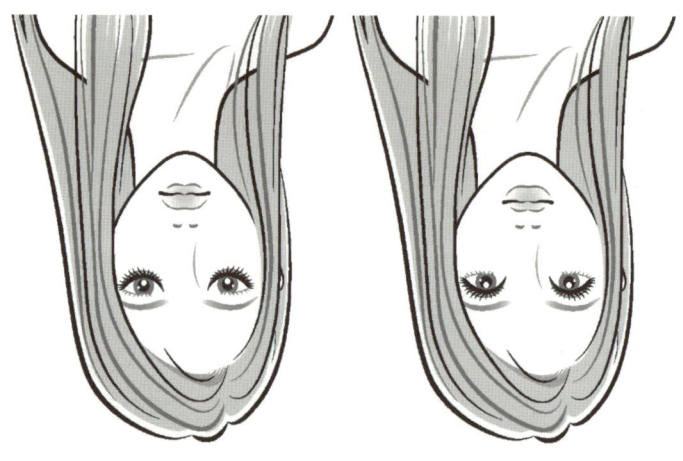

마거릿 대처 착시(책을 뒤집어 보면 알 수 있다)

● **기울기 착시, 직선이 주변에 따라 휘어져 보인다**

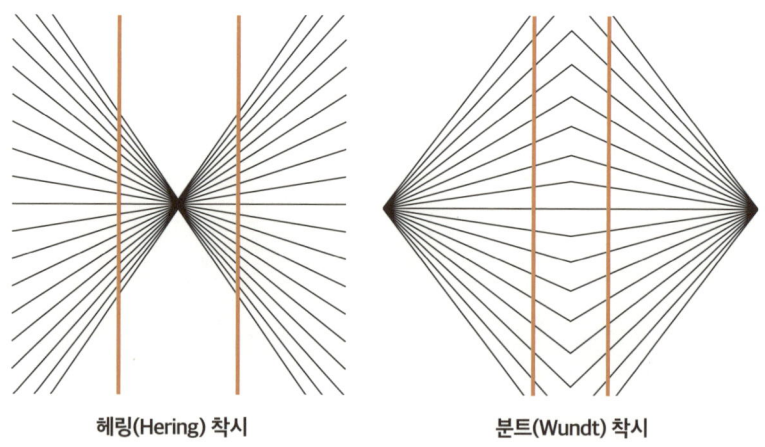

헤링(Hering) 착시 　　　　　 분트(Wundt) 착시

죌너(Zöllner(1860)) 착시

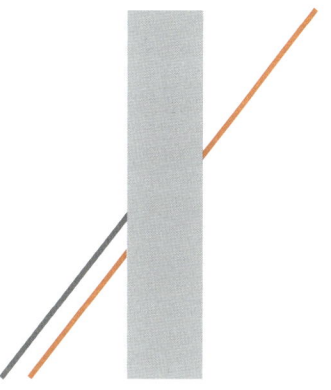

포렌도르프(Porrendorff) 착시

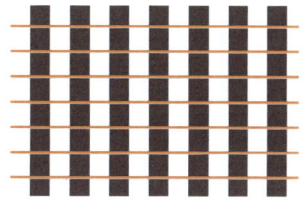

카페 벽(Cafe wall, Münsterberg) 착시

- 헤링(Hering) 착시: 빨간색 직선이 바깥쪽으로 휘어져 보인다.
- 분트(Wundt) 작시: '헤링 착시'와 반대로 안쪽으로 휘어져 보인다.
- 죌너(Zöllner) 착시: 사선은 모두 동일한 각도이다.
- 포렌도르프(Porrendorff) 착시: 벽 좌우의 별색 선은 동일한 각도이다.
- 카페 벽(Cafe wall, Münsterberg) 착시: 가로선이 모두 수평이다.

● 크기 착시

크기 착시는 주변에 따라 크기가 달라져 보이는 현상이다. '에빙하우스(Ebbinghaus) 착시'를 보면 가운데 크기가 동일한 두 개의 원이 있지만, 주변의 환경에 따라 그 크기가 매우 달라 보인다. 큰 원으로 둘러싸인 것이 작은 원에 둘러싸인 것보다 30% 정도 작게 보이는 것이다.

로저 셰퍼드 탁자의 위 상판은 정확하게 같은 모양이고, 방향만 다르다. 똑같은 길이도 가로보다는 세워진 형태인 세로가 길어 보이는 '분트(Wundt) 착시'의 일종이다. 완전히 동일한 B의 상판에서 다리의 방향을 바꾸어 세로인 것처럼 만들면 갑자기 A와 동일한 상판처럼 보이게 된다.

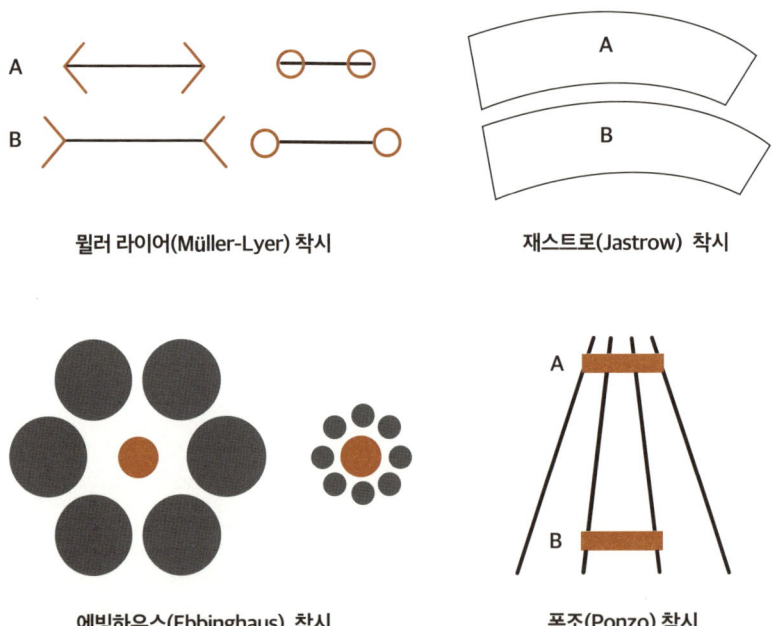

뮐러 라이어(Müller-Lyer) 착시

재스트로(Jastrow) 착시

에빙하우스(Ebbinghaus) 착시

폰조(Ponzo) 착시

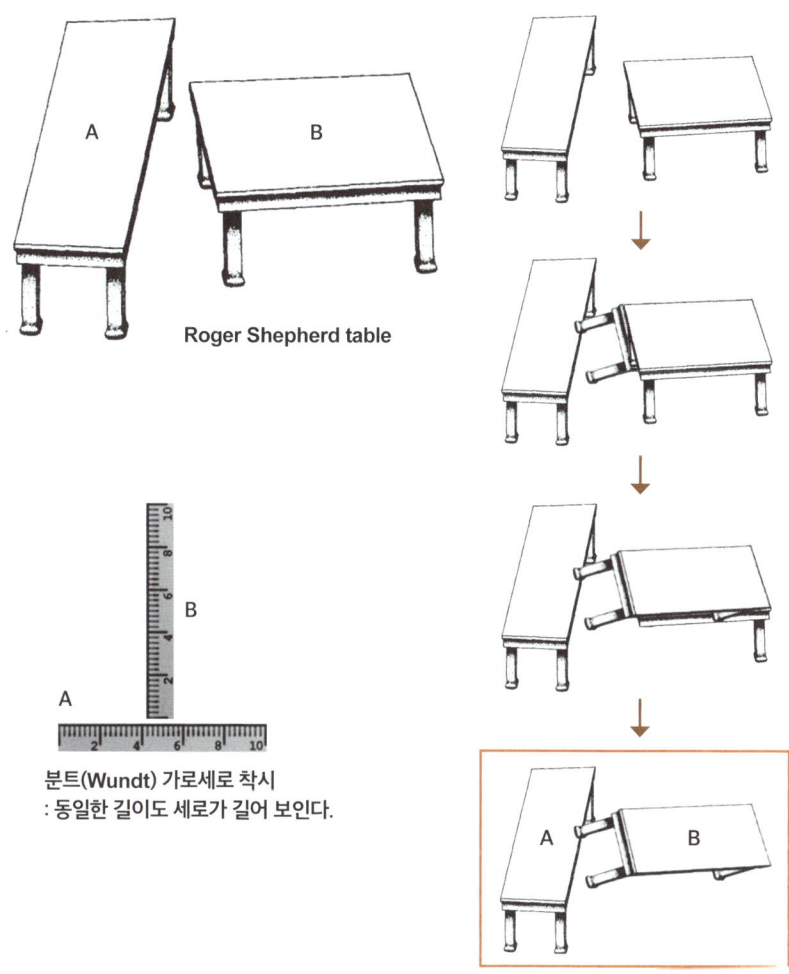

분트(Wundt) 가로세로 착시
: 동일한 길이도 세로가 길어 보인다.

로저 셰퍼드(Roger Shepherd) 탁자 착시의 해석(©2017, Неделина Ксения)

● 흔들리는 잎, 빙글빙글 돌아가는 그림 착시

'프레이저(Fraser) 착시'를 보면 각각 독립된 동심원이 마치 연결된 것처럼 보인다. 그것을 구성하는 사각형 방향의 안내를 받기 때문이다. 정지된 사진인데 가만히 있지 않고 상하좌우로 흔들리거나 빙글빙글 도는 듯한 착시는 이 밖에도 많다.

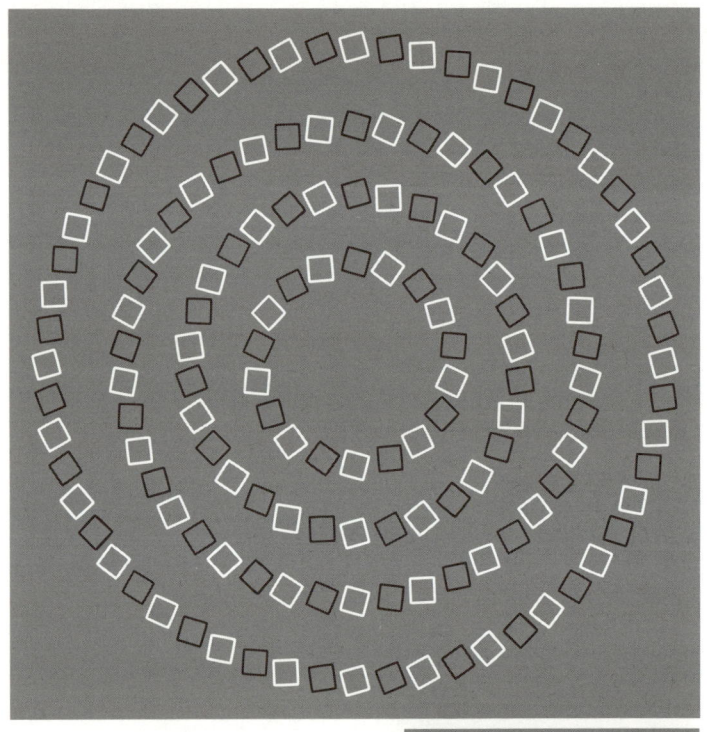

프레이저(Fraser) 착시

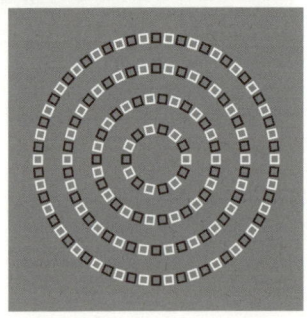

흔들리는 것은
눈이 아니라
우리의 '뇌'

● 측면억제, 마흐 밴드 효과(Mach Band Effect)

'마흐 밴드 효과'는 에른스트 마흐가 발견한 띠 현상으로써 측면억제에 의해 가장자리를 더 선명하게 드러나게 하는 착시이다. 그림을 보면 흰 쪽은 더 희게, 어두운 쪽은 더 어둡게 보이게 된다. 유사한 현상으로는 '헤르만 격자(Hermann grid)'가 있다. 여기서는 흰 선이 교차하는 점마다 어두운 점들을 보게 된다. 망막의 시세포가 연결되는 지점에서 신호를 받은 세포가 주변부에 활동을 억제하는 측면 억제 현상 때문에 발생한다. 그런데 모든 교차점이 어둡게 보이는 것이 아니라 시선을 집중한 교차점은 오히려 하얗게 보인다. 그 부분만 눈의 중심와에 의해 정확히 있는 그대로 볼 수 있기 때문이다.

이런 헤르만 격자 착시를 응용한 것이 81p에 나온 엘케 링겔바흐Elke Lingelbach의 '반짝 격자(Scintillating grid) 착시'다.

● 콘스위트 효과, 경계선에 따라 색이 달라보인다

'콘스위트 착시'는 1960년대 후반 톰 콘스위트Tom Cornsweet에 의해 발견된 착시로써 동일한 색도 경계면에서 뇌가 과장되게 보정하여 색이 달라져 보이는 현상이다. 이 효과를 극대화한 '로토(Lotto) 착시'를 로토 연구소에서 발표하기도 했다.

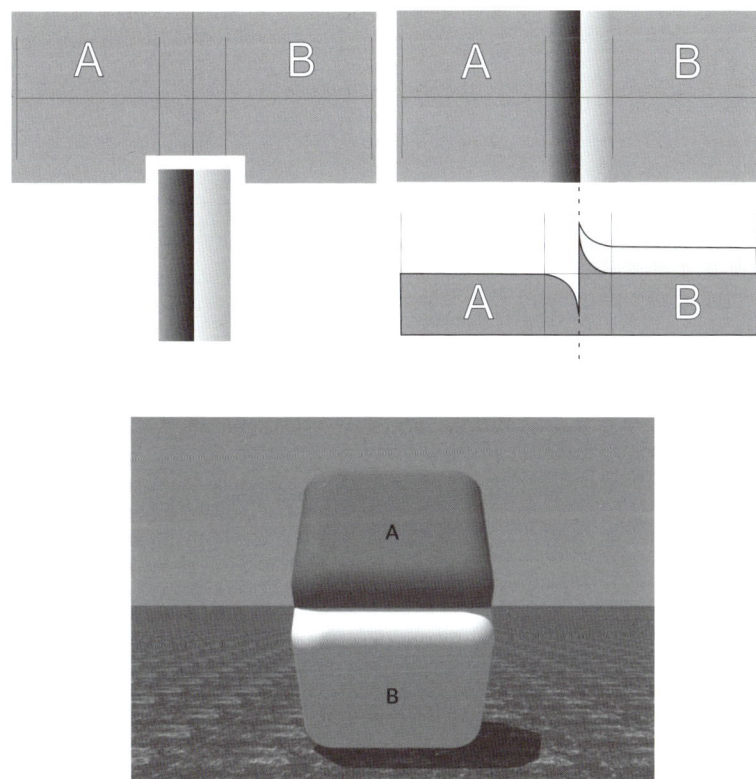

콘스위트(Cornsweet) 효과와 로토(Lotto) 착시(225p 컬러 사진 참조)

● **색의 착시 / 그림자 효과**

색에 대한 유명한 착시로는 '체커 그림자(Checker shadow illusion) 착시'가 있다. 아래 그림에서 A와 B는 같은 색이다. 하지만 그림자 때문에 실제로는 B가 더 밝을 것이라고 뇌가 계산하고 보정한다.

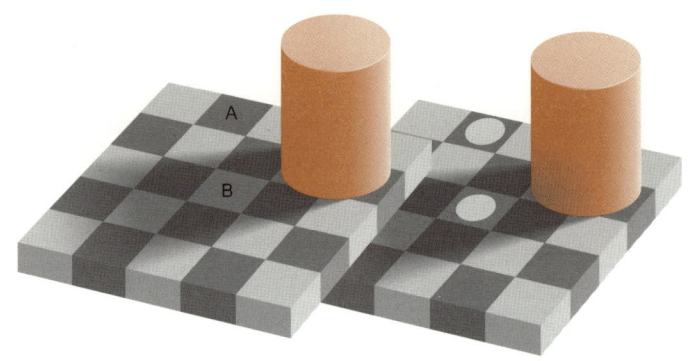

체커 그림자(Adelson's Checker-Shadow) 착시(225p 컬러 사진 참조)

● **이 밖에도 너무나 다양한 유형의 착시가 있다**

'펜로즈 삼각형(Penrose Triangle)'은 현실에서는 불가능한 물체다. 1934년 스웨덴의 화가 오스카 레우테르스베르드가 처음 쓰기 시작했고, 1950년대에 영국의 수학자 로저 펜로즈Roger Penrose가 새롭게 고안하여 널리 알렸다. 우리의 눈은 한 번에 볼 수 있는 것이 극히 제한적이기 때문에 이런 기이함을 눈치채기 힘들다.

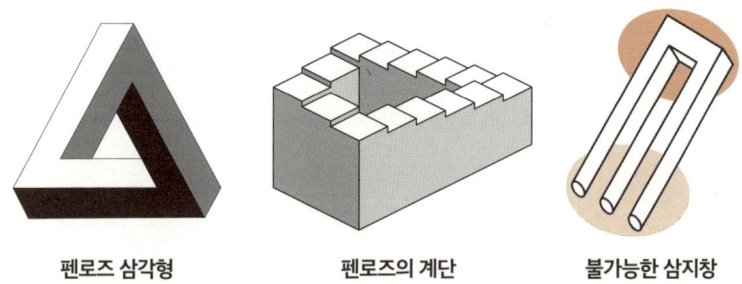

펜로즈 삼각형   펜로즈의 계단   불가능한 삼지창

아래 '화난 박사와 미소 씨(Dr. Angry and Mr Smile) 착시'는 거리에 따라 얼굴 표정이 달라 보이는 착시다. 책을 멀리 놓고 보면 아래에 작게 축소해 놓은 사진처럼 인상이 바뀐다.

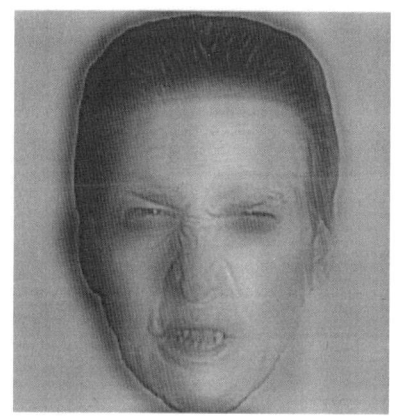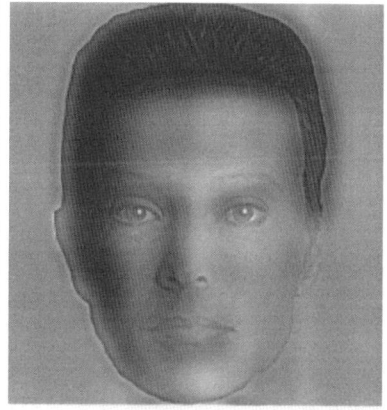

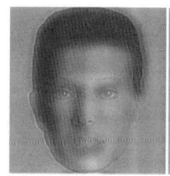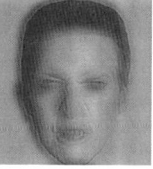

화난 박사와 미소 씨(Dr. Angry and Mr Smile) 착시
(출처: Schyns, Philippe & Oliva, Aude. Cognition. 69.)

이 밖에 잔상효과 등 착시 종류는 너무나 많다. 구글에서 이미지 검색(Optical illusion)을 하거나 착시가 정리된 사이트(www.illusionsindex.org)를 방문해 보면 그 종류의 다양성에 놀라게 된다. 결국 핵심은 '어떻게 그렇게 많은 착시와 착각 속에서도 우리의 시각은 혼란스럽지 않을까?'를 이해하는 것이다.

2. 착시는 뇌가 판단한 가장 그럴듯한 현실이다

● 착시는 설계된 실수다

물고기도 인간처럼 착시를 경험할까? 동물도 착시가 있다면 우리와 유사한 시스템으로 세상을 본다는 의미일 것이다. 실제로 앵무새는 인간과 마찬가지로 착시를 본다고 알려졌고, 물고기도 그렇다고 한다. 과학자들이 '레드테일 스플릿핀(Redtail splitfin)'이라는 물고기에게 큰 것을 선택하도록 훈련시키고 에빙하우스 착시를 보여주자 인간과 똑같은 착각을 하는 것으로 나타났고, 뮐러-라이어 착시도 마찬가지 반응을 보였다. 착시는 공통적인 설계 오류인 것이다.

착시를 이미 알고도 도저히 벗어날 수가 없는 것은 우리의 시각 시스템이 그렇게 작동하도록 설계되었기 때문이다. 착시는 시각의 본질을 보여주고, 무의식이 무엇인지, 뇌는 왜 그렇게 고집불통인지도 보여준다. 그런 측면에서 감각과 지각을 이해하는 결정적인 수단이라 할 수 있다.

만약 '폰조(Ponzo) 착시'가 왜 생기냐고 묻는다면 아마도 심리적인 작용으로 주변의 맥락에 의존하여 해석한 결과라는 답이 나올 것이다. 그럴듯한 설명이지만 사실 임팩트는 별로 없다. 그런데 생물학적인 증거를 찾아보면 전혀 다른 의미가 등장한다. 시각이 시작되는 V1 영역에서 2가지 상황을 놓고 막대 크기를 측정해 보는 것이다. 막대 길이가 동일하기 때문에 동일한 길이의 막대가 V1에 찍히고 이후 고차원적인 시각의 처리 영역에서 주변의 상황을 고려하여 크기가 다르게 받아들인 것이라면 그래도 극복의 가능성이 있는데, 우리의 뇌는 배경에 따라 V1에 맺힌 상의 크기 자체가 달라진다. V1이 시각의 시작인데, 시작부터 이미 상황에 따라 적절하게 조작된 영상이 나오는 것이다. 그러니 아무리 착시인 것을 알아도 착시에서 벗어날 수가 없다.

이런 착시는 뇌에 정착된 공통의 회로에 따라 자동으로 일어나므로 모두에게 동일하게 일어난다. 나만의 착각이 아니라 인류 공통의 착각인 것이다. 그리고 이것은 느린 뇌와 부족한 정보로부터 세상을 보다 효과적으로 보기 위해 만들어진 우리의 지각 시스템이 노력한 최선의 결과이기도 하다. 시각도 다른 생물학적 기능처럼 최고의 가성비를 추구하는 적당한 수준의 정교함을 가지고 있을 뿐, 완벽히 정교하지는 않다. 그래서 우리의 시각은 생각보다 사소한 실수가 많다.

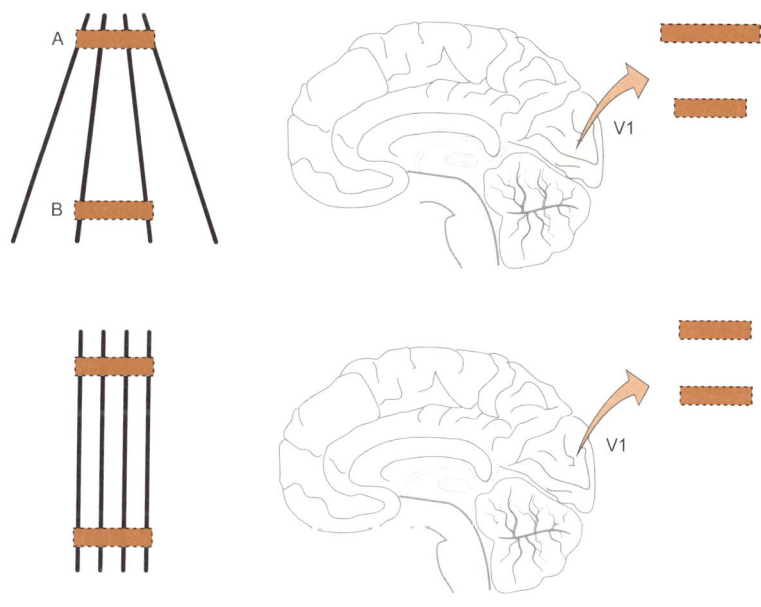

폰조 착시에서 시각의 시작인 뇌의 V1 영역을 찍는다면

● 착시를 바람직하게 활용할 수도 있다

그리스 신전의 기둥은 가운데가 볼록하다. 반듯하면 오히려 가운데가 얇아 보여 불안하게 느껴지기 때문이다. 예술가들은 과거부터 착시를 알고 극복하거나 이용하려 한 것이다. 인상파는 점으로 그림을 그리고, 모나리자 그림은 시선을 쫓아오는 효과를 부여하고, 조각상에는 눈동자를 튀어나오게 하는 것이 아니라 그 부분을 오히려 파내서 그림자로 검게 보이게 하여 눈을 표현했다. 영화도 스틸사진을 빠른 속도로 보여주면 우리 눈은 그 사이를 이어 동영상으로 인식하는 착시를 이용한 것이다. 그리고 우리는 비트맵이 아닌 벡터 방식으로 인식한다는 것을 이용해 글꼴의 선명도를 높이기도 한다.

'안티에일리어싱(Anti-Aliasing)'은 해상도의 한계 때문에 발생하는 깨어짐 현상을 최소화하는 방법이다. 화면에 선을 그으면 해상력에 따라 완전히 일치하지 않는 점들이 많이 등장한다. 이때 선을 차지하는 비율에 맞추어 명암비율을 조절하는 것이다. 확대해서 볼 때는 글자 주변이 흐려져 경계만 모호해지는 것 같지만, 실제로는 흐릿한 경계 덕분에 오히려 또렷하게 보인다. 우리 눈은 생각보다 해상력이 약하여 부족한 정보를 짐작하여 벡터처럼 처리하는 특징이 있다.

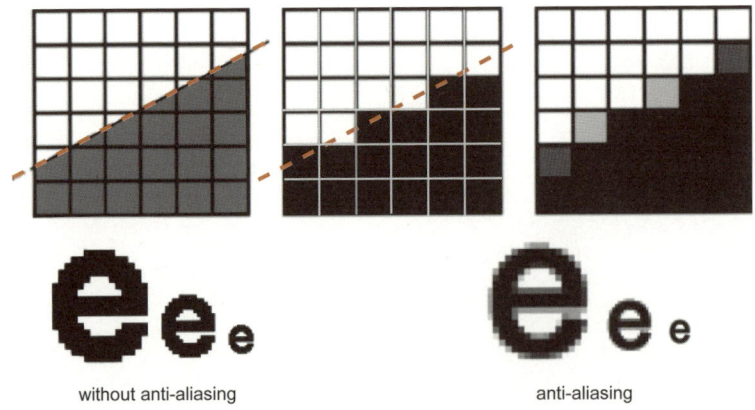

● 예전에 귀신과 UFO 목격담이 많았던 이유

내가 어렸을 때는 귀신 이야기와 체험담이 정말 많았다. 나는 귀신을 별로 믿지 않았지만 주변은 온통 귀신 이야기였고, 사실 귀신이 없다고 가르치는 선생님마저 사석에서는 귀신 이야기를 하는 편이어서 믿지 않기 힘든 시절이었다.

내게 귀신 하면 가장 먼저 떠오르는 것이 흰옷 입은 귀신이다. 1970년대만 해도 시골은 전기가 들어오지 않았고 손전등도 별로 없었다. 손전등이 있어도 건전지가 아까워 익숙한 길에서는 어지간하면 켜지 않고 다녔다. 그런데 길을 걷다 보면 가끔 하얀 옷을 입은 귀신이 나뭇가지에 흔들거리는 모습이 보이곤 했다. 귀신을 믿지 않고 이미 그런 착각을 경험했기에 '분명 귀신은 없는데 왜 저런 것이 보이지?' 하고 아무리 뚫어져라 쳐다봐도 영락없이 귀신이었다. 분명히 아니라고 확신하면서 보고 또 보아도 영락없는 귀신 모양이다. 그래서 손전등을 켜서 확인해 보면 고작 작은 비닐 조각 따위였다.

당시에 든 의문은 손전등을 켜고 확인해 보면 사람 모습과는 전혀 비

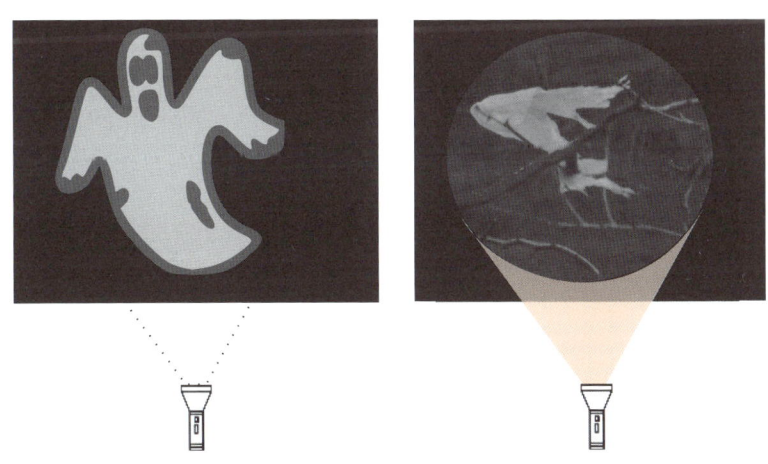

귀신도 아는 사람만 볼 수 있다

숫하지도 않은 평범하고 조그만 비닐 조각인데 왜 그렇게 커다랗고 영락없이 귀신(사람)처럼 보였냐는 것이다. 그렇게 귀신의 실체를 확인하고도 다음에 또 속는다. '저것도 작은 비닐 조각일 거야!' 하고 확신하고 보아도 또다시 귀신처럼 보이는 것이다. 귀신은 없다는 것을 믿어도 귀신이 보이는데, 옛날에 백내장 등으로 인한 시각 장애, 영양 결핍으로 인한 뇌의 기능장애 등이 많았던 시기에는 얼마나 환각이 많고 귀신이 더 많이 보였을지 사뭇 짐작이 간다.

당시에는 귀신 말고도 UFO 이야기가 지금과 비교할 수 없을 정도로 전 세계적인 인기를 끌었다. UFO라는 말이 처음 등장한 것은 1947년 미국에서다. 워싱턴 주 레이니어 국립공원 상공에 나타난 9대의 알 수 없는 비행 물체를 목격한 뒤부터 UFO라는 용어가 사용되기 시작했다. 그런데 이 용어가 등장하자 갑자기 다른 목격담도 줄을 이어서 이후 100만 건에 달하는 목격 사례가 보고됐다. 왜 귀신 이야기가 많으면 귀신이 자주 보이고, UFO 이야기가 많으면 UFO가 자주 목격되는지 지각의 원리를 잘 생각해 보면 알 수 있을 것이다.

자! 이제 계단에 놓인 박스의 크기가
'같은지', '다른지' 자신 있게 말할 수 있으신가요?

감각에 대한 착각:
절대 미각? 맥락에 따라 보정된 미각

2
Flavor Perception

1. 미각 수용체에도 실수가 많다

가장 정교한 시스템인 시각에도 그렇게 착시가 많은데, 그보다 어설픈 미각과 후각에는 얼마나 많은 착각과 환각이 존재할까? 착시는 그림으로 그 사례를 보여줄 수 있지만, 미각과 후각은 분자에 의한 것이라 그 예를 보여줄 수 없으므로 여기에서는 감각 자체에서 일어나는 착각의 예를 몇 가지 설명하고자 한다.

미각은 후각보다는 훨씬 독립적이지만, 미각 중에 가장 기본이 되는 단맛마저 착각하는 경우가 많다. 감각은 원래 작은 분자의 일부를 감각하는 것인데, 거대한 단백질마저 단맛으로 착각할 정도다. 모넬린(Monellin), 토마틴(Thaumatin), 브라제인(Brazzein) 같은 단백질은 설탕보다 수천 배 이상 달기도 하다. 이런 거대한 단백질이 감미로 작용할 수 있는 것은 정상적인 감각 수용체의 결합 위치에 작용하는 것이 아니라 우연히 수용체 자체에 달라붙어서 활성화하기 때문이다.

● **단맛을 억제하는 단백질도 있다**

이와는 반대로 단맛을 억제하는 단백질도 있다. 김네마산(Gymnemic

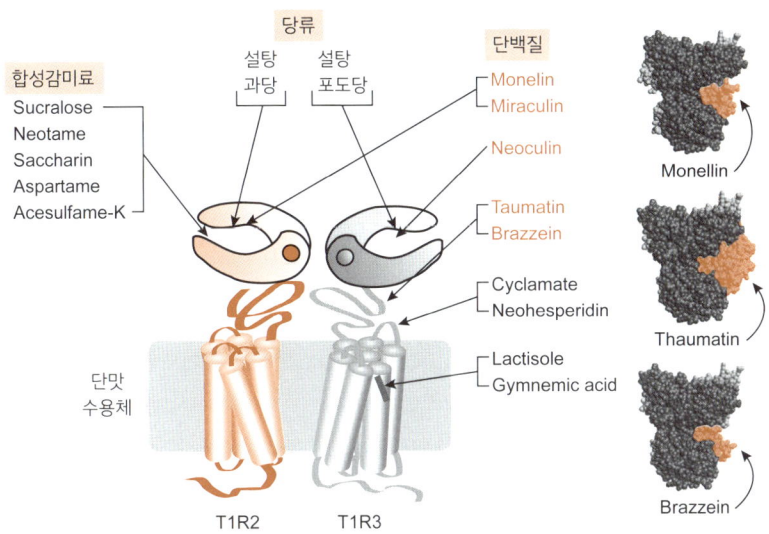

당류 이외의 물질과도 결합하는 단맛 수용체의 착각

acid)은 김네마 실베스터의 잎에서 발견된 단맛 억제 성분인데, 단맛 수용체의 T1R3 부위에 결합하여 수용체가 다른 단맛 물질과 결합하는 것을 막는다. 김네마산은 다시 떨어져 나가지만, 단맛 회복에 10분 이상 걸릴 수 있다. 락티솔(Lactisole)은 볶은 아라비카 커피콩에서 검출되는데, 100~150ppm의 적은 양으로도 설탕과 아스파탐 같은 감미료의 단맛을 크게 억제한다. 락티솔을 첨가하면 12% 설탕액이 4%처럼 느껴지는 것이다. 그러나 아세설팜칼륨, 설탕, 포도당, 사카린에서 감미의 억제 작용은 김네마산보다 떨어지고, 인간의 T1R3에는 작용하지만 설치류에는 작용하지 않는다. 이밖에 호돌신(Hodulcine)과 지지핀(Ziziphin)도 감미 억제 기능을 가지고 있지만 김네마산보다는 약하다. 미각의 가장 기본을 다루는 단맛에도 상당히 많은 착각이 일어나는 것이다.

● 신맛을 단맛으로 느낄 수도 있다

　네오쿨린(Neoculin, Curculin)이나 미라쿨린(Miraculin) 같은 단백질은 신맛을 단맛으로 바꾸기도 한다. 미라쿨린은 미라클 후르츠(Miracle fruit)의 과육에 함유된 아미노산이 191개 결합한 당단백질이며, 그 자체로는 달지 않다. 그런데 먹은 뒤 최대 1시간 동안 신맛을 단맛으로 바꾸는 재미있는 기능을 한다. 미라쿨린은 인간의 단맛 수용체에 결합을 하지만, 그것만으로는 단맛 수용체가 활성화되지 않아 단맛을 느끼지 못한다. 그런데 산성(신맛) 상태가 되면 pH가 낮아지면서 단백질의 특성이 변해 단맛 수용체를 강하게 활성화한다. 신맛을 첨가하면 마치 그 때문에 단맛이 증가한 것처럼 착각하게 만드는 것이다.

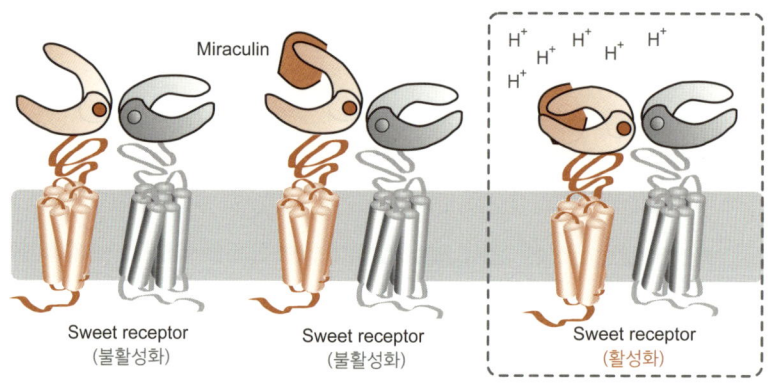

미라쿨린의 작용 기작

2. 후각에는 얼마나 더 많은 착각이 있을까?

● 들숨과 날숨의 향이 같을 것이라는 착각

　우리는 잘 인식하지 못하는 경우가 많지만 음식의 향만 맡을 때와 실제 먹을 때의 향은 다른 경우가 많다. 들숨(정비각) 즉 코로 숨을 들이키면서 맡는 향기와 날숨(후비각) 즉 음식을 먹을 때 목 뒤로 휘발하면서 코로 느껴지는 향기가 다른 것이다. 체온에 의해 음식의 온도가 올라가 향기 물질의 휘발성이 증가하고, 침과 반응해 pH가 변하면서 휘발성이 변하고, 미각과 연합하면서 다양한 상호작용이 발생해서 들숨과 향이 달라질 수 있다.

보통의 동물은 들숨을 통해 향기를 탐색하는 기능이 발달해 있고, 인간만이 날숨의 경로를 통해 음식의 품질을 판단하는 능력이 발전해서 대체로 입에서 목 뒤로 넘어가는 향을 강하게 느낀다. 그래서 커피 향이 좋은데 맛은 기대보다 떨어지는 경우가 있고, 발효한 식품은 단백질에서 만들어지는 강력한 향 때문에 냄새가 고약하지만, 발효로 만들어진 분해물 때문에 맛이 매력적인 경우도 많다.

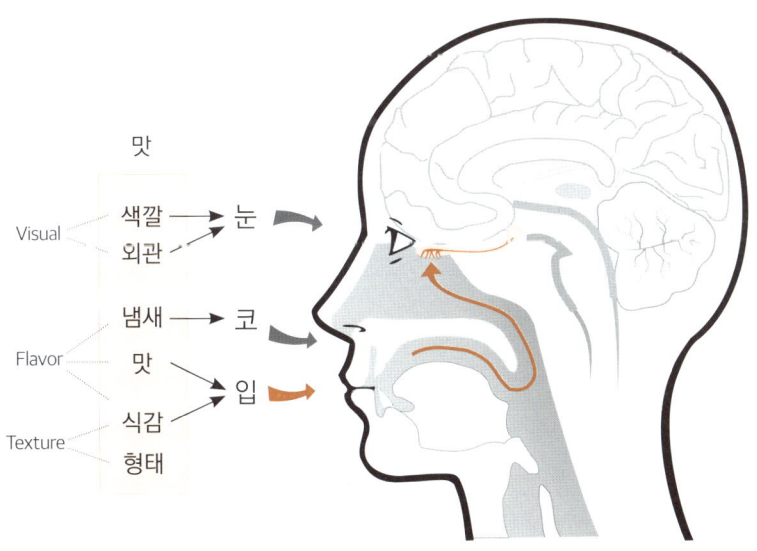

들숨과 날숨 그리고 맛의 연합

● 동일한 향기 물질이라도 조건에 따라 전혀 다른 향처럼 느껴지기도 한다

앞서 미각의 착각을 말했지만 후각은 정도가 훨씬 심하다. 모든 신경 세포는 잠시도 쉬지 않고 서로 경쟁하는데, 후각은 무려 400종의 세포가 경쟁을 한다. 수많은 신호 중 자신의 신호를 뇌로 보내기 위해 주변의 신호를 억제(측면억제: Lateral inhibition)하는데, 감각 세포 중에서도 후각은 유난히 측면억제가 많다.

시각을 담당하는 원뿔세포는 빨간색을 담당하는 원뿔세포가 활성화되더라도 옆에 파란색을 담당하는 원뿔세포가 억제되지는 않는다. 그런데 후각은 한 후각 세포에 신호가 들어오면 바로 주변 후각 세포를 측면억제할 정도로 억제가 많다. 그리고 향기 물질 자체도 어떤 것에는 활성제로 작용하고 동시에 어떤 것에는 억제제로 작용한다. 스튜어트 파이어스타인Stuart Firestein 박사 연구팀이 스케이프(SCAPE) 현미경을 이용해 살아 있는 후각조직을 관찰한 결과, 많은 향기 물질이 작용제(Agonist)이면서 동시에 길항제(Antagonist)로 작용한다는 것이 밝혀졌다.

향기 물질 상호 간에 복잡하게 억제 작용을 한 3가지 혼합물의 경우 개별적으로 작동하는 것보다 20~25% 정도가 억제되었다. 그리고 일부는 증강 효과도 있었다. 개별 자극을 합한 것보다 훨씬 강력한 효과를 주는 상승작용도 일어나는 것이다. 그래서 동일한 향기 물질이 조건에 따라 전혀 다른 향으로 느껴지는 착각이 감각 수용체 단계부터 일어날 수 있다.

● 감각이 고정적이고 수동적일 것이란 생각은 착각이다

향은 여러 가지 향기 물질이 조합된 것이고, 같은 장미 향이라 해도 그 느낌은 수백 가지로 설명할 수 있다. 그런데 단 한 가지의 향기 물질이면 어떨까? 조향사가 되려면 수백 가지 개별 향기 물질을 훈련해야 하는데, 매번 최대한 동일한 컨디션에서 수행하려고 해도 그 느낌이 날마다 달라지는 경우가 있다. 딱 한 가지 성분의 향기인데도 그렇다. 오히려 단순한 향이 더 흔들리기 쉽다. 우리의 감각은 절대 감각이 아니라 사진에서 화이트밸런스를 맞추듯 그때그때 보정해서 느끼는 감각인데, 아무것도 없는 빈방에서 송이를 여러 가지 조명으로 바꿔가며 본다면 그 종이가 흰 종이인지 아닌지 판단하기 힘든 것처럼 우리의 감각도 참고할 것 없이 단독으로 향기를 맡으면 오히려 더 흔들린다.

감각은 차이에 민감하여 시각에서 변화가 없으면 그것을 인지하지 못하는 변화맹이 된다. 그래서 눈동자는 잠시도 쉬지 않고 흔들려 스스로 변화를 만들어 차이를 감각한다. 만약 콘택트렌즈 같은 것을 이용해 눈동자를 전혀 움직이지 못하게 고정한다면 시야는 이내 사라진다. 감각은 소극적이고 일방적인 신호를 전달하는 것이 아니라 세상을 이해하기 위해 적극적으로 탐색하는 것이다.

후각은 특히 지각에서 오는 정보(조정)를 적극적으로 받아들여 감각 자체를 대폭 수정하는 가장 역동적인 감각이다. 우리는 배가 고프면 후각이 예민해지고 배가 부르면 후각이 둔해진다는 것을 이미 알고 있다. 그런데 그것은 뇌의 정신적인 연산의 결과가 아니라 감각 자체가 변해서일 가능성이 크다. 후각에는 감각을 일방적으로 전달하지 않고, 뇌로부터 전달된 신호를 받아들여 그 활성을 조정하는 회로가 있다. 그런 보정 기능 때문에 혼란을 만들기도 하지만, 대부분 그런 능력 덕분에 후각의 생리적 한계를 극복하고 생존의 수단으로 훌륭하게 작동한다. 감각은 결코 절대적이지도 수동적이지도 않다. 항상 뇌의 예측이 포함된 상태로 작동한다.

지각에 대한 착각:
예측을 통한 채워 넣기 기능

3
Flavor Perception

1. 감각하고 지각한다? 예측하고 지각한다!

● 뇌의 목적은 정확성이 아니라 적합성

지각의 핵심은 정확성이 아니라 효율성이다. 불완전한 정보로부터 뇌는 빠르고 과감한 판단을 해야 한다. Yes/No 또는 Go/Stop을 결정하기 위해 때로는 사소한 차이를 과장하고, 때로는 상당한 차이도 무시한다. 뇌는 생존과 번식에 적절한 행동을 결정하기 위한 장치이지 세상을 객관적으로 보기 위해 설계된 것이 아니다. 생존에 유리한 형태로 감각의 정보를 패턴에 따라 재구성한다.

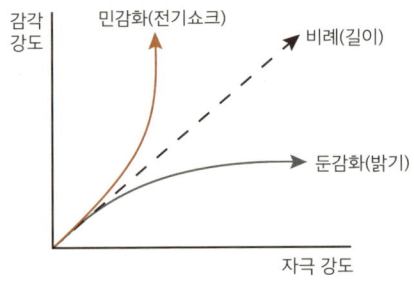

생존을 위한 둔감화와 민감화

뇌의 생물학적 작동 속도는 매우 느리다. 컴퓨터는 기가헤르츠(GHz) 즉, 초당 10억 회 이상의 연산을 하는데 우리 뇌의 신경세포는 초당 1,000번은 고사하고 100번도 작동하기 힘들다. 컴퓨터에 비해 1천만 배 이상 느린 셈이다. 수학적 계산 같은 것은 애초에 비교할 수 없을 정도로 느리지만, 일상의 문제에 대해 답을 찾는 것은 우리 뇌가 훨씬 빠르다. 우리는 개를 보자마자 꼬리를 보았든, 몸통만 보았든, 다리가 불구가 된 개를 보았든 바로 개라고 판단할 수 있다. 이런 차이를 컴퓨터는 차례차례 직렬식으로 처리하는데 우리 뇌는 동시에 처리하는 병렬처리 방식이라 설명하기도 한다. 하지만 이것만으로는 충분한 설명이 되지 않는다. 그보다 훨씬 강력한 장치가 있어야 한다.

● 인간은 계산 대신 기억(훈련)을 통해 예측한다

뇌의 놀라운 계산 속도의 비결에 대해 『생각하는 뇌, 생각하는 기계』의 저자 제프 호킨스 Jeffrey Hawkins는 "뇌는 계산하지 않고 기억한다"라고 말한다. 그는 그동안 많은 연구자들이 컴퓨터로 지능(Intelligence)을 모방하려고 시도했지만 결국 실패한 원인이 뇌의 작동을 컴퓨터의 작동 방식과 비슷하게 파악하려고 한 오류에서 비롯되었다고 주장한다. 뇌의 작동 방식은 우리의 생각과 전혀 달라서 컴퓨터의 성능이 아무리 좋아져도 기존의 알고리즘으로는 모방이 불가능하다는 것이다. 그는 뇌는 계산을 하는 것이 아니고 기억의 패턴으로부터 예측한다고 설명한다.

그가 꼽은 뇌의 작동 방식의 핵심원리는 신피질에 있다. 신피질은 독특한 여러 개의 계층구조를 가진다. 단순히 기존 신경세포의 모임이 아니라 각각 신경세포가 조직화된 작은 뇌 회로라는 말이다. 각 계층에서 일어나는 일은 근본적으로 모두 동일하다. 입력된 정보를 패턴으로 받아 상위 계층에 전달하고, 상위 계층의 예측을 피드백으로 받기도 한다. 이러한 계층이 6개 층으로 되어 있다. 그는 6층으로 이루어진 구조가 어떻게 기억을 형성하고 패턴을 만들고 예측을 하는지 설득력 있게 설명한다. 인간의 뇌가 발달한 것은 크기가 커서가 아니라 이런 탁월한 피드백 구조를 가진 신피질이 많기 때문이라는 것이다.

인간의 뇌에서 '기억한다'는 '예측한다'와 거의 같은 말이다. 그 증거로 뉴런들은 실제로 감각 입력을 받기에 앞서 미리 활성을 띤다고 한다. 우리가 음악을 들을 때 다음 곡조를 예상하는 것처럼, 모든 것을 예측하는데 얼마나 쉽고 정확히 예측하는지의 차이만 있는 셈이다. 그러니 지능은 세계의 패턴을 이해하고 기억하고 예측하는 능력으로 측정할 수도 있는 것이다.

그러므로 예측이 먼저고 감각으로 확인하는 것은 나중이라고 생각하는 것이 뇌의 작동의 원리를 파악하는데 오히려 효과적이다. 모든 감각에는 이미 뇌의 판단(예측)이 반영되어 있으니 세상에 순수한 눈(감각)은 없는 것이다. 인간의 동기와 가치가 물든 해석이다.

뇌의 가장 큰 역할은 기억이라고 말하기도 하는데, 이런 기억의 목적은 조정 즉, 예측이 추가된 출력을 위한 것이라고 생각할 수 있다. 로돌포 이나스Rodolfo Llinas는 『꿈꾸는 기계의 진화』에서 "뇌란 변화하는 환경에서 미래를 예측하기 위해 존재하는 기관이다"라고 말한다. 사람의 뇌는 과거에 벌어진 일들에 대해서 100% 다 기억하여 저장하지 않는다. 특징적인 것들이나 개념적으로 이해하면서도 다 기억하고 있는 것처럼 기억을 꺼낼 때 조합해서 내어 준다. 그리고 이러한 기억의 조합은 과거에 실제 벌어진 일만 가지고 조합하는 것이 아니라 현재의 현상에 영향받은 일종의 조작된 과거를 꺼내어 보여준다. 그래서 기억의 조작은 생각보다 쉬우며, 기억의 진위는 검증하기 힘든 것이다.

● **우리는 예측을 통한 채워 넣기 덕분에 세상을 동영상으로 볼 수 있다**

뇌의 예측을 통한 채워 넣기 기능은 동영상 보기에도 적용된다. 1981년, 독일의 요제프 칠 교수는 특별한 환자를 소개받는다. 기젤라 라이볼트라는 여성 환자는 뇌졸중을 겪은 후 시각의 다른 기능은 멀쩡한 반면, 움직임을 감지하지 못하게 되었다. 움직이는 차의 모습이 뚝뚝 끊어지는 스냅사진처럼 보이게 된 것이다. 이것은 마치 점멸하는 나이트 불빛에서 사람들이 춤추는 장면을 보는 것처럼 세상이 뚝뚝 끊어져 보이는 증상이다. 결국 그녀는 광장공포증을 겪게 되었다. 길을 건널 때조차 차가 얼마나 빠르게 접근하는지 전혀 파악되지 않았고, 주전자로 물을 따르면 물이 얼어붙은 고드름처럼 멈춰 보였다. 그래서 언제 물 따르기를 멈춰야 할지 예측이 힘들어 물이 넘치기 일쑤였다.

그런데 사실은 이렇게 위태로워 보이는 그녀의 시각이 좀 더 정직한 것이며 반대로 우리의 시각이 조작에 가깝다. 모든 신경 전달은 펄스로 끊어져 전달된다. 즉 스냅사진처럼 한 장 한 장 뚝뚝 끊어서 뇌로 전달되지 연속적으로 전달되지는 않는다. 뇌가 그 중간을 '채워 넣기(fill-in)' 때

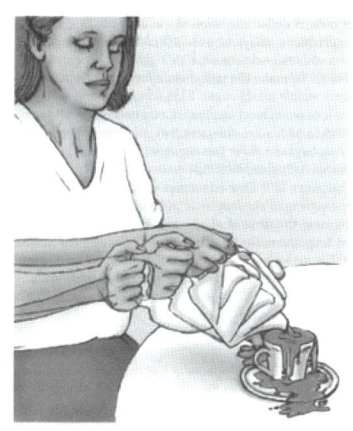

아키네톱시아(Akinetopsia: 물체와 색은 보지만 움직임을 보지 못하는 장애)

문에 동영상처럼 볼 수 있는 것이다.

　이 채워 넣기 장치가 고장 나면 움직임이 사라지고 동작은 스냅사진처럼 뚝뚝 끊어진다. 그래서 극장에 앉아 영화를 보려 해도 제대로 즐길 수 없게 된다. 영화는 스냅사진의 연속이기 때문이다. 어쩌면 우리의 예측능력 끝판왕은 이 동영상 채워 넣기 기능일지도 모른다. 우리는 무심코 세상을 본다고 생각하지만, 배경과 동물같이 움직임이 있는 것을 분리하고, 이동 상태를 끊임없이 예측하고 채워 넣는다. 그래서 세상이 물 흐르듯 보인다.

　이런 예측이 없으면 움직이는 물체의 위치가 획획 변하여 불쑥불쑥 다가오는 것처럼 인식된다. 우리가 일상적으로 보는 것처럼 연속된 동영상으로 보려면 물체의 자동 추적(예측)시스템이 완전히 작동해야 한다.

말의 연속 동작, 에드워드 마이브리지(Eadweard Muybridge, 1878)

이 시스템이 고장 나면 불쑥 나타나는 사람들과 갑자기 다가오는 자동차에 공포를 느껴 광장에 나가기 무서워질 것이다. 그런데 놀라운 것은 정상인도 경두개자기자극기로 측두 영역을 자극하면 나머지 시각 기능은 멀쩡한데 움직임을 파악하는 채워 넣기 기능이 사라진다고 한다.

● 맛도 예측하고 채워 넣는다

맛에서도 이런 예측은 무한대로 적용된다. 예를 들어 멘톤(Menthone)이라는 향기 성분이 들어간 껌을 씹기 시작하면 2분 정도 지나면서 설탕의 농도가 떨어지기 시작한다. 이때 실제 향(멘톤)의 양은 그대로 유지되지만, 씹는 사람은 향이 급격히 약해졌다고 느낀다. 설탕이 양이 많고 맛에 더 주도적인 역할을 하기 때문에 설탕이 줄어들면 향도 줄어들었을 것이라 뇌가 예측하고 한동안 그렇게 지각하는 것이다. 따라서 변화를 느끼는 강도가 향보다는 설탕의 농도에 더 많은 영향을 받는다. 껌의 향기가 오래 지속하기 위해서는 향의 지속성을 높이는 것보다 감미의 지속성 높이는 것이 훨씬 효과적이라는 사실이 밝혀지기도 했다.

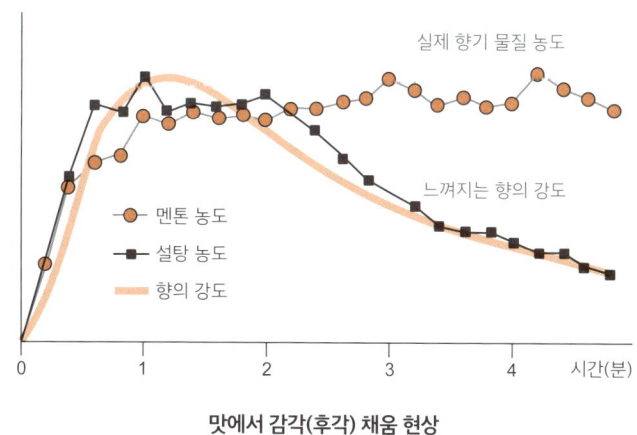

맛에서 감각(후각) 채움 현상

비슷한 목적의 다른 실험도 있다. 감미료+향+산을 혼합한 배합물의 실험에서 처음에는 향, 감미료, 산미료 모두를 혼합한 상태로 시료를 맛보게 하다가 어느 순간 향을 줄여도 사람들은 잘 모른다. 맛의 주인공인 단맛과 신맛이 유지되니 향도 있으리라 예측하기 때문에 감미료와 산을 계속 공급하면서 향만 차단하는 경우, 일정 기간 향이 없어진 것을 알아차리지 못하는 것이다. 그런데 향이 존재하는 상태에서 산미료를 제거하면 향이 40% 이상 약해졌다고 느끼고, 당까지 제거하면 향이 거의 없다고 느낀다. 물론 시간이 충분히 지나면 변화를 감지하지만, 예측하는 뇌가 적당히 채워 넣고 감각하기에 한동안 그것을 알지 못한다.

옛날에는 조청이나 꿀과 같이 단것은 아주 귀했고, 여기에 떡을 찍어 먹는 것은 나름 호사였다. 이는 단맛을 더 오랫동안 즐길 수 있는 효과적인 방법이었다. 떡에 꿀을 찍어서 먹으면 단맛과 떡을 동시에 먹게 된다. 씹다 보면 꿀은 금세 사라지고 떡만 남는데, 뇌는 상당 시간 꿀도 같이 먹고 있다고 착각하게 된다. 적은 양으로 좀 더 오랫동안 만족을 유지하는 방법인 셈이다. 숙성된 생선회를 글루탐산이 풍부한 간장에 찍어 먹으면 감칠맛이 폭발하는 것도 같은 이유이다. 소스에 찍어 먹으면 처음에 느낀 강력한 풍미가 한동안 유지된다.

● 예측의 불일치가 놀람을 가져온다

모든 감각에는 예측이 동시에 존재하지만 항상 맞는 것은 아니다. 그리고 이때 놀람이 발생한다. 뇌는 감각이 도착하기 전에 예측을 하고, 그것과 실제 들어온 정보(감각)를 비교하는 방식으로 작동한다. 예를 들어 계단을 내려갈 때 보통은 무심코 내려간다고 생각한다. 그런데 만약 계단이 계속될 줄 알았는데 갑자기 계단이 없으면 발을 헛디디면서 깜짝 놀라게 된다. 이런 놀람은 예측으로 인해 발생한다.

우리는 그냥 걷는다고 생각하지만, 이때도 뇌는 운동에 필요한 신호를 만드는 동시에 발에서 전달되어올 예상 감각치를 미리 만든다. 뇌의 운동피질에 신호가 나가는 것과 동시에 감각피질에 이 예측치가 전달되는 것이다. 따라서 감각 피질은 뇌의 예측치와 발에서 들어온 감각치를 둘 다 가지게 된다. 예상과 실제 감각치가 일치하면 우리는 전혀 의식하지 않은 채 계속 진행하고, 예상치와 전혀 다른 감각이 입력되면 우리는 깜짝 놀라고 주목하게 된다. 필요한 것만 주목하는 매우 효율적인 시스템이라 할 수 있다.

우리 주변은 온갖 자극이 넘친다. 수많은 자극으로부터 우리가 평온을 유지하고 집중력을 가질 수 있는 까닭은 이러한 뇌 회로의 생물학적 시스템 기반에 근거했기 때문이지 저절로 이루어진 것이 아니다. 모든 감각에는 뇌의 예측이 있다.

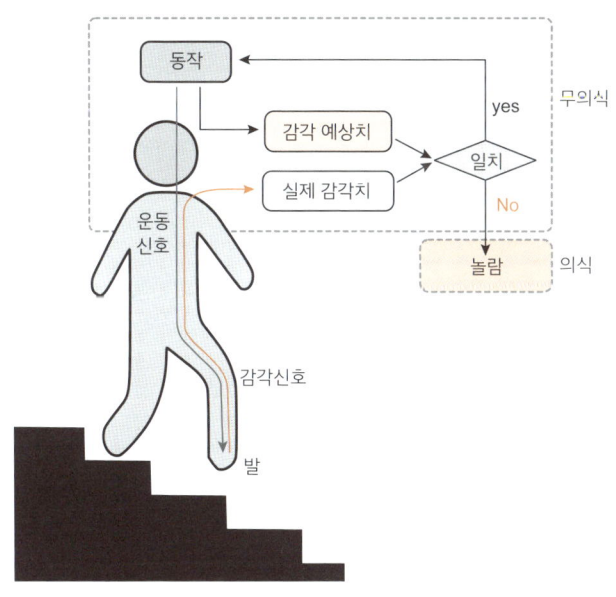

운동, 예측, 감각, 비교

2. 예측을 위해서는 패턴을 알아야 한다

● 뇌는 패턴으로 기억하고 불변 표상, 이데아를 추구한다

인간은 패턴 찾기에 정말 능하다. 그래서 병아리 감별이나 위폐 감별에서 기계가 쉽게 따라오지 못하는 능력을 보여주기도 한다. 병아리 암수 감별의 키포인트는 항문 쪽에 있는 생식 돌기다. 그런데 새의 97%는 외부 생식기가 없는 상태이고, 더구나 갓 태어난 병아리는 그 구분이 거의 불가능하다. 그럼에도 프로 감별사의 성공률은 99% 정도라고 한다. 기계로는 힘든 병아리 감별을 인간이 할 수 있는 것은 패턴화 능력이 뇌의 궁극적 기능의 하나이기 때문이다.

패턴화 능력은 유사한 특징을 그룹화하거나 분리하는 능력이다. 생존에 가장 중요한 행위가 먹이를 찾고, 사나운 맹수의 위장을 빨리 눈치채는 것이다. 숲에 숨은 사자의 신체 일부를 보고 재빨리 사자를 유추해낼 수 있어야 한다. 이런 패턴 찾기 능력 덕분에 기억의 저장도 효율적으로 할 수 있다. 우리 뇌는 컴퓨터의 압축파일처럼 정보를 압축하여 용량을 줄이는 방법도 사용한다. 아래 그림처럼 나무는 고정되어 있고 사람만

동영상의 압축

움직이면 나무와 사람의 움직임 중 변화하는 부분만 저장하는 식이다. 우리 뇌는 전체를 통째로 보지 않고, 패턴을 찾아 차이로 의미를 읽고 스토리로 내용을 저장한다.

우리는 한 가지 물건이라도 정확히 똑같이 보는 경우가 드물다. 동일한 책상 위의 스탬프라도 약간만 돌리거나 놓는 위치만 달라져도, 책상에 앉은 자세가 다르거나 조명만 달라도 모두 다른 모습이다. 하지만 우리는 아주 자연스럽게 똑같다고 느낀다. 그 물건에 대한 패턴을 이해하고 불변 표상을 가지고 있기 때문이다.

노래를 부를 때도 사람마다 음색이 다르고 음높이가 다르다. 악기도 모두 다른 소리를 내지만 우리는 동일한 노래인지 아닌지 즉각 알아챈다. 후각도 마찬가지다. 뇌는 절대치가 아니라 패턴으로 판단한다.

모양 항등성, 문이 열리면 문의 모양은 변하지만 우리는 계속 문으로 지각한다

● 패턴 찾기는 학습 자체이기도 하다

장 피아제Jean Piaget는 아동의 사고는 동화(Assimilation)와 조절(Accommodation)의 두 가지 과정을 통해 발전한다고 말한다. 예를 들어 한 아이가 엄마와 길을 가다가 자전거를 보고 "엄마, 저게 뭐야?"라고 묻고, 엄마가 "저건 자전거란다." 하고 대답해주면 아이는 '바퀴가 두 개이고, 그 위에 사람이 타고 가는 것은 자전거!'라고 생각하게 된다. 자전거라는 패턴이 형성된 것이다. 다음날, 아이가 오토바이가 지나가는 것을 보고 "야! 자전거다"라고 말하면 그것이 바로 동화이다. 자신이 가지고 있는 자전거라는 패턴으로 오토바이를 받아들인 것이다.

그런데 엄마가 "저건 자전거가 아니라 오토바이란다"라고 말하면 아이는 혼동이 일기 시작한다. '분명 바퀴가 두 개이고, 그 위에 사람이 타고 있는데 왜 자전거가 아니지?' 아이는 어제 본 자전거와 오토바이를 비교하고 차이점을 찾기 시작한다. 그리고 아이는 '아~! 바퀴가 두 개인데 사람이 페달을 밟으면 자전거고, 혼자서 쌩쌩 달려가면 오토바이구나'라고 패턴을 추가한다. 이것이 조절된 학습이다. 여기서 또 다른 패턴을 만나면 아이는 다시 고민하고 개념을 세워나간다. 결국 패턴의 발견과 정리가 학습인 셈이다.

그래서 부분에 집착하지 않고 전체적인 흐름 즉, 패턴을 잘 보는 사람을 천재라고 하는 경우가 많다. 보통은 눈앞에 보이는 나무에 집착하다 숲을 보지 못하는 경우가 많은데, 천재들은 전혀 무관해 보이는 것들 사이에도 다양한 조합을 통해 패턴을 찾아낸다. 한 분야에 대가를 이룬 사람들은 복잡한 사안을 몇 가지 단순한 패턴으로 이해한다. 어떤 틀에 박힌 사고방식이 아니라 문제에서 해결의 실마리가 될 어떤 패턴을 찾는 것이다. 복잡한 현상 속에서 어떤 '의미를 가진 구조'를 찾는 것이 패턴적 사고이다. 세상에 아무리 복잡한 현상도 결국은 여러 패턴의 반복에 불과하기 때문이다. 예측을 잘할 수 있는 것은 익숙함이고, 익숙함은 편안함이다. 그래서 전문가는 그 일을 아주 쉽게 하는 것처럼 보이게 된다.

● **자연스러운 패턴을 좋아한다**

인간은 패턴을 잘 찾고 이를 바탕으로 많은 것을 판단하기에 작위적인 우연을 싫어한다. 아래 그림에서 두 개의 산 한가운데 우연히 나무가 있는 상황은 자연에 드문 부자연스러운 상황이기에 A처럼 약간 치우친 그림이 선호된다. 그리고 오른쪽 그림에서는 사각형 2개가 앞뒤로 배치된 것으로 생각하지 B와 같이 사각과 귀퉁이가 없는 사각 2개가 우연히 만난 그림이라고 생각하지 않는다. 그것은 마치 건물 뒤에 B처럼 기이한 건물이 있다고 하는 것과 마찬가지다. 우리는 이처럼 자연스러운 것을 좋아하지 억지로 만들어진 듯한 우연의 일치를 좋아하지 않는다.

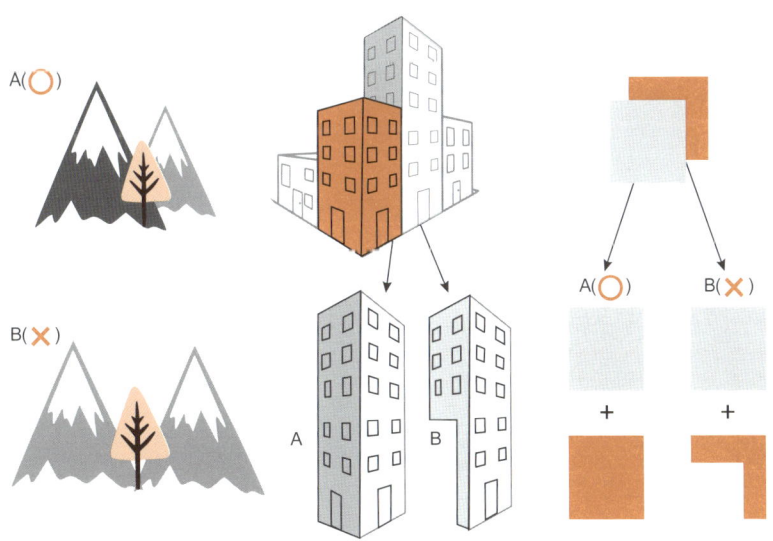

우연의 혐오, 자연스러움의 의미(A: 자연스러움, B: 억지스러움)

자연에는 생존을 위한 속임수도 많다. 보호색이나 의태같이 자신을 보호하기 위한 것도 있지만, 먹잇감을 속이고 유혹하기 위한 것도 있다. 그런 가짜를 구분하는 능력은 생존에 매우 중요한 것이기에 우리는 속임수에 민감하다. 이런 속임수를 파악하는 가장 기본이 패턴을 통해 맥락을 살펴보는 것이다. 패턴과 맥락은 맛의 판단에도 대단히 중요한데, 아무리 좋은 향도 어울리지 않게 지나치게 많으면 이취이고, 맥락에 맞지 않아도 이취이다. 그래서 자연스러움을 좋아하고, 억지스러운 우연을 싫어한다.

● **단순화, 은유를 좋아한다**

동일한 패턴을 찾는 능력이야말로 인간의 가장 뛰어난 능력이자 거의 본질에 가까운 특성이다. 그 덕에 우리는 나무를 보자마자 나무라고 판단할 수 있으며, 사람을 보자마자 어떤 옷을 입든, 어떤 자세를 취하든 바로 사람으로 판단한다. 심지어 창의력의 발산이라는 예술마저 패턴이 있다. 음악도 패턴에 맞지 않으면 소음이고, 인간이 좋아하는 패턴에 부응해야 호응을 받는다. 그리고 패턴으로 단순화시킨 아이콘, 캐리커처 등이 더 쉽고 호소력이 있다.

정보를 압축하기 위해서는 제각각인 사물이나 사건 사이에서 공통점을 발견해야 한다. 이것을 은유라고 하며, 잘 만들어진 은유는 소량의 에너지로도 직감적으로 알고, 그것에서 쾌감을 느낀다. 시가 오랫동안 사랑을 받은 이유이기도 하다.

단순화한 고양이

3. 짐작(예측)하고 본다

본인은 이런 패턴 찾기와 예측을 별로 하지 않는다고 생각하는 사람도 분명 있을 것이다. 하지만 다음에 나오는 글을 읽어보자.

캠릿브지 대학의 연결구과에 따르면, 한 단어 안에서 글자가 어떤 순서로 배되열어 있는가 하것는은 중하요지 않고, 첫째번와 마지막 글자가 올바른 위치에 있것는이 중하요다고 한다. 나머지 글들자은 완전히 엉진망창의 순서로 되어 있지 을라도 당신은 아무 문없제이 이것을 읽을 수 있다. 왜냐하면 인간의 두뇌는 모든 글자를 하나하나 읽것는이 아니라 단어 하나를 전체로 인하식기 때이문다.

$$\begin{matrix} & A & \\ 12 & 13 & 14 \\ & C & \end{matrix}$$

보통 사람은 그냥 자연스럽게 글이 읽힐 것이다. 짐작하여 읽기 때문이다. 그런데 실독증 환자는 멀쩡한 글도 이상하게 보게 된다. 보통사람은 '엉진망창'을 '엉망진창'으로 읽지만, 실독증 환자는 '엉망진창'이 '엉창진망'이나 '엉진창망'으로 마구 변화되어 읽히는 것이다. 시각은 말짱한데 눈에 들어온 글자가 올바른 순서로 머무르지 않고 머릿속에서 제멋대로 배치되어 뇌에서 의미를 불러오지 못하므로 글자를 보기는 하지만 의미를 알 수 없다. "우리는 어떻게 순서가 엉망인 글도 아무런 문제 없이 읽을 수 있을까?"라는 의문은 "실독증 환자가 왜 시력은 멀쩡한데 글을 읽지 못할까?"와 같은 질문의 정확히 반대 측면이다. 우리의 눈은 보이는 대로 보는 것이 아니라 예측하는 대로 즉, 보고 싶은 대로 본다.

● 가리면 더 열심히 짐작한다

아래 첫 번째 그림은 누구나 흩어진 조각이라고 생각하고 관심을 가지지 않을 것이다. 그런데 두 번째 그림처럼 일부를 가리면 오히려 관심을 가지게 된다. 심지어 가려지면 그 내용이 더 잘 보이기도 한다. 가리면 보이지 않은 부분을 짐작하고 채워 넣는 기능이 잘 작동하기 때문이다.

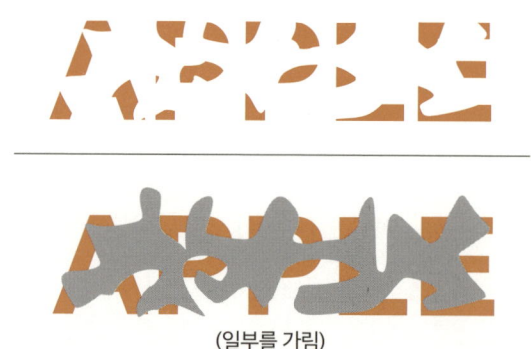

(일부를 가림)

길바닥에 호랑이 꼬리가 떨어져 있어도 그것은 직접적인 위협으로 다가오지 않으니 큰 관심을 보이지 않을 것이다. 그런데 바위 뒤에 꼬리만 보일 때는 상황이 완전히 달라진다. 호랑이 꼬리를 고양이 꼬리로 잘못 봤다가는 생명이 위험해지기 때문이다.

뇌는 잠시도 가만히 있지 않는다. 아무리 멈추라고 해도 말을 듣지 않고 각 모듈별로 묵묵히 해야 할 일을 한다. 각자 합리적인 해석을 찾아 맹점을 채움하듯 정보가 없는 것을 채워나간다. 바위 뒤에 호랑이가 숨어 있다고 짐작되면 즉시 무조건 도망가야 한다. 부족한 정보라 확실치 않다고 행동을 미루면 위험하다. 위험에서 벗어나려면 상황에 맞는 감정이 발생해야 하고, 감정(Emotion)이 행동(Motion)을 유도해야 한다.

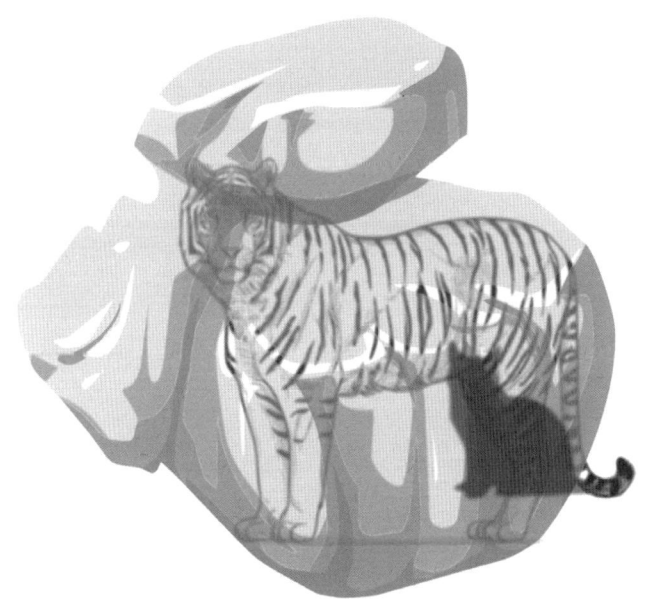

우리 뇌가 짐작하고 감정을 일으키는 기능은 실로 막강하다. 사람에게 몇 개의 전구를 붙이고 불을 끈 채 움직이게 해도 그것이 사람의 움직임인지 아닌지를 구분한다. 그뿐 아니라 점의 움직임만으로 남자와 여자를 구분하고, 기분 좋게 걷는지, 우울하게 걷는지도 구분할 수 있다. 점의 움직임에서 감정까지 느낄 정도로 우리의 짐작하는 능력은 막강하다.

우리는 감각과 지각이 따로 있다고 생각하지만 의외로 그 간격은 좁다. 차이가 없다고 생각하는 것이 오히려 정확하다. 시각은 원래 장면과 장면이 스냅사진처럼 끊겨서 전송되는데, 우리가 현실을 끊김이 없는 동영상처럼 볼 수 있는 것은 그 사이를 예측(지각)을 통해 미리 채워 넣기 때문이다. 지각과 감각이 동시에 일치되게 일어나는 것이다. 감각과 지각 중에 어떤 것이 먼저 일어나는지는 닭이 먼저인지 달걀이 먼저인지와 같은 질문이라 굳이 그 순서를 따질 필요는 없다. 서로가 서로에게 의지하는 작용이기 때문이다.

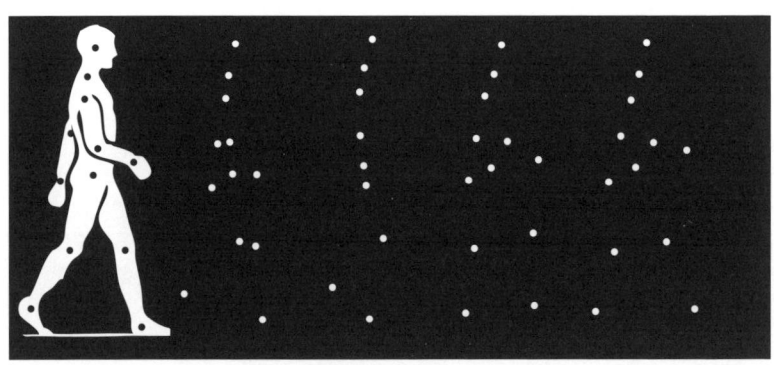

점의 움직임에서 감정까지 느낄 수 있다

뇌에 대한 착각: 자유의지?
뇌에 주인은 없다. 무의식이 핵심

4
Flavor Perception

1. 뇌는 세포와 모듈 단위로 협업한다

● 시각은 지각으로 시작된다

시각에 대한 기념비적인 발견은 1959년 '고양이 시각피질(Visual cortex)' 연구를 통해 이루어졌다. 데이비드 휴벨David Hubel과 토르스텐 비셀Torsten Wiesel은 고양이 뇌의 시각피질에 전극을 꽂은 상태에서 자극을 주면서 신호를 확인했다. 하지만 실험은 전혀 순조롭지 않았다. 몇 주간 온갖 것을 비춰도 아무런 신호가 들어오지 않은 것이다. 그러던 중 기적이 찾아왔다. 아무 생각 없이 슬라이드를 바꾸던 중 슬라이드가 삐딱하게 영사기에 들어갔고, 그 순간 신경세포 하나가 타-타-타-타 하면서 기관총처럼 신호를 발사한 것이다. 그리고 한 시간 동안 필사적으로 이것저것을 만져 본 두 사람은 결국 무슨 일이 일어났는지 알아냈다. 슬라이드 테두리가 만들어낸 10도 정도 기울어진 직선이 그 시신경 세포를 자극한 것이었다. 원래 그들은 1차 신경영역에서 시각이 시작되기 때문에 바늘을 꽂고 이것저것 비추다 보면 쉽게 신호를 얻을 것이라 생각했지만, 대부분의 시각적 변화에는 전혀 반응하지 않고 아주 특정한 자극에만 반응했다. 그래서 신호를 얻기가 그렇게 힘들었던 것이다. 이 의미만 깊이 생각해봐도 V1이 이미 지각의 일종이라는 사실을 알 수 있다.

그리고 그들은 이어지는 20년의 연구를 통해 앞선 200년의 모든 시각에 대한 연구보다 풍부한 과학적 발전을 이루었다. 선이 특정 영역에 있을 때 반응을 하는 신경세포나 선의 각도에 따라 반응하는 신경세포, 선이 특정 방향으로 움직일 때 반응을 하는 신경세포 등을 발견한 것이다. 움직임을 감지하는 세포는 단순히 선을 감지하는 세포보다 그 숫자가 압도적으로 많다. 그래서 우리는 그렇게 움직임에 민감한 것이다.

그들의 연구를 통해 우리의 뇌는 사물을 통째로 보지 못하고 시작 단계부터 분해해서 본다는 사실이 구체적으로 확인되었다. 그리고 물체의 색과 선, 움직임이 서로 다른 영역에서 처리된다는 것도 알게 되었다. 그들이 정밀한 시각피질의 지도를 만들었을 때 신경세포들이 굉장히 정밀하게 배열되어 있었을 뿐만 아니라 비슷한 기능을 가진 뉴런들끼리 세로로 배열되어 있다는 사실도 발견했다.

그들은 고양이 출생 후 3~8주 되는 시기가 뇌/시각에 결정적일 때라

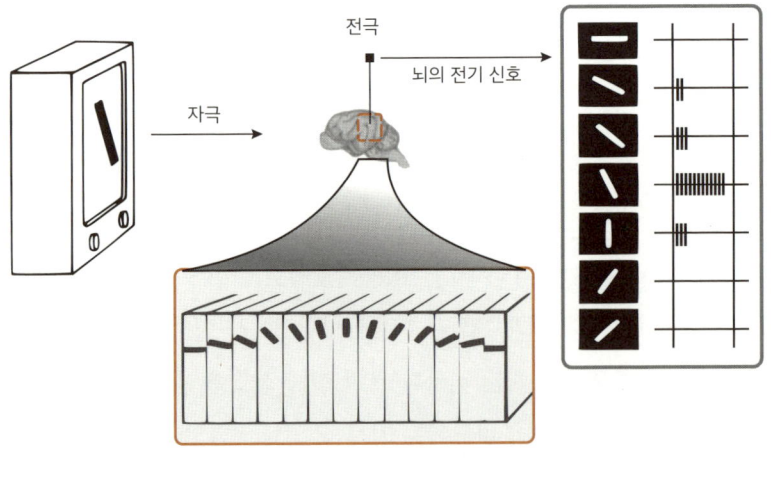

고양이의 시각 연구

는 것도 알아냈다. 새끼 고양이의 한쪽 눈꺼풀을 꿰매고 눈에 아무런 시각적 자극도 들어가지 못하게 한 뒤 임계기가 지나자 꿰맨 눈을 풀어줬지만 영원히 앞을 보지 못한 것이다.

그 와중에 가소성에 관한 예기치 않은 발견을 하나 더 하게 되었다. 박탈한 고양이의 한쪽 눈 시력을 담당하는 뇌 부분이 그냥 놀지 않고, 필사적으로 재배선할 방법을 찾아 열린 눈에서 오는 시각입력을 처리하기 시작한 것이다. 이것은 뇌 회로를 변경시킬 수 있는 가소성을 보여준 최초의 결과물이다. 그들은 시각에 대한 연구 공로로 1981년 노벨상을 받았다.

● 뇌에 주인은 없다

뇌는 신경세포의 네트워크일 뿐, 우리 뇌 안에 주인(지휘자)은 따로 있지 않다. 뇌의 한가운데 앉아 뇌 속에서 일어나는 모든 일을 관찰하고 통제하는 '난쟁이(Homunculus)' 같은 의식기관은 없는 것이다. 과거에는 감각 입력이 모이고 통합되고 상영되는 내적 자아의 공간이 있다고 믿어왔다. 하지만 실제로는 뇌에 그런 장소가 없으며, 의식은 뇌의 정보가 다양한 메커니즘을 통해 분산적으로 처리되고, 연속적으로 생성·편집되는 이야기들의 흐름 같은 것일 뿐이다. 각각의 모듈은 독립적으로 처리하고 결과만 공유한다. 그리고 고집이 정말 세고, 의식의 통제를 받지 않는다.

그런데도 우리는 보통 자신을 '단일한 의식을 가진 행위자'라고 느낀다. 데닛의 설명에 따르면, 그런 착각에 빠지는 이유는 뇌에서 수많은 원고(또는 이야기)가 병렬적으로 처리되고, 그 과정에서 하나의 이야기만 채택되기 때문이다. 미국 드라마 제작은 한 편의 에피소드를 위해 여러 명의 작가가 각자의 스토리로 경쟁하고 경합을 통해 최고의 스토리가 선정되면 나머지 모든 작가가 합류해 세련되게 다듬는다고 한다. 우리의 뇌도 무수한 선택이 가능하지만, 기억이 만든 뇌의 회로에서 가장 자연스러운 흐름대로 워낙 순식간에 적절한 인과관계로 매끈하게 이어지므로 우리는 마치 단일한 의식 즉, 내부에 모든 것을 관찰하고 통제하는 작은 난쟁이가 있는 것처럼 행동할 수 있는 것이다. 결국 우리는 자유롭게 생각한다고 착각하지만, 경험이 만들어 놓은 수많은 시냅스 경로 가운데 순식간에 한 가지가 선택되는 것에 불과하다.

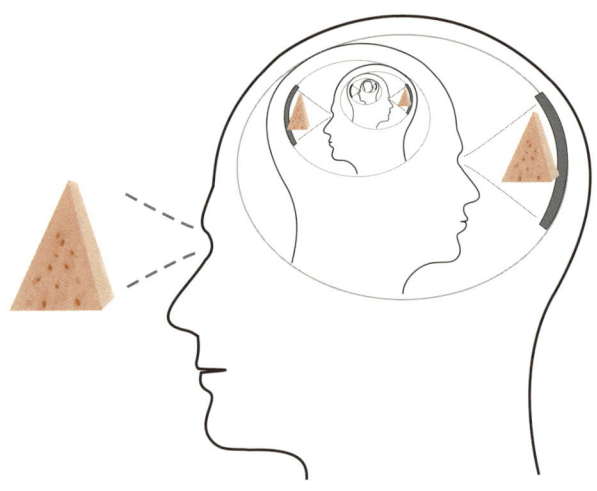

● **얼굴 착시는 왜 그렇게 흔할까?**

우리는 사람 얼굴과 아무런 관련이 없는 사물에서 사람 얼굴을 발견한다. 심지어 그것의 기분까지 느낀다. 이런 현상은 뇌가 모듈로 작동하고, 우리의 뇌 안에 얼굴을 인식하는 전용 부위가 따로 있다는 것을 알면 이해할 수 있다.

- **안면인식 모듈**: '방추상얼굴영역(FFA: Fusiform face area)'은 얼굴 부위를 볼 때 반응하는 뇌의 영역이다. 실제 얼굴에 반응하고 흐릿한 경우(얼굴이 존재할 것이라는 암시)에도 반응하지만, 얼굴 부위를 가리면 반응하지 않는다. 물론 얼굴을 제외한 나머지 신체에 반응하는 부위도 있다. 몸 전체에 반응하는 부위만 있으면 될 것 같은데도 굳이 안면인식 부위가 따로 있는 것을 보면, 뇌가 유난히 얼굴 인식에 많이 투자한다는 것을 알 수 있다. 얼굴에는 다른 부위보다 감각 수용체가 많고 미세한 근육의 종류도 많다. 그래서 다른 부위보다 아주 세밀하게 움직여 얼굴 표정으로 많은 정보를 소통할 수 있다.

얼굴 착시의 예

- **공간인식 모듈**: '해마주변위치영역(PPA: Para-hippocampal place area)'은 건물의 배치도나 풍경 자극 같은 공간 정보에 선택적으로 반응하는 부위이다. 결국 우리는 공간을 따로 인식하고, 그 공간에서 사람을 따로 인식하며, 사람에서는 얼굴을 따로 인식하는 셈이다. 공간의 크기와 무관하게 우리는 원하는 정보량에 비례하여 뇌의 영역을 할당한다.

우리 뇌에 장소를 보는 뇌, 사물을 보는 뇌, 신체를 보는 뇌, 얼굴을 보는 뇌의 모듈이 따로따로 있다는 것은 언뜻 이해하기 힘들지만, 얼굴 전용 모듈이 있다는 사실은 왜 얼굴 착시가 많고, 외모 중에서 얼굴을 중시하며, 얼굴에 시각이 가장 오래 머무는지를 설명해준다.

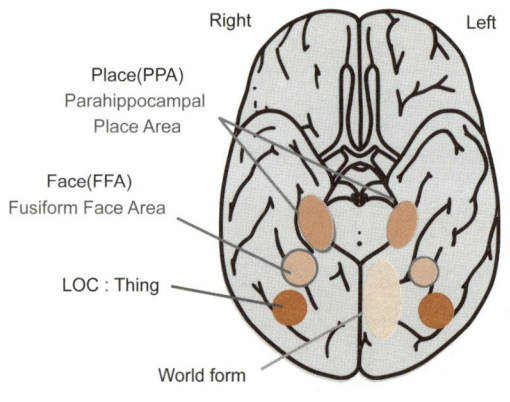

뇌의 특정 기능 영역

● **모듈이 망가지면 부분적인 기능이 망가진다**

뇌에는 30여 개 이상의 시각 처리용 모듈이 있다. 이런 모듈성을 가장 먼저 알려준 것은 좀 특별한 환자들이다. 환자 중에는 여러 가지 이유로 시각 모듈의 일부가 고장 난 경우가 있고, 그러면 일반인이 전혀 상상하기 힘든 체험을 하게 된다. 예를 들어 색상 인식 모듈인 V4 영역에 문제가 생기면 세상에 색이 사라지고 흑백만 남게 된다. 다른 모든 부위가 멀쩡하여 글을 읽고 움직임을 볼 수 있어도 V4가 손상되면 세상은 순식간에 흑백 TV가 되는 셈이다. 정상적인 사람도 뇌에 전기 자극을 가해 이곳을 마비시키기만 하면 일시적으로 그런 현상이 일어난다. 그런데 좀 더 정확하게 말하면, 이 부위는 색을 인식하는 부위라기보다는 색을 칠하는 부위라고 해야 한다. 원래 자연에는 색이 없고 뇌가 만들어낸 것이기 때문이다.

운동영역인 V5가 손상되면 세상이 정지 화면, 그러니까 점멸하는 나이트 조명에서 움직이는 것처럼 보이게 된다. 움직임은 툭툭 끊어지고, 물을 따를 때는 스틸사진으로 보이니 멈출 때를 놓치기 쉽고, 외출하면 사람들의 움직임을 예측하지 못하므로 갑자기 불쑥불쑥 나타나는 사람과 자동차에 공포를 느끼게 된다. 이처럼 시각뿐 아니라 뇌의 많은 기능이 뇌 일부가 망가진 환자를 통해 밝혀졌다. 결론적으로 뇌는 모듈별로 작동하고 결과만 공유한다.

● **모듈: 과정은 비밀로, 결과만 공유한다**

무조건 반사, 조건 반사, 의식, 무의식 등 여러 용어 중에서 무의식이 등장하면 사람들은 꼭 신비로움을 추가하려 한다. 그런데 정작 무의식은 별 게 아니다. 우리 뇌의 기능은 의식적으로 처리되는 부분보다 무의식적으로 처리되는 것이 훨씬 많다. 자율신경이 그렇고, 고유 감각도 그렇고, 여러 인지기능도 그렇다. 얼굴의 인식, 색의 창조, 입체의 창조 등이 뇌에서 일어나지만, 그것이 구체적으로 어떻게 일어나는지 우리는 전혀 인지하지 못한다. 엄마의 얼굴은 어떤 각도에서도 어떤 나이에도 어떤 조명에서도 알아보지만 어떻게 알아보는지 모른다.

뇌의 정보 전달과정을 보면, 얼굴을 인식하는 모듈에 시각의 정보가 들어가고 처리된 결과가 출력되지만, 구체적으로 어떻게 얼굴을 인식하는지 과정에 대한 접근이 허락되지 않았다. 그리고 엄마라는 시각적 정보가 만들어지면 엄마라는 감정이 저절로 따라붙는다. 그런데 우리는 감정이 달라붙는 과정은커녕 감정이 붙었다는 사실조차 모른다. 어떤 장애로 감정의 연결이 망가지면 그때야 기겁을 한다. 그래서 엄마를 보고도 배경이 되는 감정이 생기지 않으면 엄마가 아니라 얼굴이 닮은 사기꾼이라고 해석해야 겨우 마음이 편안해지는 현상이 발생한다. 이처럼 우리 뇌는 굳이 인지할 필요가 없으면 좀비 모드처럼 전혀 인지하지 않고 처리하여 인지할 부분에만 선택과 집중을 하게 한다. 그 또한 뇌의 효율화 수단이다.

● 실인증(얼굴맹, 안면인식장애), 아내를 모자로 착각한 남자

올리버 색스의 『아내를 모자로 착각한 남자』에는 시각은 멀쩡한데 사람의 얼굴을 몰라보는 장애를 가진 남자가 등장한다. 그는 매일 보는 아내를 알아보지 못해 머리에 특별한 머리핀을 꽂게 하고, 그 머리핀을 보고 아내임을 인식한다. 도대체 왜 머리핀 모양은 알아채는데 아내 얼굴은 알아채지 못한단 말인가?

사물 인식 모듈이 멀쩡해도 안면인식 부위(FFA)가 손상이 되면 사람을 알아보지 못하는 실인증에 걸린다. 우리나라 사람이 서양 사람을 처음 봤을 때 얼굴이 모두 똑같아 보였다고 한다. 서양 사람들이 동양 사람의 얼굴을 잘 구별하지 못하는 것처럼 말이다. 사실 인류는 단 한 종인데 얼굴을 구분하고, 무당벌레는 무려 30만 종인데 모든 무당벌레를 똑같다고 생각한다. 참 이상한 현상이다.

얼굴은 인체에서 특별한 부위이다. 사소한 표정의 변화로 감정을 읽고, 사람의 시선을 가장 많이 끄는 부위이다. 그래서 얼굴 성형수술이 가장 많기도 하다. 하지만 얼굴은 생각보다 훨씬 공통적이라 안면인식 부위(FFA)라는 특별한 모듈이 있어야 식별이 가능하지 사물을 인식하는 일반 모듈로는 '눈이 2개, 코가 1개인 아주 정상적인 얼굴입니다', '얼굴이 큰 편이고 눈도 큰 편입니다.' 정도의 구분만 가능하다.

뇌에는 동물을 인식하는 기능도 따로 있다고 한다. 그래서 이 부위가 망가지면 동물을 보고도 동물인지 모르고 그저 물건 정도로 본다. 얼굴인식 기능이 멀쩡하고 사물을 인식하는 기능이 망가지면 사람의 얼굴은 귀신같이 잘 알아보는데, 얼굴의 특정 부위만 따로 보여주면 그것이 눈인지, 코인지 전혀 알아채지 못한다고 한다. 이처럼 뇌가 세상을 보는 방법은 우리의 상식과는 많이 다르다.

● 글자는 읽어도 글의 의미는 읽지 못하는 실독증

"난 여전히 글을 쓸 수 있어. 하지만 읽을 수는 없다네. 책을 쓸 수 있지만 퇴고는 못 하지." 시각은 멀쩡한데 글만 읽을 수 없다니 쉽게 납득하기 힘든 말이다. 이는 『책, 못 읽는 남자』를 쓴 하워드 엥겔Howard Engel의 이야기이다. 그는 어느 날 아침, 신문을 읽으려다 갑자기 단 한 글자도 읽을 수 없다는 것을 깨닫는다. 하늘은 푸르고 태양도 밝게 빛났으며 세상은 멀쩡한데 책을 읽기 위해 고개만 처박으면 파탄이 났다.

이런 실독증은 19세기 후반 신경학자들에 의해 발견된 이후 줄곧 관심을 끌었다. 보통은 쓸 줄 알면 읽을 줄 안다. 그런데 글을 쓸 수는 있으나 그 글을 전혀 읽을 수 없다고 하면 그것은 우리의 직관과 크게 어긋나는 것이라 이해하기 힘들다. 하워드 엥겔은 글자 자체는 완벽하게 잘 볼 수 있었다. 단지 글자를 특별한 문양 보듯이 하여 머릿속에 존재하는 언어(단어)와 매치시키지 못한 것이다. 따라서 실독증은 보기 능력이나 지능, 다른 부위의 뇌 손상과는 관계없이 찾아오는 현상이다.

성인에게 어느 날 갑자기 찾아오는 실독증도 문제지만, 태어날 때부터 생긴 실독증은 더 큰 문제다. 색맹을 검사하기 전에는 자신이 색맹인지 모르는 것처럼 실독증도 미리 알지 못하면 엉뚱한 오해가 벌어지기 때문이다. 특히 초등학교 저학년의 실독증은 읽기가 안 되니 공부가 잘 될 리 없고, 그래서 우울해지고 학교나 집에서 문제 행동을 한다. 아이가 학교나 공부가 싫은 것인지, 공부를 하고 싶어도 할 수가 없는 것인지도 구분이 쉽지 않은 것이다.

● 노래는 할 수 있어도 말은 하지 못하는 실어증

얼굴에 실인증이 있다면 언어에는 실어증이 있다. 실어증도 생각보다 아주 다양하고 기묘하다. '브로카(Broca) 실어증'은 적당한 문법으로 말을 하지 못한다. 가장 중요한 단어만 가지고 뜨문뜨문 표현할 수 있다. 그래도 의사소통은 어느 정도 가능하다. 그런데 아는 노래는 가사를 정확하게 부를 수 있다고 하니 참 기이하다. '베르니케(Wernicke) 실어증'은 말은 유창하나 적당한 단어를 찾지 못해 전혀 의미 없는 단어를 매끄럽게 잇는 현상이다. 문법적으로는 맞는 것 같으나, 의미는 전혀 통하지 않는다. 말은 여러 모듈의 통합적 작용이 필요한 것이다.

노래는 인간의 근본적인 기능이다. 뇌에 전기적 자극을 가하면 다른 반응은 아주 짧고 단편적인데, 노래는 저절로 불리며, 의지로는 노래를 멈출 수 없다. 그러니 사람들은 힘들 때면 노래를 하는지도 모른다. 노래는 말보다 훨씬 쉽고, 우리 몸을 리듬에 실을 수 있다. 말을 하는 것은 노래하는 것보다 훨씬 어려운 고도의 복합적인 기능이다.

2. 뇌는 말랑말랑해 보이지만 쉽게 바뀌지 않는다

● 뇌는 가소성이 있지만 고집이 센 하드웨어다

우리는 무수히 착각을 한다. 그중 가장 대표적인 것이 나의 뇌는 내 것이니 마음대로 쓸 수 있을 것이라는 착각이다. 뇌에는 860억 개의 신경세포가 있고, 1개의 신경세포는 주변의 신경세포와 1만 개 정도의 시냅스를 형성한다. 시냅스는 경험에 따라 변하지만, 순식간에 제멋대로 변하지는 않는다. 변화하려면 충분한 증거가 필요하다. 그러니 뇌는 가소성 있는 하드웨어이고, 우리의 생각은 그런 신경의 시냅스에서 출현하는 별로 자유롭지 못한 상태의 것이다. 생각은 시냅스의 배선 안에서만 자유로운 것이니 '생각도 일종의 하드웨어다'라고 생각하는 것이 나와 다른 사람을 이해하는 데 도움이 될 때가 많다. 그리고 시냅스는 고정된 것이 아니니 뇌는 천천히 변할 수 있다는 사실을 아는 것도 도움이 될 때가 많다. 항상 반대로 생각해 보고 균형을 찾는 것이 중요하다.

● 뇌는 대부분 무의식으로 일을 처리한다

행동의 95%는 무의식이 결정한 것이고, 무의식은 자동화, 습관화와 별 차이가 없다. 운전을 익히는 과정을 생각해 보면 무의식이 별 게 아니라는 것을 금방 알게 된다. 처음 운전할 때는 긴장되어 시야가 아주 좁다. 그러다 익숙해지면 시야가 넓어지고 긴장도 풀어진다. 나중에는 거의 좀비 모드이다. 매일 하는 출퇴근 길 같으면 내가 분명히 운전을 하고 집에 왔지만 어떻게 운전하고 왔는지 거의 의식하지 못한다. 완전한 무의식 모드이다. 자신이 매일 출퇴근하는 과정을 일일이 의식하고 기억하는 것이 효율적이고 생존에 적합하겠는가? 아니면 일상적인 것은 자동화시켜 무의식으로 돌리는 것이 효과적이겠는가? 당연히 후자일 것이다. 그런데 우리는 무의식 하면 뭔가 신비함을 먼저 떠올린다.

예측을 잘할 수 있다는 것은 익숙함이고, 익숙함은 편안함이기도 하다. 처음 운전을 배울 때는 앞만 겨우 보지만 완전히 익숙해지면 중간 과정을 전혀 기억하지 못할 정도로 부담 없이 편하게 운전한다. 예측과 반응이 완전히 자동화되었기 때문에 가능한 것이다. 무의식(습관)은 오랜 경험의 축적으로 이루어지기에 고집이 세다.

● 고집이 센 뇌를 바꾸려면 증거와 타협이 필요하다

환각은 어느 감각을 박탈하든 유발할 수 있다. 운동계 질환이든 외부적 구속이든 일정 시간 이상 운동을 하지 못하게 고정하면 환각이 발생한다. 이런 환각을 치료하는 사례로도 뇌가 얼마나 고집이 센지 알 수 있다.

한 아마추어 운동선수가 오토바이 사고로 한쪽 팔을 잃었다. 본인도 이 사실을 안다. 하지만 환자는 잘려 나간 팔이 여전히 팔꿈치 아래에서 움직이는 감각을 생생하게 느낀다. 이런 증상을 '환상사지(Phantom limb)'라고 한다. 환상사지를 겪으면 수술이나 사고로 갑작스럽게 손발이 절단됐을 경우에도 없어진 손발이 마치 존재하는 것처럼 생생하게 느낀다. 이것은 단순히 기이한 감각에서 끝나는 것이 아니라 때로는 극심한 고통을 일으키기도 한다.

넬슨 제독도 전투에서 오른팔을 잃은 후, 손가락이 손바닥을 후벼 파는 듯한 통증을 경험했다. 하지만 존재하지 않는 부위에서 일어나는 통증을 어떻게 치유할 수 있단 말인가? 그래서 의사들은 절단 부위의 밑동을 계속 잘라나가거나, 척수로 들어가는 모든 감각 신경을 잘라버리는 '무지막지한' 치료를 행했지만, 결국 효과가 없었다. 환상사지는 절단 부위가 아닌 재배선된 두뇌에 존재하기 때문이다. 뇌에는 신체의 지도가 있으며, 이 신체 이미지는 어느 정도 고정되어 있지만 완전히 고정된 것은 아니다. 특히 팔이나 다리가 절단되면 48시간 이내에 뇌의 신체 지도에 재구성이 일어난다. 감각이 박탈되면 신경세포는 생존을 위해 근처의 자극이 입력되는 지역으로 슬그머니 배선을 바꾸는 것이다.

이렇게 바뀐 배선으로 뇌에 존재하는 환상사지를 어떻게 제거할 수 있을까? 이것을 처음으로 성공한 사람이 라마찬드란 박사다. 그는 너무나 간단한 장치를 통해 환상사지를 제거하는 수술에 성공했다. 방법은 다음과 같다. 우선 거울을 이용해 왼팔이 없는 환자의 정상적인 오른팔을 비추어서 2개의 팔이 모두 있는 것처럼 보이게 한다. 그리고 오른팔을 움직여 움직일 수 없는 상상 속의 팔과 같은 모양이 되게 한다. 사소해 보이는 동작이지만 서울 속의 환상사지와 일치하는 순간 뇌는 놀라운 충격에 빠진다고 한다. 환상사지가 오른팔을 통해 실재하는 것이다.

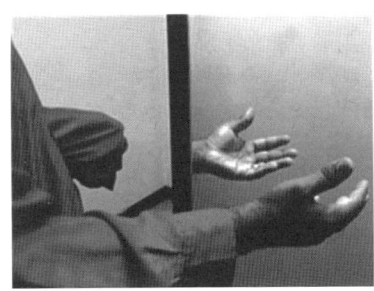

환상사지 수술법
(출처: Center for Brain and Cognition, http://cbc.ucsd.edu/index.html)

이후로는 천천히 제거가 가능해진다. 오른팔을 움직이면 뇌에는 상반되는 두 신호가 도착한다. 시각은 팔이 움직인다고 하지만 체감각에는 그런 팔이 느껴지지 않는다. 곤경에 빠진 두뇌는 감각적 갈등을 해소하기 위해 '아예 팔을 없애버려라. 팔은 존재하지 않는다'고 설득하기 시작한다. 그러면 천천히 환상사지도, 통증도 사라진다. 말로는 아무리 손이 없다고 해도 믿지 않던 뇌가, 시각적으로 보여주자 비로소 납득하고 치료되는 것이다.

지금까지 시각에 대한 착시를 핑계로 여러 가지 뇌의 작동 원리를 알아보았다. 이제부터는 환각에 대한 잘못된 생각을 알아보고 감각, 착각, 환각에 대한 올바른 이해를 통해 지각을 제대로 알아보고자 한다.

착시가 우리에게 말해주는 것

◎ **착시는 뇌가 판단한 가장 그럴듯한 현실이다.**
  - 착시라고 알려줘야 착시인지 아는 경우도 많다.
  - 감각의 한계를 극복하려는 뇌의 적극적인 노력의 결과이다.

◎ **착시는 뇌의 단호한 결정이다.**
  - 순식간에 전혀 망설임 없이 만들어진다.
  - 착시도 현실의 일부라 진실과의 경계는 모호하다.
  - 감각과 지각을 분리할 수 없기에 착시는 알고도 고칠 수 없다.

◎ **가장 정교한 감각인 시각에도 착시가 많은데,**
  - 다른 감각에는 훨씬 더 많을 거라고 생각하는 것이 합리적이다.

환각은 내 안의 초능력

PART 4

가벼운 환각은
가볍게 넘어간다

1
Flavor
Perception

1. 존재하지 않는 것을 본 적이 있는가?

여러분은 존재하지 않는 것을 본 적이 있는가? 생각보다 많은 사람이 환시(Phantopsia), 환후(Phantosmia), 환청(Phantacusis) 등 여러 환각을 경험한다. 그럼에도 잘 알려지지 않는 것은 스스로 미쳐가고 있다는 두려움과 남들에게 미쳤다는 낙인을 받을지 모른다는 두려움 때문이다. 결국 말하지 못하고 혼자 끙끙거리다 남들에게도 환각이 많다는 사실을 알게 되면 안도한다.

누구나 갑작스러운 환각을 경험할 수 있다. 시각을 잃은 사람 가운데 10~20% 정도에게서 환각(환시)을 보는 '샤를보네 증후군'이 나타난다. 샤를보네 증후군은 대개는 위협적이지 않으며, 환자들은 그것이 실제가 아님을 또렷하게 자각하기 때문에 생활에 크게 지장을 받지 않으며 일상을 보낼 수 있고, 심지어 예술적인 영감을 선사하기도 한다.

'카니차의 삼각형(Kanizsa's triangle)'처럼 아무도 환각이라고 생각하지 않는 아주 가벼운 환각도 있다. 그림을 보면 가운데 삼각형이 보이지만 실제로는 아무것도 없는 빈 공간이다. 그런데 거기에 흰 삼각형이 없다고 하면 오히려 화를 낸다. 주변의 사물이 우연히 절묘하게 모여 삼

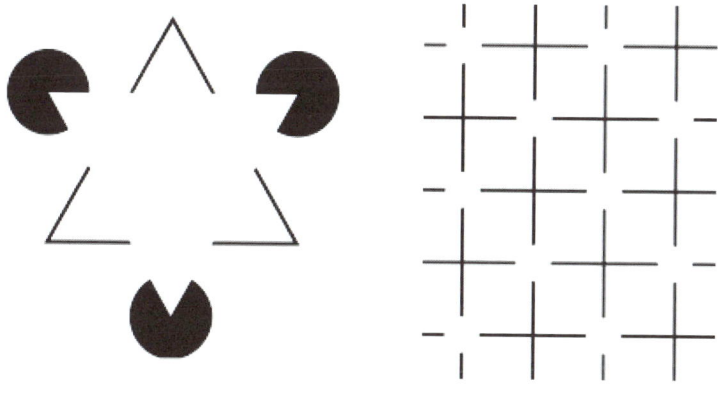

카니차의 삼각형(존재하지 않는 삼각형)　　에렌슈타인 착시(존재하지 않는 원)

각형이 있는 것처럼 보이는 게 훨씬 자연스럽기 때문이다. '에렌슈타인(Ehrenstein) 착시'는 단지 몇 개의 직선만 있다. 그런데도 각 십자가의 끝 격자 부분에 원 모양이 있다. 존재하지 않은 원이 보이는 것이다. 하지만 우리는 이와 같이 존재하지 않는 것을 보는 것을 그저 착시라고 생각하지 환각이라고 생각하지 않는다. 정도가 심해져야 환각이라고 생각한다.

2. 가벼운 환각은 생각보다 흔하다

● 자극만 없어져도 환각이 일어난다

환각은 단지 감각만 갑자기 사라져도 쉽게 발생한다. 뇌가 제 기능을 유지하려면 감각 정보가 입력되어야 하며 감각 정보의 변화도 필요하다. 그래서 적당한 변화가 없으면 주의력이 쇠퇴할 뿐 아니라 지각 착란이 발생할 수 있다. 특히 어둠과 고독이 지배하는 환경에서는 더욱 그렇다. 과거에 죄수를 지하 동굴에 가두는 경우가 많았고, 그런 경우 환각을 보는 죄수들이 있었다. 오죽하면 이 현상에 '죄수의 시네마'란 이름이 붙어 있을 정도다.

1950년대 초, 맥길 대학의 도널드 헤브Donald Hebb 등은 제대로 된 감각 박탈 연구를 시작했고, 1960년대에는 온수를 채운 어두운 탱크에 몸을 띄워서 고립 효과를 배가한 감각 박탈 탱크를 고안한다. 이것은 주변 환경과의 접촉을 완전히 차단하고 신체적인 위치 감각뿐 아니라 존재감마저 제거하는 장치였다. 그러자 훨씬 쉽게 환각이 발생했다.

이런 감각 박탈 연구 중에는 윌리엄 벡스턴 연구팀이 보여준 결과도 있다. 연구에 참여한 14명의 대학생은 먼저 촉각을 제한하기 위해 장갑과 마분지로 된 소맷부리를 착용하고, 빛과 어둠만 지각할 수 있는 반투명 안경을 쓴 채 각기 방음이 되는 작은 방에 수용되었다. 그들은 식사를 하거나 화장실에 갈 때만 잠깐씩 나올 수 있었다. 처음에 실험 대상자들은 시도 때도 없이 잠을 잤지만, 얼마 지나지 않아 깨어있는 시간 동안 몹시 지루해했고 자극을 갈망했다. 그래서 두뇌 게임, 숫자 세기, 공상을 하다가 마침내 시각적 환각을 보기 시작했다. 그리고 단순 환각에서 시작하여 복합 환각으로 진행하는 양상을 보였다.

또 다른 감각 박탈 실험으로는 눈가리개를 96시간 동안 계속 착용하게 한 실험도 있었다. 이때 대상자 13명 중 10명이 환각을 경험했는데, 빠른 경우 몇 시간 안에 나타났으며 이틀째가 되자 대부분의 대상자에게서 나타났다. 환각은 갑자기 나타났고, 한 대상자의 경우에는 다음 날까지도 길게 지속됐지만 대개는 나타난 지 몇 초나 몇 분 후 갑자기 사라졌다. 대상자들은 단순 환각(번쩍이는 빛, 섬광, 기하학적 무늬)에서부터 복합 환각(인물, 얼굴, 동물, 건물, 풍경)에 이르는 다양한 환각들을 보고했다. "눈이 부실 정도로 청명한 일몰과 더없이 아름다운 풍경을 보았는데, 이전까지 내가 본 어느 것도 그 아름다움에 비할 수 없었다. 그림을 그리고 싶었다"고 표현한 대상자도 있었다. 환각은 나비가 일몰로 변하고 일몰이 수달로 변한 뒤 꽃으로 변하는 식으로 일어나기도 했지만, 어떤 대상자도 환각을 임의로 조절할 수 없었고 마치 환각에 독립적인 의지가 있는 것처럼 저절로 일어나고 변화했다.

● 신체적으로 힘들어도 환각은 발생한다

노인뿐 아니라 건강한 사람도 아주 힘들면 환각에 빠지기 쉽다. 세계 최대의 개 썰매 경주인 아이디타로드에 참가한 선수들에게 환각은 아주 흔한 현상이라고 한다. 경주자들은 9~14일 동안 잠을 최소한으로 자고, 개들 외에는 혼자 지내며 다른 경쟁자들은 거의 보지 못한다. 그래서 말, 기차, UFO, 오케스트라, 이상한 동물, 주인이 없는 목소리 등을 환각으로 경험하고, 때로는 경주자 옆에 환영이나 가상의 친구가 서 있는 것을 보기도 한다.

가장 쉽게 환각을 보게 되는 수단은 수면 박탈이다. 사람이 수면을 박탈당한 상태로 며칠을 넘기면 환각이 나타나며, 극도의 피로나 스트레스와 결합하면 훨씬 더 강력한 효과로 이어질 수 있다. 철인 3종 경기 같은 힘든 경기에 참여한 선수는 환각을 보기에 딱 좋은 조건을 갖춘 셈이다.

이런 체험담 중에는 마이클 셔머Michael Shermer의 이야기도 있다. 그는 과학 역사가이자 회의론자 학회의 이사장으로, 불가사의한 현상들의 본질을 파악하는 일에 일생을 바쳐왔다. 그런 그도 환각에 꼼짝없이 속은 적이 있다. 다음은 그가 격심한 자전거 마라톤 경기 도중 겪은 경험이다.

"1983년 8월 8일, 매우 이른 아침 시간이었다. 네브래스카주 헤이글러를 향해 어느 적막한 지방 고속도로를 달리고 있을 때였다. 밝은 빛을 내는 커다란 우주선이 나를 따라잡고는 도로 가장자리로 밀쳐냈다. 우주선에서 외계인들이 나와서 나를 납치했고, 90분 후 우주선 안에서 일어난 일은 아무것도 기억하지 못한 채 다시 도로에 남겨졌다."

그는 무려 83시간 동안 쉬지 않고 1,259마일을 달렸다. 결국 꾸벅꾸벅 졸면서 지그재그로 달리자 호송하던 차가 전조등을 번쩍거리며 옆으로 다가와 잠시 휴식을 취하게 했다. 그 순간 그에게는 1960년대의 텔레비전 시리즈 〈인베이더〉의 기억이 백일몽 안으로 밀려 들어왔다. 호송팀원들이 외계인으로 변신한 것이다. 셔머는 나중에 환각임을 깨달았지만, 당시에는 완벽히 현실 같았다고 회고했다.

● 나이 들면 쉽게 일어난다

1990년 이전까지만 해도 환각은 흔히 일어나는 일이 아니라 여겨졌고, 의학 문헌에도 소수의 사례만 보고되었다. 하지만 올리버 색스는 이를 이상하게 생각했다. 그는 환각을 일으키는 환자를 자주 보았기 때문이다. 그래서 실제로는 의학 문헌에 나와 있는 것보다 훨씬 흔할 것으로 추정했는데, 그것이 사실임을 입증한 연구가 있다.

로버트 튜니스와 그의 연구팀은 네덜란드에서 시각 질환을 앓고 있는 600명에 달하는 노인 환자를 연구한 끝에 그들 중 15% 정도가 복합 환각을 경험하고, 무려 80%가 단순 환각을 경험한다는 사실을 밝혀냈다. 그런데 단순 환각을 겪는 환자들은 의사를 만났을 때 이를 보고할 정도로 크게 주목하지 않거나 지속적으로 나타나더라도 말하지 않고 혼자 고민하는 경우가 많았다.

한 할머니는 환각 현상이 생기고 2년 뒤에야 무엇을 보았는지 말하기 시작했다. 그런 질병이 있다는 것을 미리 알고 있었더라면 혼자 고민하지 않았을 텐데, 환각이 나타나자 자신이 미쳐가고 있는 것이 아닌가 하는 두려움에 차마 말하지 못하고 혼자 고민한 것이다. 그러다 정신병이 아니라 구체적 병명마저 있다는 사실에 크게 안심했다.

샤를보네 증후군의 환각은 대개 유쾌하고, 친근하고, 기분 좋고, 심지어 벅차다고 묘사된다. 문제는 밤이다. 낮에 환각적 인물을 보면 1~2분 정도 잠시 착각했다가 허상임을 깨닫지만, 늦은 시간이 되면 통찰력을 잃고 그 무시무시한 방문객들이 진짜라고 느끼기 쉽다. 환각도 제대로 알아야 두려움이 적어진다.

● 전기 자극 한방이면 된다

환각은 전기적 자극만으로도 간단히 일어난다. 캐나다 로렌티안 대학의 마이클 퍼신저Michael Persinger는 지원자의 머리에 전자석이 장착된 헬멧을 씌웠다. 헬멧은 컴퓨터 모니터와 비슷한 정도의 약한 자기장을

경두개자극기

발생시켰고, 자기장이 측두엽에서 집중적으로 전기 활동을 자극하자 지원자들은 초자연적 또는 영적 체험인 유체 이탈 현상이나 영기(靈氣)를 느꼈다고 말했다. 그런데 왜 하필이면 측두엽일까? 뇌의 좌 측두엽은 자아의식을 유지하는 역할을 하는데, 좌 측두엽에 전기적 자극이 가해지고 우 측두엽은 정지 상태에 있을 경우, 좌 측두엽은 그것을 영기나 유체이탈 또는 신의 존재로 해석한다.

3. 가볍고 일시적인 환각은 축복일 수 있다

● **가벼운 환각은 경우에 따라 축복이 된다**

환각은 특별한 이유도 없이 갑자기 문득 찾아오기도 한다. 아래 내용은 작가 소피 번햄Sophy Burnham이 마추픽추 유적지를 방문했을 때 갑자기 체험한 환각이다.

"행성들의 노랫소리가 들리고 빛의 물결이 끊임없이 내게 밀려왔다. 그러나 나 역시 그 빛의 일부였다. 이제 별개의 '나'는 존재하지 않았다. 나는 우주의 구조를 들여다보았다. 지식을 넘어서는 깨달음을 얻고 모든 것을 일견하는 느낌이 들었다."

하지만 이 정도의 환각은 정말 드물게 찾아오는 손님이고, 실제로는 가벼운 환각이 찾아오는 경우가 많다. 올리버 색스의 『환각』에는 가벼운 시각적 환각을 개인전용 영화처럼 가볍게 즐기는 환자들의 사례가 나온다. 20년 동안 파킨슨병을 앓아온 75세의 애그니스 R. 씨는 10년 전부터 환각을 겪어 이제는 '환각에 노련한 사람'이 되었다. "온갖 것이 다 보여요. 난 그걸 즐겨요. 매력적이고, 무섭지 않거든요. 모피 코트를 입고 있는 여자 다섯 명을 봤는데, 그 여자들의 모습과 움직임은 완벽하리만치 자연스러웠고 완전히 진짜처럼 보였어요." 단지 상황에 어긋난 것이었기 때문에 애그니스는 그 여자들이 환각임을 알았다. 어떤 사람도 한여름에 모피코트를 입지 않기 때문이다.

거티 C. 씨의 경우는 자신의 환각이 계속 유지되기를 바란다. "나처럼 아무 희망이 없는 노인에게서 그렇게 친근한 환각을 빼앗아 가면 안 되죠!" 환각을 보게 된 이후 그녀의 편집적인 성격은 자취를 감추었고, 그녀와 환각의 만남은 순수한 애정과 연애의 성격을 띠게 되었다. 그녀는 유머와 재치와 통제력을 되찾았고, 저녁 8시 이전에는 절대 환각을 허락하지 않았으며, 환각의 지속 시간도 최대 30분이나 40분으로 조절했다. 그녀는 매일 저녁 어김없이 찾아오는 환상의 신사에게 사랑과 관심 그리고 보이지 않는 선물을 듬뿍 받았다. 이처럼 환각 자체를 가볍게 즐기는 경우도 있고, 그런 환각이 가져다준 변화를 적극 이용하는 경우도 적지 않다.

만화가 제임스 더버James Thurber는 여섯 살 때 형이 실수로 쏜 장난감 화살에 오른쪽 눈을 찔려 실명했다. 게다가 왼쪽 시력도 점차 악화돼 30세가 되었을 때는 완전히 눈이 멀었다. 하지만 더버의 시력 상실은 장애가 되기는커녕 오히려 그의 상상력을 자극했으며, 그가 발표한 기발한 만화는 많은 사람들의 사랑을 받았다. 여러 환각을 보았고 그것을 작품에 응용한 것이다. 평소에 시를 쓰지만 발표를 하지 않다가, 83세에 녹내장으로 완전히 실명하고 환각이 찾아오자 그 경험을 바탕으로 시집을 내서 찬사를 받은 여교수의 경우도 있다.

● 의미가 사라져야 디테일이 살아난다

평범한 삶을 살던 사람이 사고나 질병, 치매로 좌뇌가 손상되면 서번트 능력을 갖게 되는 경우가 있다. 예를 들어 '전측두엽성 치매'로 좌뇌가 점점 손상되는 사람 중에는 미술이나 음악에서 놀라운 예술성을 보이는 경우가 있다. 그러다 우뇌까지 손상되면 이런 능력이 사라진다.

호주 시드니 대학의 앨런 스나이더Allan Snyder 교수는 온전한 뇌에서도 좌뇌를 일시적인 무력화시키면 이런 현상이 가능하다는 가설을 세웠다. 좌뇌 전두측두엽에 경두개자기자극을 주면 일시적으로 좌뇌가 무력화되고 억제를 벗어난 우뇌가 활성화된다. 따라서 서번트 능력이 발휘될 수 있다. 실제로 실험을 한 결과 11명 가운데 4명이 그림을 훨씬 더 잘 그렸고, 다른 실험에서는 12명 가운데 10명이 화면에 흩어져 있는 조각의 숫자를 좀 더 정확히 추측했다고 한다.

인지심리학자인 베티 에드워즈Betty Edwards 캘리포니아 대학 명예교수는 사람들이 그림을 잘 못 그리는 건 우뇌의 묘사력을 좌뇌가 억압해서라고 말한다. 좌뇌는 대상을 개념화하려고 하기 때문에 디테일을 무시하고 범주화한다. 예를 들어 손을 그릴 때 새끼손가락이 가려져 안 보이더라도 '사람 손가락은 다섯 개'라는 개념이 강해서 보이는 대로 그리려 하지 않고 자기도 모르게 안 보이는 손가락까지 모두 보이게 그려서 오히려 그림이 이상해진다. 좌뇌가 무력화되면 고정 관념이 사라지고 눈에 보이는 그대로 그려서 훨씬 그럴듯해진다.

과거에는 화가마저 사람의 크기가 같다는 관념 때문에 멀리 있는 사람도 같은 크기로 그려서 원근효과가 없고, 안개가 끼더라도 건물은 실재하는 것이라 안개로 건물을 보이지 않게 덮기가 힘들었다. 이집트 벽화의 양식은 항상 일정하다. 원근법은 배제되어 사람의 크기는 일정하고, 인체는 숨겨진 면이 없이 머리는 측면을 향하고 어깨와 몸통은 정면이며 허리에서 아랫부분은 다시 측면이 된다. 그래서 앞을 향한 발의 모습은 없다. 예술마저 생각보다 자유롭지 못한 것이다.

만약 필요에 따라 좌뇌의 억제를 적당히 풀고 우뇌가 끼를 잘 발휘하도록 뇌의 활동을 조절할 수만 있다면 참 좋을 것 같다. 하지만 자신의 의지로 뇌를 조정한다는 것은 아직 불가능하고, 억제를 쉽게 푼다는 것은 위험한 일이기도 하다.

● **창의성이나 아이디어가 샘솟는 방법, 탈억제**

창의성의 기본은 습득(암기)된 지식과 집중력이다. 구텐베르크는 축제에서 포도주 압착기의 작동을 보고 인쇄기의 아이디어를 얻었고, 뤼미에르는 어머니가 재봉틀을 사용하는 것을 보고 활동사진(영화)을 발명했다. 머릿속에 뭐가 있어야 재결합과 창조가 이루어진다.

그런데 새로움의 결정적인 순간은 탈억제 즉, 여유에서 오는 경우가 많다. 뇌는 기본적으로 상호억제모드로 작동한다. 억제의 빈틈을 노려야지 심각한 상태에서는 아이디어가 나오지 않는다. 암기된 지식이 있고 적절한 유머(여유)도 있어야 하는 것이다. 유머는 통상의 패턴을 비틀 때 나타난다. 패턴을 찾는 것도 능력이고, 여유를 가지고 살짝 비틀어보는 것도 능력이다. 여유는 반드시 긴 시간을 말하지는 않는다. 뇌는 생각보다 대단히 빠르다.

오히려 시간의 제한은 강력한 자극이자 탈억제이다. 높은 데서 떨어지면 순식간에 일생의 주요 장면이 지나간다고 한다. 시간은 절대적이지 않고 상대적이다. 마감 시간을 정하면 초능력이 생긴다. 몰입은 시간을 얼마든지 늘려준다. 시간에 대한 고정관념을 버려야 한다.

● 탈억제는 강하게 억제되어 있다

'서번트 증후군(Savant syndrome)'은 발달 장애나 정신 장애를 가진 사람이 장애와 대조적으로 천재성이나 뛰어난 재능을 나타내는 현상을 말한다. 이들 중 약 10%의 사람은 한번에 달력, 지하철 노선도 등을 통째로 외우는 특별한 능력을 보이기도 한다. 그중에서도 영화 〈레인맨〉의 소재가 된 킴 픽Kim Peek은 유난히 뛰어난 기억력의 소유자로 유명하다. 책 9,000권을 통째로 외우는데, 한 페이지를 읽고 외우는 시간이 고작 8~10초 정도 걸리고 한 번 본 것은 98.7%까지 기억한다.

이 현상에 대해 NASA에서 아무리 연구를 해도 그 원인을 찾을 수 없었고, 그들이 발견한 단 한 가지 사실은 킴 픽의 뇌가 정상적으로 활동이 가능한지 의문이 들 정도로 찌그러져 있었다는 것이다. 그의 뇌는 좌우뇌를 연결하는 '뇌량(Corpus callosum)'이 없어서 좌뇌가 우뇌에 영향력(억제력)을 행사할 수 없었다. 다른 서번트 증후군 환자도 대부분 좌뇌에 문제가 있다고 한다.

이미지 기억력이 아주 뛰어난 사람도 있다. 윌셔는 세 살 때 자폐증 진단을 받은 대신 놀라울 정도로 섬세한 눈과 기억력을 얻었다. 그의 능력에 관한 대표적인 에피소드는 '헬리콥터 스캐너'이다. 미국 CBS 방송은 그를 뉴욕에 초대해 20여 분간 헬리콥터를 타고 뉴욕을 관찰하게 했다. 그리고 그는 헬리콥터에서 본 뉴욕을 그리기 시작했는데 단 한 번 본 뉴욕을 그대로 재현해냈다.

이런 서번트 증후군을 처음 대중에 알린 사람은 영국인 의사 존 랭던 다운John Langdon Down 박사다. 30년의 의사 생활 동안 만난 특이한 환자 10명의 사례를 소개하며, 이들을 '백치박식가(Idiot savant)'라고 불렀다. 백치인데 박식가라는 말도 안 되는 신조어를 만든 것은 그들의 능력이 정말로 그러했기 때문이다. 기본적인 대화조차 어려운 수준임에도 두껍고 어려운 책을 처음부터 끝까지 줄줄이 외우는 환자가 있는가 하면, 어떤 아이는 사진 같은 놀라운 묘사력으로 그림을 그렸다. 어떤 사람은 천재적인 음악성을 보였으며, 또 다른 사람은 놀라운 계산능력을 보이기도 했다. 그들이 비범한 능력을 보여주는 5개 범주는 음악, 미술, 달력 계산, 수학(소수 계산 등), 공간지각력(길 찾기 등)이었다.

이들의 놀라운 기억력이 부러운가? 그런데 이들이 특출함이 뭔가 탁월한 능력을 얻어서라기보다는 억압되지 않아서라면 어떨까? 그들은 공통적으로 좌뇌에 문제가 있거나 좌뇌와 우뇌의 연결이 끊어져 있었다. 즉 우뇌가 좌뇌의 제어(억제)에서 벗어나 마음껏 능력 발휘를 한 결과인 것이다.

PART 4 환각은 내 안의 초능력 | 가벼운 환각은 가볍게 넘어간다

압도적인 환각은 위험하다

2
Flavor Perception

1. 환각은 내 안의 초능력이다

● **빛보다 빠르고, 성능은 무제한**

우리는 일상적인 시각은 당연한 현상이고, 환각을 유별난 현상으로 생각한다. 하지만 실제로는 정반대이다. 뇌에서 아무렇게나 환각을 만드는 것은 너무나 쉬운 일이고, 오히려 현실과 일치하는 환각인 일상의 시각을 만드는 것이 정말 대단한 일이다.

환각 능력의 막강함은 위기의 순간에 살짝 그 힌트를 준다. 높은 곳에서 떨어지는 위급한 사고의 순간, 그 찰나에도 자신이 살아온 인생의 모든 기억이 한 편의 파노라마처럼 흘러간다. 다음은 최종호 씨가 겪은 사례이다.

"그는 스카이다이빙을 하다가 갑작스러운 돌풍으로 사고를 당했다. 그렇게 추락하는 짧은 순간, 여러 기억이 파노라마처럼 지나갔다. 가족이 가장 먼저 떠올랐고, 이루지 못했던 아쉬운 일들이 뒤를 이었다. 그리고 강하게 기억에 남은 일들이 스쳐 갔다. 특전사 시절, 아이들이 태어났을 때, 어머니가 돌아가셨을 때, 후회스러운 순간도 떠올랐다. 남에게 상처 주었던 말들이나 평소에 전혀 생각하지도 않았던 기억도 떠올랐다. 심지어 강원도 특전사 시절, 구보를 하다가 1천 고지에서 구름 속으로 들어가는 순간 번쩍하고 벼락 맞은 기억도 떠올랐다. 당시 군대 동기들의 말에 의하면 신기하게도 벼락을 맞은 채로 끝까지 잘 걸어갔다는데, 그렇게 사라진 기억이 갑자기 떠오른 것이다. 그는 자신의 파노라마 기억이 가장 아쉬웠던 순간, 힘겨웠던 순간, 기뻤던 순간들이 조각조각 연결되어 이어졌고, 그 기억들이 너무나 생생하게 떠올라서 마치 모든 순간을 옆에서 지켜보는 것 같았다고 한다. 그리고 자신이 죽으면 아빠를 잃게 될 아이들이 가장 많이 생각났다고 한다."

- 『KBS 사이언스 대기획 인간탐구, 기억』, 김윤환

이는 본래 모든 사람이 가지고 있는 환각 능력인데, 평소에는 억압되어 있다가 엄청난 위기의 순간이 다가와 미처 억제하지 못해 일어난 능력이라고 생각해 보면 우리의 환각 능력이 얼마나 막강한 것인지 짐작할 수 있다. 물에 빠져 익사하기 직전의 짧은 순간에 일생의 기억이 파노라마처럼 떠오르는 등의 사례는 생각보다 흔하다.

● 환각은 상상과 완전히 다르고, 현실과 차이가 없다

앞서 착시를 착시라고 설명해주기 전에는 그게 착시인지 잘 모르는 것처럼, 환각도 환각 그 자체로는 알기가 쉽지 않다. 책상 위에 강아지가 앉아 있는 환각이 갑자기 보인다고 하자. 그 환각은 너무나 실제 같고 자연스럽기 때문에 환각인지 알기 힘들다. 단지 문은 닫혀 있고, 강아지를 키우지 않고, 갑자기 책상 위에 있는 것이 말도 안 되기에 환각으로 구분할 수 있는 것이다.

우리가 상상할 때는 희미하지만 환각은 뇌에 전기를 자극해서 벌어지

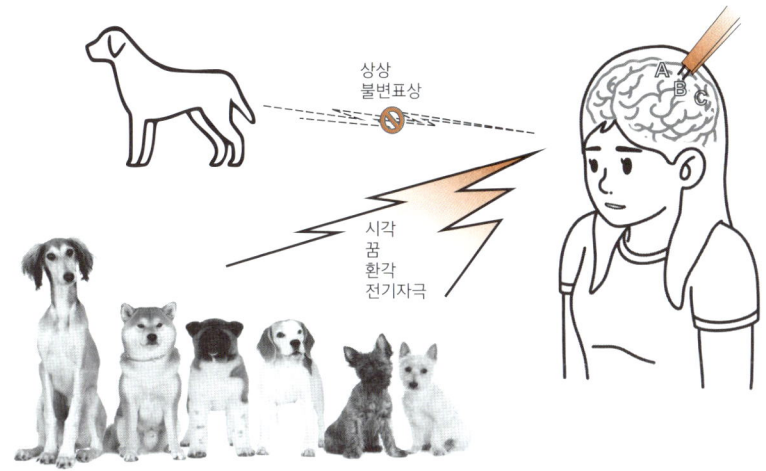

전기적 자극은 상상과는 완전히 다른 실물 같은 환각을 유발한다

는 것처럼 순식간에 실물처럼 떠오른다. 환각은 그렇게 작동하는 것이다. 정신에 다른 문제가 없으면 시간이 지나면서 환각을 구별하는 요령이 생기는데, 노환이나 마약 등으로 이성이 멀쩡하지 못할 때는 환각을 환각으로 구분하기 힘들어진다.

2. 현실과 구분되지 않는 환각은 매우 위험하다

환각인데 실제와 전혀 구분이 되지 않는다면 어떻게 해야 할까? 사실 특별한 방법이 있을 것 같지는 않다. 현실과 동떨어진 환각은 우리의 통찰력이 작동하는 한 안전하다. 하지만 너무나 자연스러운 환각, 현실과 유사한 환각은 정말 위험할 수 있다. 다음은 올리버 색스의 『환각』에 등장하는 저자 본인의 체험담이다. 그는 환각제인 아르테인을 먹고 곧 환각이 일어날 것을 알고 있었지만, 정작 아르테인이 발생시킨 환각은 다른 환각제와는 달리 너무나 일상적인 모습이었기에 완전히 속아넘어갔다. 그런데 자신이 환각제를 먹은 것을 모른 상태에서 그런 환각을 겪게 되면 얼마나 무서울 것인가? 환각은 현실과 구분되지 않을수록 위험할 수밖에 없다.

"나는 스무 알을 세어 입안 가득 물과 함께 삼킨 다음 효과를 기다렸다. 나는 마음의 준비를 단단히 했지만 아무 일도 일어나지 않았다. 입이 마르고 동공이 커지고 글을 읽기 어려웠지만 그게 전부였다. 정신적인 효과는 전무했고 대단히 실망스러웠다. 무엇을 기대해야 하는지 몰랐지만 나는 그래도 뭔가 일어나기를 기대했다.

차를 끓이기 위해 주방에서 불에 주전자를 올렸다. 그때 현관에서 노크하는 소리가 들렸다. 친구인 짐과 캐시였다. 두 사람은 일요일 아침에 종종 나를 찾아오곤 했다. "들어와, 문 열려 있어." 나는 큰 소리로 말했고, 두 사람이 거실로 들어와 자리에 앉았을 때 "달걀 먹을래?"라고 물었다. 짐은 한쪽만 프라이한 게 좋다고 말했고, 캐시는 양쪽 다 익히되 한쪽은 살짝만 익혀 달라고 말했다. 내가 햄과 달걀을 지글지글 굽는 동안 우리는 잡담을 나눴다. 주방과 거실 사이에는 낮은 반회전문이 있었고, 그래서 목소리가 잘 들렸다.

5분 후, 나는 "다 됐어!"라고 소리치며 햄과 달걀을 쟁반에 담아 거실로 들어갔다. 그런데 거실은 텅 비어 있었다. 짐도 캐시도 없었고, 그들이 다녀간 흔적조차 없었다. 나는 비틀거리는 바람에 쟁반을 떨어뜨릴 뻔했다. 나는 충격에 빠졌을 뿐 아니라 두려움을 느꼈다. 나는 LSD나 그 밖의 약물을 먹으면 어떤 일이 벌어지는지 익히 알고 있었다. 그러나 짐과 캐시와 나눈 '대화'는 성질상 전혀 특별하지 않았다. 우리의 대화는 완전히 평범했고, 환각이라고 여길 만한 특징은 전무했다. '조심해, 올리버.' 나는 속으로 말했다. '정신 차려. 다시는 이런 착각에 빠지지 마.' 나는 생각에 잠긴 채 천천히 햄과 달걀을 먹었고, 해변에 나가야겠다고 생각했다.

이러한 생각에 잠겨 있을 때, 머리 위에 헬리콥터가 내려앉는 소리를 들었다. 우리 부모님이 깜짝 방문을 하기 위해 런던에서 LA로 날아온 다음, 헬리콥터를 전세 내어 도착했음을 깨달았다. 나는 욕실로 달려가서 재빨리 샤워를 하고 깨끗한 셔츠와 바지를 꺼내 입었다. 부모님이 3~4분 후면 도착할 것 같아서 최대한 서둘렀다. 엔진의 진동 소리에 귀가 먹을 지경이었기 때문에, 나는 헬리콥터가 집 옆에 있는 편평한 바위에 착륙하리라고 생각했다. 흥분해서 부모님을 맞이하러 뛰어나갔지만, 바위는 휑했고, 헬리콥터는 보이지 않았다. 심장을 쿵쾅쿵쾅 때리던 엔진 소리도 갑자기 사라졌다. 날듯이 기뻤고 흥분했었는데 지금 눈앞에는 아무것도 없었다."

환시보다 환청이 더 위험하다. 환청은 환시보다 통찰력을 발휘하기 훨씬 힘들기 때문이다. 환시는 눈앞에서 지속하기 때문에 관찰을 통해 기이함을 발견할 수 있지만, 환청은 듣는 순간 이미 지나가 버리기에 주변 사람에게 소리가 났는지 물어보기 전에는 자신이 환청을 들은 것인지 실제 소리를 들었는지 구분할 수 없다. 자신의 뇌가 낸 소리를 외부의 소리로 착각하면 영락없이 미친 사람 취급 받기 쉽다.

● 쾌감이 있는 환각에는 심한 중독성이 있다

올리버 색스는 『환각』에서 자신이 LSD를 복용할 때 생긴 환각의 생생함과 중독성의 비밀에 대해서도 다음과 같이 기록했다.

"우리는 언어나 원거리 통신을 사용하지 않고 단지 생각을 통해 마음으로 대화하고 있음을 깨달았다. 내가 머릿속으로 '맥주가 먹고 싶어'라고 생각하자, 친구는 그것을 듣고 맥주를 갖다주었다. 친구가 '음악을 크게 틀어봐'라고 생각하면, 나는 볼륨을 높였다. 이런 상태가 한동안 계속되었다. 그러고 나서 소변을 보러 갔는데, 방금 방 안에서 일어난 모든 일이 거꾸로 돌아가는 영화처럼 소변 줄기를 통해 몸 밖으로 나오고 있었다. 나는 완전히 환각에 빠져있었다. 그런 뒤 내 눈은 현미경이 되었다. 손목을 보니 각각의 세포가 숨을 쉬거나 땀을 흘리고 있었다. 세포는 마치 가스를 푹푹 뿜어내는 작은 공장 같았고, 어떤 세포는 완전히 동그란 담배 연기를 내뿜고 있었다. 담배의 파편들이 세포의 기능을 방해하고 있던 것이다. 그 순간 나는 담배를 끊었다.

다음으로 나는 내 몸을 떠나 방 안을 떠다니며 전체적인 장면을 내려다보았고, 이어서 아름다운 빛으로 이루어진 터널을 지나 우주로 여행했다. 완전한 사랑과 포용의 느낌이 가슴을 가득 채웠다. 그 빛은 내가 느낀 것 중 가장 아름답고 따뜻하고 상쾌했다. 지구로 돌아가 내 삶을 마치고 싶은지, 아니면 천상의 아름다운 사랑과 빛으로 들어가고 싶은지를 묻는 목소리가 들렸다. 이제껏 살았던 모든 사람이 저마다 사랑과 빛에 감싸여 있었다. 그러더니 태어나서 지금까지 살아온 모든 삶이 마음에 번개처럼 스쳐 지나갔다. 나에게 일어났던 모든 사소한 일들, 시각적이고 감정적인 모든 느낌과 생각이 한순간에 몰려들었다."

사람의 의지로는 이런 환상적인 환각에서 벗어나기 쉽지 않다. 만약 이런 환상만 계속 추구하게 되면 그 끝은 파멸일 수밖에 없다.

● 마약은 환각을 일으키는 물질이 아니라 억제를 푸는 물질이다

지금은 마약이라면 무조건 나쁘고 위험한 물질로 생각하지만, 그리스 시대만 해도 아편은 금기 대상이 아니었다. 그리스인에게 아편은 정신적·초자연적 측면에서 사용되는 약물의 하나였다. 환자에게도 아편을 복용하도록 했으며 복용한 환자는 사제가 병을 치료하는 동안 약효에 의해 잠이 들었다. 그래서 아편을 신비한 물질이나 병을 치료하는 치료제라고 생각했다. 그러다 히포크라테스에 의해 아편이 누려왔던 마법적이고 신비적인 지위를 빼앗기고 하제·수면제·마취제·지혈제 등에 사용되는 평범한 약의 하나로 강등되었다. 그래도 기원후 2세기까지는 만병통치약 대접을 받으며 여러 황제 등에게 적극적으로 처방되었다.

그런 아편이 오남용되기 시작하면서 진통제의 차원을 떠나 환각제로 악명을 떨치기 시작했다. 그중에는 의도적 사용이 아니라 오염된 식품에 의한 환각도 있었다. 르네상스 시대까지 빵은 주로 호밀로 만들어졌다. 여기에는 맥각(Ergot)균이 기생하는데, 이것은 알칼로이드 물질을 분비한다. 그래서 고용량의 맥각을 섭취하면 온몸이 타는 듯한 고통을 받으며 죽기도 하지만, 저용량의 맥각은 강력한 환각효과를 발휘한다. 14~17세기 유럽 문헌에 등장하는 '무도병(Dancing mania)'은 맥각이 만든 환각 때문에 광란의 춤을 추어서 생긴 현상이다.

이런 천연 약물에 의한 환각이 14세기 중반에서 18세기 후반에 걸쳐 수십만 명의 운명을 결정짓기도 했다. 중세 마녀사냥 시대에 뻔히 죽을 줄 알면서도 고문을 하기도 전에 스스로 마녀라고 고백하는 사례가 발생한 것이다. 마녀로 몰린 여자는 약초술사가 가장 많았는데, 그들이 사용하는 물질 중에 환각을 일으키는 물질이 많았다. 대표적으로 아트로핀과 스코폴라민이 있는데 물에 잘 녹지 않아 기름에 녹여 요즘의 패치처럼 피부에 바르면 효과를 볼 수 있었다. 피부 중에서 약물 흡수가 가장 잘 되는 부분이 얇고 밑에 혈관이 흐르는 부위다. 그래서 약초술사는 마법 약을 온몸에 바르거나 빗자루의 긴 손잡이 부분에 바르고 그 위에 걸터앉아 아트로핀과 스코폴라민 함유 혼합물을 생식기 점막에 문질렀다고 한다.

그런 그녀들이 실제 빗자루를 타고 악마의 연회에 갔을 리는 만무하지만, 하늘을 나는 환각에는 쉽게 빠졌다. 스코폴라민과 아트로핀이 만드는 환각의 대표적 특징이 하늘을 날아다니거나 떨어지는 느낌, 왜곡된 시야, 도취감, 육체와 영혼이 분리된 느낌, 악마와의 조우 등이라고 한다. 더구나 이 증상의 마지막 단계는 거의 혼수상태와 같은 깊은 잠에 빠져드는 것이다.

당시 여성들의 삶은 대단히 고단했고 질병, 가난, 죽음이 언제나 도처에 널려있었다. 그런데 이런 환각에 빠져 몇 시간의 자유를 누리다 다음 날 아침, 자신들의 침대에서 아무 탈 없이 깨어나는 상황은 대단히 유혹적이었을 것이다. 그리고 그녀들 중에는 그것이 환각인지 실제인지 전혀 구분하지 못하고 스스로 악마의 파티에 참여한 마녀라고 자백하는 사람도 있었다.

마약은 현실과의 착각에 의한 위험뿐 아니라 황홀경에 의한 위험도 있다. 사실 황홀경 자체보다는 또다시 더 강한 황홀경을 원하는 내성의 위험이기도 하다. 과거 많은 작가와 예술가는 마약(아편)이 상상력을 키워주고 예술성을 높여준다는 믿음을 갖기도 했다. 하지만 마약은 창조력이나 상상력을 높이는 물질이 아니라 단지 억제를 풀어주는 물질이다. 환각을 일으키는 것은 내 몸 고유의 능력이고, 그 능력은 평소에는 철저히 봉인되어 있는데, 환각제가 꼭꼭 숨겨진 봉인을 푸는 것이다. 그리고 한번 이 봉인을 풀고 나면 또다시 풀고 싶은 열망을 억제하기 힘들어진다. 모두 나의 뇌 안에서 벌어지는 일이지만 내 마음대로 조절하기 힘드니, 내 몸의 주인이 나인지 뇌인지 참으로 구분하기 힘들다.

마약은 환각을 일으키는 물질이 아니다.
환각 능력은 뇌 안에 있고, 그 능력은 반드시 철저히 봉인되어야 한다.
그런데 자연에는 우연히 그런 봉인을 푸는 물질이 있다.
그런 물질이 봉인을 풀면 환각은 저절로 일어나는데
너무나 황홀한 환각이라 한번 풀고 나면
또다시 풀고 싶은 욕망을 억제하기 힘들다.

그런데 우리 몸에는 항상성 시스템이 있다.
처음에는 황홀하겠지만, 몸은 과도한 쾌감에 곧장 대응을 한다.
그러니 앞선 수준의 황홀한 환각을 맛보기 위해
점점 강도를 늘릴 수밖에 없다.
우리 몸의 대응력은 놀랍도록 강력해서
처음 맛보았던 황홀함은 순식간에 멀어져 점점 도달할 수 없는 것이 된다.
그러면서 몸도 파탄 나고, 모든 것이 파탄 난다.

우리 뇌의 환각 능력은 놀랍게 생생하며 처리 속도마저 엄청나다.
절대 위기의 순간에는 몇 초 안에 일생의 기억이
순식간에 지나갈 정도로 빠르고 강력하다.
환각은 억제만 풀리면 현미경 같은 상세함과
눈을 떼기 힘든 찬란한 색을 제공할 수 있다.
이런 자극이 일상적으로 일어나면 어떻게 될까?

우리의 일상은 평범해야 한다.
뇌는 인간을 즐겁게 하기 위해 만들어진 것이 아니라
생존과 번식을 위해 만들어진 것이기 때문이다.
그러니 뇌의 막강한 환각 능력은 철저히 감추어져야 한다.

3. 우리는 왜 자신의 능력을 숨기도록 진화해온 것일까?

우리 뇌 안의 환각 능력은 실로 섬세하고 생생하며 처리 속도마저 엄청나다. 우리는 억지로 뭔가를 떠올리기는 힘들지만, 뇌에 전기적 충격을 가하면 그 순간 노랫소리가 들리고, 과거의 기억이 순식간에 스토리를 구성해낸다. 이렇게 구성된 것은 실제인지 아닌지 구분이 되지 않는다. 워낙 재구성 능력이 탁월하기 때문이다. 순식간에 공간을 초월하고 감각을 초월하고 시간도 초월한다. 불과 1분에 인생 전체를 재생할 만큼 막강하다. 이런 환각은 환시뿐 아니라 환청, 환촉, 환후, 환미 등 모든 감각에 발생할 수 있고, 실제와 전혀 구분되지 않는다.

그런 기능을 마음대로 사용할 수 있으면 어떻게 될까? 사실 그런 기능이 있다는 것을 알고, 활용하려는 시도 자체가 위험하다. 시도가 불발일 때는 시간 낭비에 불과하지만, 시도가 성공한다면 더 큰 문제다. 거기에 모든 시간과 에너지가 소비될 것이기 때문이다.

우리 몸은 이기적인 DNA 또는 이기적인 뇌에 적합하도록 만들어진 시스템이다. 그저 생존과 번식에 충실하다. 평범한 일상을 유지할, 너무 주의를 끌지 않을 정도의 일상적인 화면을 제공하고, 생존에 필요한 주의를 끌만한 정보만 제공한다. 자폐증 환자의 경우 천재성을 가지는 경우도 있는데, 이것은 특출한 기능의 발현이 아니라 억제력이 억제된 현상일 가능성이 높다. 그리고 그런 단순한 천재성은 살아가는데 전혀 유용하지 않다. 우리의 모든 기능에 천재성이 있지만 대부분 억제되어 평범해지고, 그 덕에 평범한 일상이 가능해진다. 그리고 평범성이 비범한 차이 식별의 기반이 된다.

불일치의 억제가
핵심 중 핵심이다

3
Flavor Perception

1. 기억이 실제와 불일치한다면 어떨까?

● **기억이 나 자신이다**

우리는 기억할 수 있기 때문에 우리이다. 존재뿐 아니라 다른 모든 것도 기억 때문에 가능하다. 만약 치매로 기억을 잃으면 어떻게 행동해야 할지 모를 뿐 아니라 자신과 관계된 모든 것과의 연결이 끊어진다. 기억은 '서열화된 패턴(Pattern)'이자 관계이다. 패턴은 반복적으로 마주하는 사건이나 사물의 공통 요소인 동시에 차이이다. 패턴 덕에 '불변 표상'으로 범주화하고, 불변 표상 덕분에 차이의 인식이 가능하다. 사과를 기억한다면 다양한 종류의 개별 사과를 모두 기억하는 게 아니라 사과의 전형, 즉 범수화된 사과와 차이를 저장한다. 서번트 증후군은 과도하게 많은 개별 사과는 기억해도 범주화된 사과를 만들지 못하므로 기억을 유용하게 활용하지 못한다.

만약 우리의 경험이 이런 식으로 저장되지 않고 바로 잊히면 세상은 늘 완전히 낯선 곳이 된다. 예측은 불가능하고 사람과 사물에 대해 의미 있는 관계 형성은 불가능하다. 매 순간 그저 반사적 행동만으로 살아가야 한다. 우리는 기억 덕분에 보다 정교하고 적절한 행동을 할 수 있다.

그런데 이런 기억이 사실과 일치하지 않는다면 무슨 일이 벌어질까?

● 기억의 불일치는 심각한 사건이다

우리는 자신이 기억하는 것을 실제 일어난 사실이라고 믿어 의심치 않는다. 하지만 기억은 우리 믿음과 다르게 생각보다 쉽게 조작된다. 또한 원형 그대로 온전히 보관되는 것이 아니라 뇌의 곳곳에 시냅스로 분산되고 맥락에 의해 재구성된다. 뇌에는 가소성이 있어서 얼마든지 조작되고 재구성될 수 있는 것이다.

2002년, 뉴질랜드 빅토리아 대학 심리학과의 스테판 린드세이Stephen Lindsay 교수는 과거에 열기구를 탄 경험이 없는 사람 20명을 모집하여 기억 조작에 대한 실험을 했다. 먼저 피험자 몰래 가족들에게서 피험자의 어린 시절 사진을 받아서는 피험자가 어린 시절에 열기구를 탔던 것처럼 보이도록 사진을 몇 장씩 조작했다. 그리고 그 조작된 사진들을 진짜 사진과 섞어서 피험자에게 보여주며 그들에게 사진 속 장면에 대해 기억나는 것을 최대한 회상해 보라고 했다. 생각나지 않는다고 하면 눈을 감고 명상해 보라고 종용하기도 하고, 시간을 줄 테니 잘 생각해 보라고도 하면서 며칠 차이를 두고 같은 과정을 두 번 더 시행했다.

그러자 결국 절반에 가까운 피험자들이 어렸을 때 열기구를 탔던 기억을 회상해냈다. 심지어 조작된 사진에도 담겨 있지 않은 세세한 내용까지 그제야 생각났다며 술술 이야기하기도 했다. 실험이 끝난 뒤 피험자들은 모든 것이 거짓임을 알게 되었지만, 몇몇은 기억이 너무 생생해서 오히려 자신이 지금까지 열기구를 탄 적 없다는 말을 믿을 수 없다고 주장했다.

이것은 단순히 실험이지만 기억 조작에 의해 실제로 파멸적 피해를 본 사례도 있다. 1989년, 에일린 프랭클린이라는 여성은 자기 아버지가

20년 전 자신의 어릴 적 친구였던 수전 네이슨을 살해했다며 경찰에 고발했다. 아버지 프랭클린은 1급 살인이라는 배심원의 유죄 평결을 받고서 무기징역을 선고받았다. 아버지와 별 문제 없이 살던 딸이 어느 날 갑자기 자기 아버지를 살인범으로 지목해 감옥에 보낸 것이다. 이 뜬금없는 사건에 딸이 내놓은 증거는 다름 아닌 20년 만에 회복했다는 자신의 기억이었다. 우연히 최면술을 포함한 심리치료를 받던 그녀는 치료 도중 너무 끔찍해서 자신 안에 억압되어 있던 과거 기억을 되살릴 수 있었다고 주장했다.

그녀는 자신의 아버지가 또 다른 18세 소녀를 강간하고 살해했으며, 다른 두 건의 살인도 기억한다고 증언했다. 아버지 프랭클린은 결백을 주장했지만 딸의 과거 기억 회상 말고는 별 다른 증거가 없어 무기징역이 선고되고 감옥에 수감되었다. 그러다 연방법원에서 재심이 결정되고 재수사에서 발견된 DNA 검사 결과, 그의 결백이 증명되었으며 알리바이도 확실해졌다. 결국 아버지 프랭클린은 무죄로 석방됐다.

이것은 1980~90년대 미국 사회를 발칵 뒤집어 놓았던 이른바 '기억 회복 운동'에 의한 비극적인 사례의 하나다. 당시 심리치료사를 찾아갔던 많은 여성들에게서 위와 비슷하게 어린 시절 부모나 친척에게 당한 성추행 기억을 되찾았다는 고발이 잇따랐다. 당시 무려 100만 명 이상의 사람들이 어린 시절 성추행 기억을 '회복'했다고 주장하면서 부모 및 친척에 대한 소송이 줄을 이었다. 민망하고 고통스러운 재판은 길게 이어졌고 그 사이에 많은 가정이 풍비박산 났다. 대부분 무죄로 밝혀졌지만 이미 가정은 회복할 수 없을 정도로 무너진 뒤였다. 이것은 매우 극단적인 사례이나 요즘의 정치인만 봐도 스스로 자신의 기억을 바꾸는 듯한 행동을 자주하는 것을 손쉽게 볼 수 있다.

2. 불일치는 억제되어야 한다

● 불일치에 대한 뇌의 변명, 무시 또는 작화증

'분리뇌 증후군'이라는 희소한 질병을 가진 환자도 있다. 앞에서 한 차례 설명한 것처럼 우리의 뇌는 좌우 기능이 좀 다르고, 분리된 반구가 각각 다른 의식을 가지고 각자 자유의지대로 활동한다. 그러면서 뇌량을 통해 좌우 뇌가 연결되어 서로를 억제하거나 조정하여 전체적으로는 일관된 행동을 한다. 그런데 뇌의 좌우 연결이 차단되면 반대편의 반구가 제공하는 정보가 없어 엉뚱한 일을 한다.

예를 들어 분리뇌 증후군 환자에게 우반구만 볼 수 있는 시각영역을 통해 '걸으시오(Walk)'라는 지시어를 보여주면 벌떡 일어서서 걸어가기 시작한다. 그런데 이때 환자에게 "왜 걸어가고 계시죠?"라고 물어보면 아주 엉뚱한 답이 나온다. 좌뇌가 논리적인 설명을 제공해야 하는데, 좌뇌는 걸으라는 정보를 받은 적이 없으므로 제대로 된 답을 못하는 것이다. 차라리 "모르겠다"거나 "이유 없는 충동 때문에"라고 대답하면 좋을 텐데, 엉뚱하게도 "콜라를 마시러"라는 식으로 대답한다. 자신의 이해 못할 행동에 그럴싸한 이유를 만들어내는 것이다. 뇌는 불일치가 발생하는 것을 정말 싫어하는데, 눈에서 맹점을 채워 넣는 것처럼 정보도 부족하면 적당히 채워 넣기 위해 필요하면 언제든지 핑계를 만들어낸다. 우리의 뇌 안에는 그럴싸한 이야기를 만들어 내기를 좋아하는 뇌도 들어 있는데, 그것이 통제되지 않을 경우 자신이 직접 경험하지 않은 일을 마치 실제로 겪었던 것처럼 기억하고 믿는 작화증 등으로 발전할 수 있다.

● 안면인식 장애 vs 안면감정(?) 장애

"선생님, 이 여자는 내 어머니를 아주 닮았어요. 그러나 어머니가 아니에요. 그저 내 어머니인 체하는 사기꾼이에요." 1923년 프랑스의 정신병학자 조제프 카그라Joseph Capgras와 르불라쇼 박사가 처음 보고한 '카그라스 증후군(Capgras delusion)' 환자의 이야기다. 그 환자는 왜 자기 엄마를 보고 사기꾼이라고 말하며 강한 분노를 느낀 것일까? 평소에 자신의 엄마에 대해 별 감정을 느끼지 않는다고 생각하는 사람도 엄마의 얼굴이라는 시각정보가 편도체에 전달되면 자신도 모르게 저절로 일어나는 감정이 있다. 그런데 그 연결이 끊겨 엄마 얼굴은 알아보지만 느껴져야 할 감정이 생기지 않아 당혹스러워진 것이다. 하지만 옆방에서 엄마와 전화로 통화하게 하면 "아, 엄마 반가워요. 어떻게 지내세요?"라고 반갑게 말을 건넨다. 청각에서 편도체로 연결된 감정 회로에는 이상이 없기 때문이다. 통화하면서 가다가 복도에서 얼굴을 마주치면 다시 사기꾼으로 의심하기 시작한다. 시각이 청각을 압도하기 때문이다.

이와 반대되는 현상은 실인증(얼굴맹)에서 일어난다. 아는 사람의 얼굴을 보면 누구인지 모르지만 감정까지도 몰라보는 것은 아니다. 피부에 전극을 붙이고 낯선 사람과 사랑하는 사람의 사진을 보여주면서 측정하면 말로는 누구인지 모른다고 해도 감정은 알아본다. 엄마 얼굴이 나타나면 잠재의식은 엄마를 알아보는 것이다.

언뜻 얼굴을 알아보지 못하는 얼굴맹이 얼굴은 알아보지만 그것에 맞는 감정이 들지 않는 감정맹보다 더 불편할 것 같지만, 얼굴맹은 이성적인 문제라 불편한 정도인 반면, 감정맹은 망상과 파탄에 이를 정도로 심각한 정신질환이 되기도 한다. 감정이 이성보다 훨씬 원초적이고 강력하기 때문이다.

이런 설명이 선뜻 납득은 안 되겠지만 멀쩡한 사람도 이질감 때문에 자신의 신체 일부를 뜯어 버리고 싶은 충동에 빠질 수 있다는 것을 알면 다소 이해가 될 것이다. 우리는 신체의 일부를 마취하면 그 부위에서 신호가 오지 않아 심각한 이질감을 느낀다. 평소에는 그런 신호가 오는지도 몰랐다가, 신호가 끊기면 비로소 이상하게 느껴지는 것이다. 내 팔이 전혀 내 것 같지 않고 남의 팔을 이식시킨 것만 같다. 이성적으로 이해한다 해도 그 이질감은 당장 팔을 뜯어내 버리고 싶을 만큼 강력하다. 그나마 일시적이라 다행이지, 만약 평생 이런 이질감에 시달린다면 끔찍할 것이다. 카그라스 증후군을 겪는 환자는 이런 불일치의 고통을 '그녀는 어머니를 사칭하는 사기꾼'이라는 결론으로 해소하려 한다.

이보다 심한 '코타드 증후군(Cotard's syndrome)'도 있다. 다른 말로 '걸어 다니는 시체 증후군'이라고도 하는데, 환자 자신이 죽었거나, 심장 같은 중요한 신체 장기를 잃어버렸다고 믿는 증상이다. 자신의 몸을 인식하는 감각을 잃어버렸기 때문이다. 우리는 평소에 내 몸에서 나오는 고유 감각에 너무나 익숙하기에 잘 모르지만, 그것이 사라지면 심각한 불일치가 발생한다. 그래서 자기 몸에 달린 신체 기관의 일부를 가짜라고 하거나 아예 스스로를 가짜라고 믿는 심각한 상황에 빠질 수 있다. 자아 존재마저 인식되지 않아 자신이 존재하지 않는다는 생각까지 하게 되고, 거울에 비친 모습을 대역으로 여기고 공격할 수도 있다.

3. 뇌의 초능력은 숨겨지고 억제되어야 한다

● 뇌는 생존을 위해 뇌의 능력을 강하게 억제한다

쾌감뿐 아니라 기억도 억제되어 있다. 우리의 큰 뇌는 보다 많은 기억을 보관하기 위한 것이라고 할 수 있지만, 평소에는 그 기억을 마음껏 꺼내지 못한다. 환각을 만드는 능력은 순식간에 우주를 창조할 정도로 막강하지만 평소에는 철저히 억제된 것과 마찬가지다. 기억도 한순간에 자신의 모든 인생을 반추할 수 있지만, 그것은 큰 위기에서 억제가 일시적으로 확 풀렸을 때나 가능한 일이다. 우리의 기억은 언제든지 날 것 그대로는 가급적 떠오르지 않게 설계되어 있다. 사실 기억이 마구 분출되면 그건 아마 정신착란일 것이다. 뇌의 장애(억제력 상실)에 의해 탁월한 기억력을 가진 서번트 증후군 환자가 사회생활에 적합한 것도 아니고, 자신의 감각 세계에 갇힌 자폐증 환자가 생존력이 높은 것도 아니다. 기억도 꼭 필요한 만큼만 회상되어야 생존에 도움이 된다. 참으로 이기적인 뇌가 아닐 수 없다.

잊고자 하는 나쁜 기억은 잊기가 힘들고, 기억하고자 하는 즐거운 추억은 잊기 쉽다. 오로지 생존과 번식에 유리한 기억만 억제되지 않고 잘 기억된다. 전쟁, 자연재해, 테러, 성폭력 등 공포를 경험한 후에는 여러 가지 심리적 고통과 정신적 장애에 시달릴 수 있다. '외상 후 스트레스 장애(트라우마)'가 대표적인 경우로, 심하면 일상생활에 문제가 발생한다. 기억하고 싶은 것을 기억하기도 쉽지 않지만, 지우고자 하는 기억을 지우는 것도 정말 쉽지 않다. 따라서 무작정 모든 것을 기어하는 능력이 생존에 유리할 것이라는 생각은 버려야 한다. 기억도 환각처럼 억제되어야 할 이유가 충분한 것이다.

맛의 기억이 너무나 생생하여 상상(기억)만으로 충분히 쾌감을 느낄 수 있다면 어떨까? 요즘 나날이 가상화 기술이 발전하는데, 만약 사이버 섹스가 현실보다 만족스럽다면? 또는 그 기억이 너무 생생해서 상상을 통해 얻는 쾌감과 실제가 별 차이 없다면? 그렇다면 인간은 힘들게 음식을 찾으려 하지 않을 것이며, 비용이 많이 드는 실제 결혼보다 가상의 결혼 생활에 더 만족할지도 모른다. 그러면 인간은 이미 멸종했을 것이다. 이기적인 뇌는 딱 생존과 번식에 필요한 수준만큼의 기억과 환각(상상) 능력만을 허용하는 셈이다.

결국 억제야말로 우리 뇌가 의미 있게 작동하는 핵심 기능이고, 그렇게 막강한 환각 능력을 거의 완벽하게 억제할 수 있는 감각과 감정은 생각보다 힘이 세다. 지난 수백만 년 동안 그렇게 어마어마한 환각 장치로 세상을 보면서 그냥 눈으로 세상을 본다고 착각했으니 우리의 환각 능력은 대체 얼마나 뛰어난 것일까? 우리는 이처럼 실로 막대한 환각 능력을 가지고 있지만 평생 단 한 번도 우리의 의지대로 마음껏 써보기는커녕 그 존재조차 알지 못하고 생을 마감한다.

모든 것은
뇌가 만든 환상이다

4
Flavor
Perception

1. 환각 덕분에 우리는 지각할 수 있다

● 우리는 환각이 없으면 시각도 없다

지각은 감각과 일치하는 환각이다. 뇌는 눈에 들어온 정보와 똑같이 환각을 만들면서 그것을 지각하고 이해하는 것이다. 착각은 지각과 같은 것인데 단지 뇌가 약간 과장되게 보정한 상태다. 그리고 그런 착시는 무의식이 만든 것이라 알고도 고칠 수 없다.

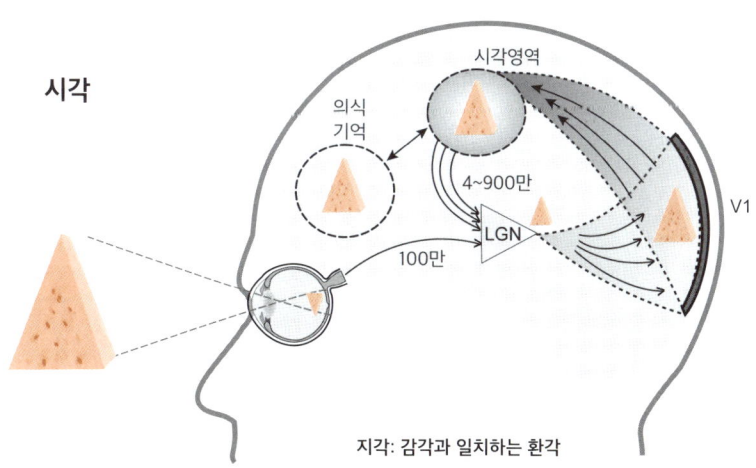

지각: 감각과 일치하는 환각

환각은 상상과 완전히 다르고 꿈과도 다르다. 오히려 지각과 같은 상태이나 단지 존재하지 않는 것을 보는 것뿐이다. 눈도 뜨고 있고, 의식도 있는데, 실제로는 존재하지 않는 것을 본다. 감각의 통제를 받지 않고, 뇌가 임의대로 그림을 그리는 상태인 것이다. 어떤 환각은 별로 나쁘지 않고 아주 가볍게 즐기는 경우도 있으며, 오직 지나친 환각만 위험할 뿐이다.

꿈은 잠을 자면서 의식이 작동하지 않은 상태에서 본다. 자각몽처럼 의식(지각)이 약간 있는 상태에서 꾸는 꿈도 있지만, 대부분 자신의 의지와 무관하게 의미 없는 시각적 분출이 이어진다. 이것을 정리해 보면 지각과 환각과 꿈은 별로 큰 차이가 없으며, 뇌가 스스로 정교한 그림을 그릴 수 있는 능력, 즉 환각 능력이 핵심이라는 것을 알 수 있다. 그리고 환각은 강렬한 의도적 탈억제라고 볼 수 있는 법열 현상에도 관여하고, 마지막 임종에도 참여한다.

환시

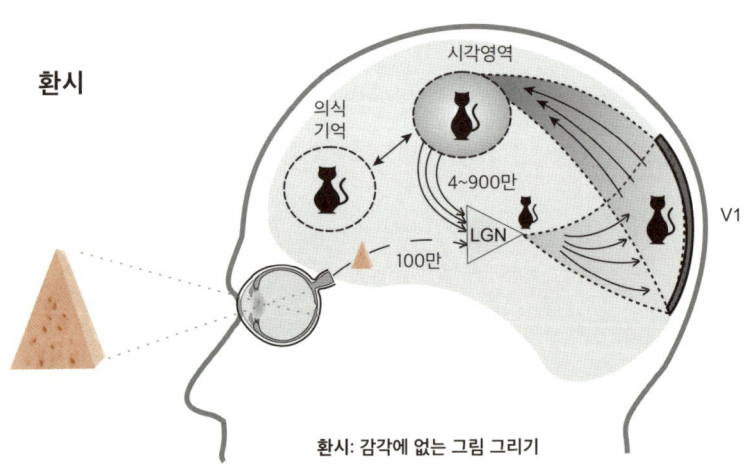

환시: 감각에 없는 그림 그리기

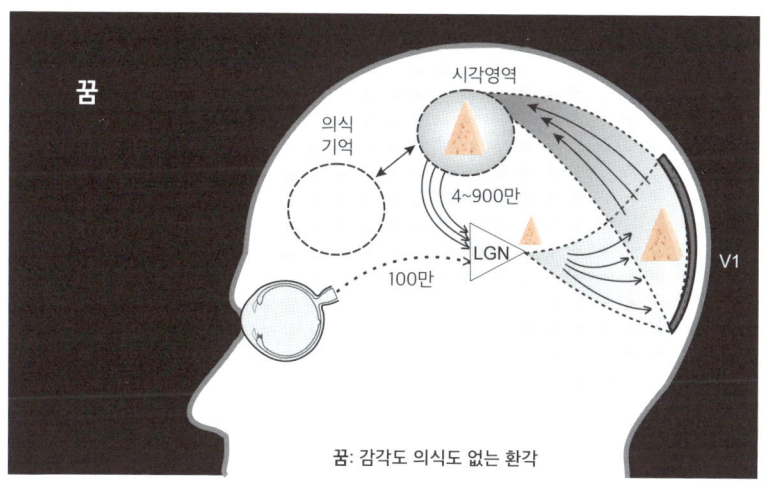

꿈: 감각도 의식도 없는 환각

감각, 지각, 착각

구분	감각	의식	결과물
지각	○	○	감각과 일치하는 환각 (매칭)
착각	○	○	사소한 불일치가 있는 환각(미스매칭)
환각	×	○	감각에 억제되지 않는 뉴로그래픽
자각몽	×	△	비몽사몽간의 환각
꿈	×	×	감각과 의식이 없는 환각

● **법열의 놀라움도 환각 시스템의 탈억제 현상**

뇌가 만드는 환각 중에 탈억제의 기쁨을 가장 극단적으로 보여주는 모습의 하나가 법열의 기쁨이다. 어떤 사람에게는 우연히 찾아오기도 하지만, 대부분은 극도의 수행 즉, 몰입에 의해 겨우 도달하며 끝내 도달하지 못하는 사람도 있다. 그런데 이처럼 신비하고 드문 현상인 법열도 뇌과학이 그 전모를 설명한다.

"내 몸속에 에너지가 집중된 뒤 무한한 공간으로 뻗어 나갔다가 돌아오는 느낌이 들었다. 정신의 이원세계가 이완되고 진한 애정이 느껴졌다. 내 주위의 경계를 떼어내 버리고, 명확하고 투명하며 즐거운 환희의 경지와 어떤 에너지에 닿는 느낌이 들었다. 모든 사물에 연결된 깊고 심오한 느낌도 들면서 실은 진정하게 분리된 적이 없었다는 것을 깨달았다."

이 글은 마이클 J. 베임 박사가 불교 명상을 수련하면서 초월적 순간에 찾아온 느낌을 묘사한 것이다. 그는 14세인 1969년부터 티베트 불교 명상을 수련해왔다. 어릴 적부터 신의 존재에 대해 궁금증을 갖고 있던 그는 동료인 앤드류 뉴버그에게 자신을 포함한 불교 신자 8명의 뇌를 연구해달라고 부탁했다. 영적 체험 도중 뇌의 어느 부위가 활성화되는지 알기 위해 영상기술을 활용했으며, 명상을 시작할 때 옆에 노끈을 놓아두었다. 그들은 명상을 하다 시공간을 초월한 느낌이나 세상 만물의 일부가 된 느낌이 들 정도로 집중도가 정점에 이르렀을 때 옆의 노끈을 잡아당겼다. 그 순간 베임의 왼팔에 닿아 있는 정맥주사 라인에 방사성 추적자가 주입되었고, 동료인 뉴버그는 SPECT(단일광자단층촬영) 기기로 뇌 속 피의 흐름을 추적해 뇌 신경 활동을 관찰했다.

그러자 그가 예상한대로 주의력을 관장하는 전전두엽피질이 붉게 변했다. 베임은 엄청난 집중력을 발휘하고 있었던 것이다. 더 특별한 점은 뇌의 특정 부위가 비활성화되었다는 사실이다. 상두정엽은 공간과 시간 정보, 공간 속에서 몸의 위치와 방향에 대한 정보를 처리하는 부위이며, 자신의 몸과 외부세계의 경계선을 인식하게 해준다. 이 부위로 가는 감각 정보를 차단하면 뇌는 자아와 비자아를 구분할 수 없게 된다. 좌측의 위치·방향 영역이 작동하지 않으면 자아와 세계 사이의 경계선을 찾을 수 없게 되어 뇌는 만인 및 만물과 완전히 뒤섞인 자아를 인지하게 된다.

또한 우측 위치, 방향 영역에 감각 정보가 주어지지 않으면 사람은 무한한 공간의 느낌이 들게 되어 명상자는 자신이 무한대의 공간에 이르렀다고 느낀다. 그리고 이때 영적 교감과 평화를 느끼거나 자기 곁에 신이 와 있다는 느낌이 들기도 한다.

뉴버그는 법열이 일어날 때 뇌에서 일어나는 현상을 정리해 정밀한 신경전달 경로 모델을 발표했다. 가장 신비한 현상 중 하나인 법열마저 뇌가 만든 환각을 통해 일어나는 현상이며, 그것이 어떻게 가능한 것인지, 뇌의 어떤 부위가 어떻게 작동하여 일어난 것인지 규명한 것이다.

● 탈억제, 법열의 깨달음이 특별한가?

법열을 느끼면 무작정 대단한 깨달음을 얻을 것으로 기대하지만, 그것은 잘 준비된 경우에만 해당된다. 깨달음의 본질이 우주와 삶에 대한 근본적인 통찰이자 그것을 삶 속에서 실천할 수 있는 힘이라면, 이런 통찰 준비가 되지 않은 상태에서의 법열은 별로 의미가 없다. 많은 공부를 하고 그 실타래가 풀리지 않을 때, 깊이 몰입하여 탈 억압의 상태에 도달하고 서로 관련 없어 보이는 것들이 의미로 연결되어 일관된 체계의 거대한 지식망을 형성한다면 정말 대단한 깨달음을 얻을 수도 있지만, 연결할 지식이 없는 상태에서 탈 억압은 의미 없는 쾌락일 뿐이다.

그런데 앞으로는 법열과 유사한 상태를 누구나 쉽게 체험할 수 있을지도 모른다. 캐나다 로렌시언 대학의 마이클 퍼신저는 지원자의 머리에 전자석이 장착된 헬멧을 씌웠다. 헬멧은 컴퓨터 모니터와 비슷한 정도의 약한 자기장을 발생시켰고, 자기장이 측두엽에서 전기 활동을 자극하자 지원자들은 초자연적 혹은 영적 체험 즉, 유체 이탈이나 영기(靈氣)를 느꼈다고 말했다. 뇌과학이 좀 더 발전한다면 우주적 삼매경도 인스턴트식으로 체험할 수 있는 시기가 올지도 모른다.

● 임사체험, 마지막에 찾아오는 평온한 탈억제

임사체험은 다른 환각보다 체험자의 증언에 공통성이 높아서 단순한 착각이라고 하기 힘든 면이 있다. 죽었다는 판정을 받았다가 기사회생한 환자의 20%는 신비로운 경험을 했다고 주장한다. 어두운 긴 터널을 지나 밝은 빛을 본다거나, 말로 표현할 수 없는 평화로운 영적 존재를 만났다거나, 죽은 친척이나 사랑하는 사람을 다시 만났다는 증언도 있고, 유체 이탈로 수술실 혹은 응급실에 누워 있는 자신의 육체를 내려다 봤다는 경험도 많다. 더구나 최근에는 응급시스템의 발달로 응급실과 수술실에서 심장정지 후 소생하는 환자의 수가 늘고 있어 그로 인해 임사체험을 보고하는 경우도 증가하고 있다.

임사체험의 내용은 '극도로 생생(Hyper vivid)하거나 현실보다 더 리얼(Realer than real)하다'고 묘사되며, 내용은 매우 유사하고 일관적이어서

임사체험 경험의 순서(출처: 『뇌의 가장 깊숙한 곳』 케빈 넬슨)

처음	위기를 인지함, 평화를 느낌, 소음(부웅하는 소리) 어두운 터널 / 동양은 요단강, 빛
중간	신체 이탈, 타인들을 만남, 빛으로 된 존재 삶을 되돌아봄, 경계에 도달함
끝	되돌아 옴

임사체험의 특징(출처: 『뇌의 가장 깊숙한 곳』 케빈 넬슨)

인지	시간이 빨라짐, 생각이 빨라짐 삶을 돌아봄, 심오한 깨달음
정서	평화를 느낌, 환희를 느낌 세계와의 조화 혹은 합일의 느낌 밝은 빛을 보고 느낌
초자연	생생한 감각, 일종의 초감각적 지각 미래를 봄, 유체이탈
초월	다른 세계에 진입함, 신비로운 존재 마주침 죽은 사람이나 종교적 인물과 마주침 돌아올 수 없는 경계나 지점에 도달함

아무리 냉철한 이성을 지닌 과학자라 해도 쉽게 무시하기 힘든 특징을 가지고 있다. 그런데 과연 임사체험이 사후세계가 있다는 증거가 될 수 있을까? 내가 보기에는 임사체험도 환각의 일종이다. 물론 임사체험이 사후 세계에 대한 체험인지 뇌가 만든 환각인지 확인하기는 쉽지 않다. 임사체험을 경험할 사람을 미리 알고 준비하고 있다가 뇌를 촬영할 수는 없기 때문이다.

그런데 국내 연구진의 연구 결과, 동물의 경우 뇌의 내부 현상일 가능성이 높다는 증거가 나왔다. 실험용 쥐의 심장이 마지막으로 고동친 순간부터 뇌파가 멈추기까지 약 30초의 시간이 소요되는데, 이 짧은 시간 동안 쥐의 뇌가 고도의 조직적인 반응을 보인 것이다. 심장이 마지막으로 고동친 후 뇌의 전반적 활동은 급격히 감소했지만, 저주파 감마 영역(25~55Hz)의 진동은 강도가 증가했다. 하향적 신호전달이 8배 증가했는데, 이는 뇌의 활성이 마지막 몇 초 동안 폭발적으로 증가한다는 것을 의미한다. 이런 뇌의 폭발적인 활동이 임사체험의 환각일 가능성이 높다. 그리고 죽음 유도 방법과 관계없이 18마리 모두에게서 임상적 죽음 이후 강력한 뇌 활동이 동일한 패턴으로 관찰되었다. 이 실험이 임사체험 경험담의 공통성을 어느 정도 설명해줄 수 있을지도 모른다.

임사체험 경험담 중에는 유체이탈 이야기도 많은데 이것 또한 특별한 현상이 아니라고 한다. 어느 수면 연구가는 유체이탈 경험이 실제인지 확인하기 위해서 기발한 방법을 개발했다. 즉 유체이탈을 자주 경험하는 사람에게 잠들기 전에 특정 물체를 평소와 다른 곳에 놓아두게 한 것이다. 그리고 유체이탈이 일어나 몸 밖으로 떠돌아다니게 되면 그 물체를 찾아보게 했다. 그 결과 평소와 달라진 위치의 물건을 본 사람은 없었다. 그저 익숙한 기억으로 만들어진 환각이지 실제로 몸을 이탈하여 주위를 관찰하는 것은 아닌 셈이다.

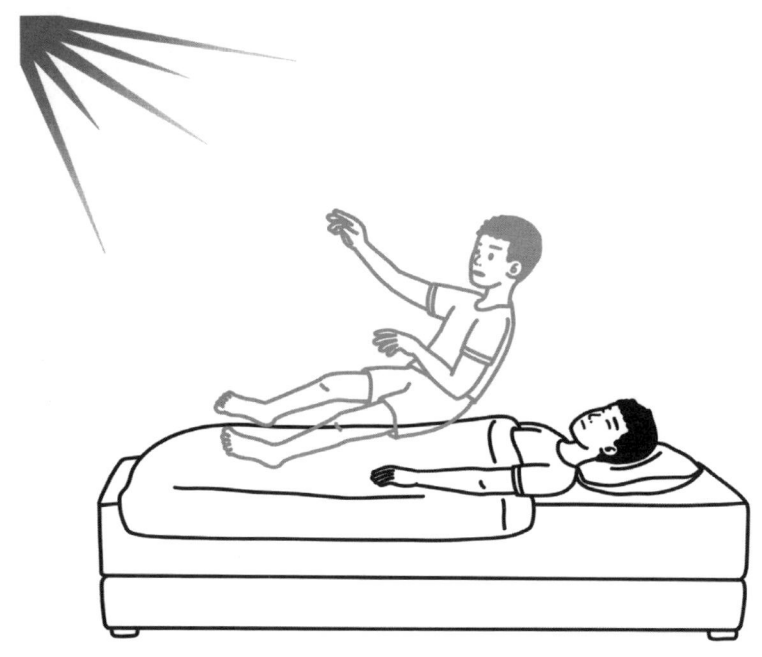

　어떤 사람은 유체이탈이 발생하면 시계를 확인해 본다고 한다. 자신의 시계에 독특한 녹색 LED가 있는데, 유체이탈 중에는 그것이 보이지 않아서 스스로 '수면장애로 유체이탈의 환각에 빠졌구나!' 하고 눈치챈다는 것이다. 유체이탈도 익숙한 기억으로 만들어진 환각이지 실제로 몸을 이탈하여 주위를 관찰하는 것은 아닌 셈이다.
　임사체험 중에 흔히 나타나는 '터널 현상'은 조종사 훈련과정에서 원심력을 높이는 실험으로 해명이 되었다. 강한 회전으로 머리에 들어오는 혈류가 부족하면 가장 먼저 눈이 기능을 상실하는데, 뇌가 기능을 잃고 실신하기 전에 먼저 터널 시야가 발생한다는 것이다. 유체이탈 현상은 뇌의 공간적 위치에 관여하는 감각을 연합하는 관자마루엽 접합부에 전기적 자극만 제공해도 쉽게 일어날 수 있다.
　아무튼 생의 마지막이 고통이 아니라 편안한 환각으로 끝난다니 다행이다. 사실 고통도 뇌가 생존에 유리한 행동을 위해 애써 만든 환각인데, 죽음의 순간에 굳이 고통을 만들 이유가 전혀 없기도 하다. 올리버 색스는 본인이 관찰한 환자의 마지막 환각에 대해 다음과 같이 말한다.

"나는 양로원과 요양원에서 일하는 동안, 의식이 맑고 정신이 멀쩡한 환자들이 죽음이 임박했음을 느낄 때 환각을 경험한다는 사실에 놀라움과 뭉클함을 느끼곤 한다. 로잘리는 샤를보네 증후군을 가진 아주 연로한 시각장애인 할머니였다. 그녀가 병상에 누워서 곧 죽으리라 생각했을 때 그녀의 어머니가 환영으로 나타났고, 천국에서 그녀를 맞이하는 어머니의 목소리를 들었다. 이 환각은 평소에 겪은 샤를보네 증후군 환각과는 완전히 달랐다. 다중 감각적이었고, 개인적이었으며, 그녀에게 말을 걸었고, 따뜻함과 부드러움이 흠뻑 스며들어 있었다. 보통의 단순한 환각은 자신과 관련이 없고, 어떤 감정도 불러일으키지 않았다. 내가 아는 바로는 다른 환자들, 평소에 특별히 환각을 경험하지 않은 환자들도 그와 비슷한 임종 환각을 겪는다. 그러한 환각이 그들에게는 처음이자 마지막 환각인 셈이다."

2. 가상은 현실과 차이가 없다

● 뇌에게 가상은 현실의 확장이다

뇌는 완벽히 고립된 세계다. 단단한 두개골 안에 감각이 보내주는 전기 신호 말고는 완전히 갇혀있다. 영화 〈매트릭스〉의 세계가 우리 뇌의 실제 세계인 것이다. 1999년 개봉된 〈매트릭스〉는 가상현실에 대한 파격적인 아이디어를 바탕으로 대단한 흥행 실적을 거두며 큰 화제가 되었다. 영화의 배경은 미래에 엄청나게 발달한 인공지능 기계에 의해 인간이 에너지원으로 사육당한다는 설정이다. 사람들은 모두 뇌가 컴퓨터와 연결되어 '매트릭스'라는 가상 시스템 안에서 통제를 당하는데, 자신이 마치 20세기 미국의 어느 도시에서 생활하는 것처럼 보고 듣고 느낀다. 그리고 자신이 보고 느끼는 것이 실제 상황이라고 굳게 믿는다.

이처럼 가상과 현실의 경계는 생각보다 모호하고 쉽게 확장되기도 한다. 이는 뇌의 가소성(Neuroplasticity: 신경가소성) 덕분이다. 그 덕에 언어를 관장하는 브로카 영역에 손상을 입은 사람도 정상적으로 말을 할 수 있게 회복하고, 운동 피질을 제거한 동물도 회복할 수 있다. 그리고 가상을 통해 우리 몸을 확장하는 능력을 부여할 수도 있다.

우주 비행사용 훈련 장치 중에는 커다란 금속 인형 로봇에 두 개의 카메라가 '눈'을 대신하고 바닷가재 같은 집게발이 '손'을 대신하도록 만들어진 것이 있다. 이 장치의 비디오카메라와 연결된 고글을 통해 로봇의 눈으로 세계를 보고 손동작 센서로 로봇의 집게발을 움직이면 이 로봇과 내 몸의 경계는 금방 희미해진다. 로봇이 내 몸과 떨어져 있지만 마치 내 몸처럼 느껴지는 것이다. 이처럼 가소성으로 인해 몸의 경계는 쉽게

무너진다. 뇌는 육체보다 쉽게 확장 가능한 것이다.

● **앞으로 사진이 사실인지 아닌지 판단할 수 있을까?**

언제부터인지 휴대폰의 카메라 성능이 고성능 카메라를 능가하기 시작했다. 그 작은 렌즈와 센서로 그보다 수십 배 큰 전문가용 카메라에 필적하는 성능을 보여주는 것이다. 과거라면 절대 뛰어넘을 수 없는 판형의 차이를 뇌(CPU)와 소프트웨어를 통해 극복하고 있다.

예전의 카메라는 자동으로 초점을 맞추는 것도 대단한 기술이었지만 요즘은 안면(눈동자)을 인식해 초점을 맞추고, 화면에 등장하는 인물의 시선 방향에 따라 초점의 깊이를 달리하기도 한다. 눈 깜박임을 인식하여 자동으로 피하고, 역광에 얼굴이 어둡게 나오는 것을 막아주는 기능도 아주 잘한다. 내부적으로 여러 장의 사진을 계속 찍으면서 사람 위주로 각각 사진에서 노출과 선예도가 가장 좋은 부분을 골라내 흔들림이 보정된 최종 결과물을 만들어 낼 수도 있다. 마음만 먹으면 흔들린 얼굴을 1초 뒤에 찍은 더 선명한 얼굴로 바꿀 수 있는 것이다. 그러다 인공지능이 도입되고 데이터베이스와 연동되면 인간의 참여는 거의 필요 없어질지도 모른다. 지금도 하늘의 배경 정도는 마음대로 바꾸고, 사진에 불필요한 부분은 쉽게 지워버리는데, 인공지능으로 셀카를 찍는다면 그동안 쌓인 데이터베이스를 바탕으로 사용자가 가장 좋아하는 표정과 각도에 배경은 포토샵 같은 보정을 전혀 하지 않아도 카메라가 알아서 이상적인 그림을 그려줄 것이다.

지금도 보정이 많아 진짜인지 가짜인지 헷갈리는데 몇 년 뒤면 휴대폰으로 찍힌 사진이 현실인지 환상인지조차 구별하기 힘들어질 것이다. 이미 컴퓨터가 예술작품처럼 그림을 그리고 소설을 쓰는 시대인데, 한 장의 스틸사진 정도야 프로 사진가도 찍기 힘든 수준으로 알아서 만들어주는 시대가 금방 올 것이다.

● 메타버스, 가상의 우주/ 초월의 우주

최근 다양한 분야에서 메타버스에 대한 관심이 급증하고 있다. 메타버스(Metaverse)는 우주를 뜻하는 '유니버스(Universe)'와 초월을 의미하는 '메타(Meta)'의 합성어로, 가상현실, 증강현실, 혼합현실, 거울 세계, 라이프로깅을 포함한 3차원 확장 가상세계이며, 나름 또 하나의 현실이다.

아직은 전자오락의 확장 정도로 생각할 수 있지만, 의료계처럼 가장 신뢰성이 필요한 분야에서도 쓰인다. 이미 분당서울대병원이 메타버스 기술을 이용해 스마트수술실에서 폐암 수술을 진행했다. 우리나라 의료인뿐 아니라 영국과 싱가포르에서도 참관해 실시간으로 수술 현장을 각 연구실로 옮겨 눈앞에서 펼쳐지는 듯 자세한 수술 과정을 보며 토론했다. 머리에 기구를 쓰거나 노트북으로 360도 돌려가며 자세히 관찰할 수도 있다.

메타버스가 앞으로 얼마만큼 광범위하게 쓰일지는 상상하기조차 힘들지만 범위가 넓은 것만은 확실하다. 현실의 세계는 유한하지만 가상의 세계는 무한하기 때문이다. 그런 메타버스에 맛과 향도 등장이 가능할까? 이 시간에도 수만 가지 요리가 만들어지고 새로 개발되고 있다. 우리는 항상 맛에 진심이지만 맛은 뇌가 만든 환각이다. 설탕이 단 것이 아니라, 우리 혀의 미각 수용체 중 단맛을 감지하는 수용체와 결합할 뿐이다. 그럼 메타버스의 세상에 맛과 향도 등장할 수 있을까? 아직은 불가능하다. 시각과 청각처럼 디지털화가 필요한데, 우리는 아직 맛과 향에 대해 디지털화는커녕 그 기본 메커니즘도 잘 모르고 있기 때문이다.

● 가상이 현실보다 가치 없는 것이 아니다

지금까지 환각과 가상에 대해 말했는데, 사실 가상이 현실과 큰 차이가 있는 것도 아니고 현실보다 가치가 없는 것도 아니다. 어떨 때는 가상이 현실보다 가치있을 때도 있다. 영화를 보고 즐거운 까닭은 스크린에 보여준 장면을 보고 우리의 뇌가 실제 장면을 상상 즉, 가상화가 가능하기 때문이다. 색이나 맛은 우리의 몸이 만드는 것이지 실제 그 물질이 가지고 있는 특징이 아니다. 분자에는 맛도 향도 색도 없다. 불 끄면 사라지는 색은 확실히 뇌가 만든 것이지 실제로는 없는 것이다. 아주 넓은 파장의 빛이 지구의 표면에 닿는데, 우리는 그중에서 아주 좁은 범위의 파장을 3가지 시각 수용체를 통해 감각하고, 뇌의 V4 영역에서 그런 계산을 바탕으로 색을 입혀야 비로소 세상을 색으로 볼 수 있다.

색이 뇌가 만든 가상의 것이라 가치가 없다고 한다면, 다른 모든 것도 가치 없다고 볼 수 있다. 예술과 현실도 뇌가 만든 환각이기 때문이다. 우리 뇌의 작용은 철저하게 가상화에 기반을 둔 시스템이고, 인류의 문명도 가상성을 추구한 결과다. 흑요석 덩어리에서 돌칼을 상상하고, 동물의 가죽에서 옷을 상상하고, 숫자로 사물의 개수를 표현하고, 말로 개념을 설명하는 것도 전부 뇌의 가상화 능력에 기반한 것이다. 우리는 언어와 문자로 만든 가상의 세계를 통하여 변화하는 자연환경을 예측할 수 있게 되었다.

가상의 세계는 결코 허망한 존재가 아니라 무한 생성의 세계이며, 우리에게 생존 가능성을 높여준 기술이다. 예술은 가상화의 세계이자 환각의 즐거움이다. 미술과 조각은 빛의 파장이 만든 환각이고, 음악은 소리의 파장이 만든 환각이다. 그리고 음식의 맛도 화학 분자가 만든 환각의 즐거움이다. 일상적 경험이란 현실 세계에서 오는 감각을 바탕으로 우리 뇌가 주의 깊게 만든 환각이다. 우리는 모두 뇌 속에 만들어진 현실을 묘사한 가상의 세계에 살고 있다. 그 경계에는 구멍이 많아서 수시로 현실과 가상을 넘나든다.

● **환각은 생각보다 가까이 있다**

지금까지 여러 가지 사례를 통해 환각을 설명했지만 그래도 환각은 아직 나와는 상관없는 이야기라고 생각하는 사람도 있을 것이다. 그런데 몽정이라면 어떨까? 남자들은 특히 청소년기에 잠을 자다가 야한 꿈을 꾸면서 오르가슴과 함께 옷을 적시는 경험을 하는 경우가 있다. 당혹스럽거나 불쾌할 수도 있지만, 그 쾌감이 좋아 일부러 그런 꿈을 꾸기 위해 자위를 자제하거나 엎드려서 자는 등의 노력을 하기도 한다. 몽정은 보통 렘수면 단계에서 일어나는데, 젊은 여성의 경우에도 1/3 정도는 경험한다고 한다.

이런 몽정을 환각의 측면에서 바라보면 다른 의미가 있다. 느끼는 정도는 사람마다 다르겠지만, 꿈에서 한 키스가 깨어나서까지도 생생하게 느껴지거나 실제 행위를 했을 때만큼의 촉감이 느껴지는 경우도 있다. 그 느낌이 워낙 강력해서 '귀접(鬼接, Spectrophilia)' 즉, 귀신과의 성관계라고 부르기도 한다. 그런데 환각의 측면에서 몽정은 전혀 특별하지 않다. 우리가 느끼는 모든 감각/지각/쾌감은 뇌가 만든 것이고, 잠잘 때 자유롭게 만들어지는 환시가 꿈이고, 꿈속에서 자유롭게 하늘을 날기만 해도 그렇게 즐거운데, 환촉과 함께 쾌감을 만드는 것이 무엇이 어렵겠는가? 오히려 환촉과 쾌락이 실제와 구분이 될 정도로 차이 나게 통제되는 게 더 힘들 것이다. 모든 통증과 쾌감은 뇌가 만든 것이라, 감각이 없어도 사정에 이를 정도로 뇌가 강력한 쾌감을 만드는 것은 아주 쉬운 일이기도 하다.

한편, 식욕은 성욕만큼이나 원초적이다. 그래서 먹는 장면이 등장하는 꿈도 상당히 꾸게 된다. 그런데 꿈에서 먹을 때의 쾌감은 오르가슴에 도달할 정도는 아니다. 식욕의 만족은 성욕의 만족보다는 훨씬 복잡하기 때문이다.

환각은 우리 뇌 안의 초능력이다.

그 성능은 세상의 어떤 슈퍼컴퓨터보다 뛰어나서

우리가 세상을 채 인식하기도 전에 3차원으로 완벽하게 그려준다.

뇌가 시각과 일치하게 그림을 그려주기 때문에 우리는 볼 수 있다.

사실 우리 뇌는 언제든지 우리가 평소에 보는 것보다

훨씬 찬란하고 아름답게 세상을 그릴 수 있다.

특히 색은 원래 빛을 흡수 측정해 뇌가 만든 것이라

언제든지 눈을 떼기도 힘들 정도로 유혹적인 색으로 만들 수 있다.

단지 평소에는 그것이 완벽하게 억제될 뿐이다.

뇌 안의 막강한 환각 능력이 철저히 억제되고 숨겨지는 것은

그것이 생존에 도움이 되기 때문이다.

뇌는 결코 인간의 즐거움을 위해 만들어진 것이 아니다,

뇌는 우리 몸이 가진 자원을 효과적으로 통제하고 분배하기 위한 장치다.

환각의 능력은 위기의 순간에는 일생이 호출될 정도로 빠르고 막강하지만,

평소에는 완벽하게 억제되고 질병, 노화, 감각 박탈, 약물

그리고 위기의 순간 등에만 살짝 억제되지 않고 분출되는 모습을 보여준다.

우리의 일상이 감각에 억제된 환각이고,

정상적인 작동을 위해서는 불일치의 억제가 핵심 중 핵심이다.

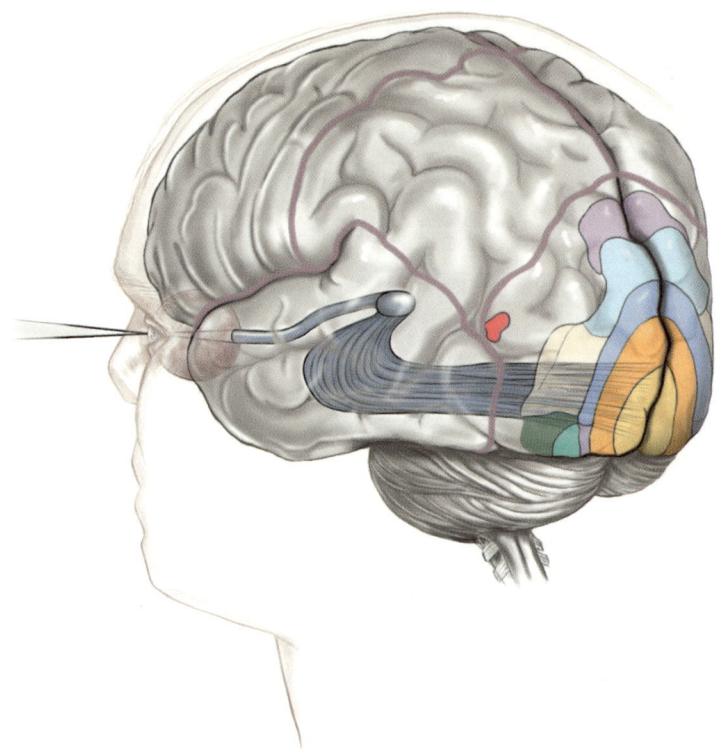

시각을 담당하는 기본 모듈(©1999 Terese Winslow LLC.)

체커 그림자(Adelson's Checker-Shadow) 착시

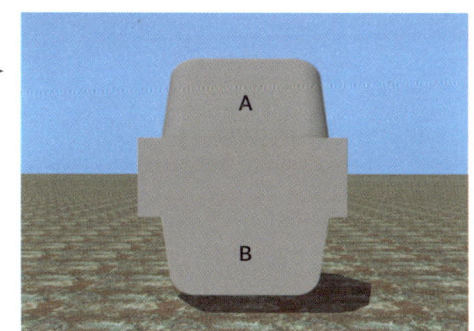

로토(Lotto) 착시

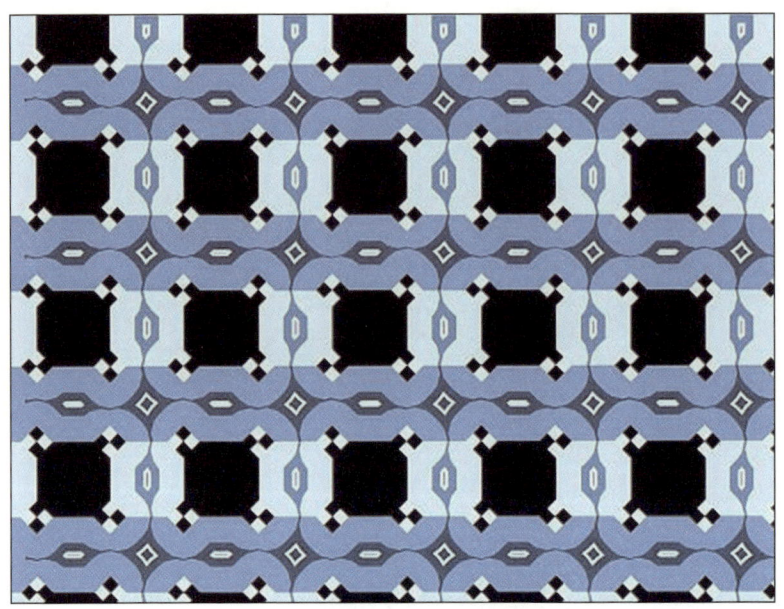

카페벽 착시(Victoria Skye, 2017)

동일한 그림인데 이미지를 흐리게 처리하면 이렇게 된다

카페벽 착시의 변형, 모두 동일한 직선의 수평선이다

움직이는 착시(초판의 표지 사진, ⓒKrajewski Krystian)

* 이 착시 그림은 초판본의 표지로 썼던 것이다. 모니터로 봤을 때는 심하게 흔들렸는데, 인쇄를 하고 나니 그 효과가 사라져서 크게 실망했었다. 원래 느낌은 이 그림을 사진으로 찍어서 모니터로 보면 잘 알 수 있을 것이다.

건물에 그려 놓은 착시효과

환각의 반대말은 상상, 환각은 억제가 핵심이고, 상상은 풀기가 핵심이다

언어, 뇌는 어떻게 맛을 만드는가

PART 5

어떻게 감각이 지각이 될까?

1
Flavor
Perception

1. 과학이 감각의 비밀을 풀었지만 지각의 비밀은 전혀 모른다

● **뇌는 어떻게 맛을 구분하고 지각할까?**

내가 맛을 지각하는 원리를 찾아보고자 노력한 이유는 맛의 절반 이상이 뇌가 만든 것이라 뇌를 모르고서는 맛을 온전히 설명할 수 없기 때문이다. 맛도 결국 뇌가 만든 환각이라 전적으로 뇌에 달렸다고 할 수 있지만, 음식과 감각이 없이는 그런 환각을 불러올 수 없기 때문에 그나마 뇌의 역할을 절반이라고 줄여서 말한 것이다.

맛에 대한 강연을 하면서 사람들에게 "소금은 무슨 맛일까요?"라는 질문을 하면 대부분 "짠맛이요!"라고 답한다. 그런데 왜 음식에 소금을 넣으면 짜지 않고 맛있어지냐고 물으면 조용해진다. 내가 소금은 짠맛이 아니고 '미치도록 맛있는 맛'이라 음식에 조금만 넣어도 맛있어지고, 혹시 짜게 느껴진다면 그것은 소금을 너무 많이 넣었기 때문이라고 하면 그럴 수도 있겠다고 고개를 끄덕인다. 그런데 정확하게 말하면 '소금' 그 자체는 아무런 맛이 없다. 물체가 스스로 색을 내는 게 아닌 것처럼 맛도 그 물질 자체가 내는 것이 아니라 우리가 애써 수용체를 만들어 느낀다.

맛은 결국 존재하는 것이 아니라 우리가 감각 수용체를 만들어 전기적 신호를 만들고, 뇌가 전기적 신호를 느낌으로 해석해서 일어나는 현상이다. 맛은 존재하는 것이 아니라 발명하고 발견하는 현상인 것이다.

● **식품에는 다양한 향기 물질이 있다**

세상에는 다양한 맛 물질과 향기 물질이 있는데, 향기 물질은 특히 그 종류가 다양하다. 대략 40만 종으로 추정하는데, 그중에서 식품에서 발견된 것이 11,000종 정도다. 이런 물질들이 다양하게 조합되어 원료와 제품마다 다른 풍미를 부여한다.

향을 느낀다는 것은 각각의 식재료에 포함된 여러 가지 향기 물질을

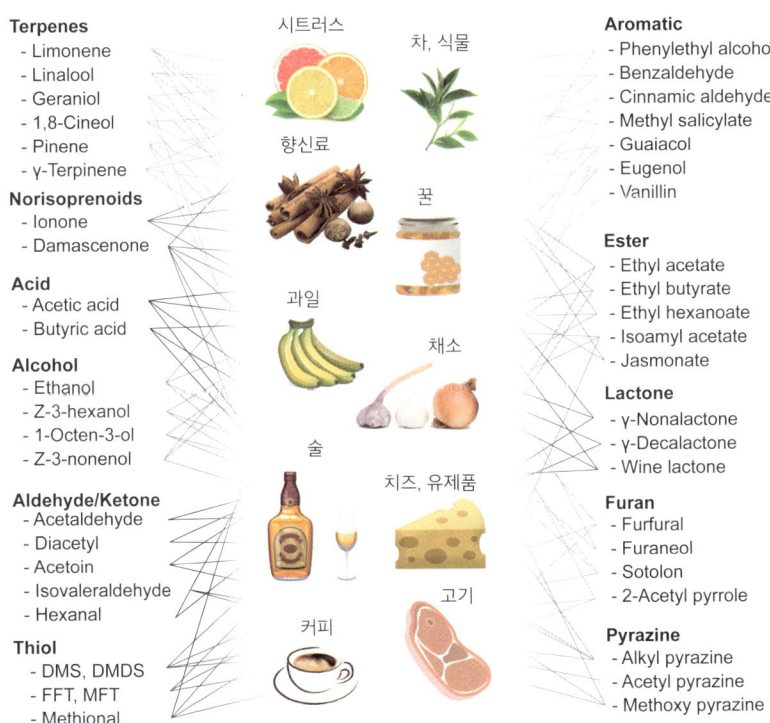

코의 후각 수용체를 이용해 감각한다는 뜻이다. 향기 물질에 대한 탐구는 근대 과학이 발전하기 전부터 이루어졌다. 우리의 코에서 일어나는 현상 즉, 향을 감각하는 현상은 어느 정도 알게 되었지만, 향을 지각하는 원리는 아직도 진전이 없다.

● **감각 수용체에서 전기적 신호가 만들어진다**

코에는 후각 세포가 있고 후각 세포 끝의 섬모에 G 수용체가 있는데 G 수용체는 후각 세포 표면에서 계속 꿈틀거리다가 모양이 일치하는 향기 분자와 결합하면 ON 상태로 바뀌고 전기 신호가 만들어진다.

전기적 신호를 만들기 위해 나트륨이나 칼슘 채널이 열려 이들이 대량으로 세포 안으로 들어가면서 신호가 만들어지고, 다음 신호를 위해서는 다시 나트륨이 펌프를 통해 배출되어야 한다. 신호가 일정 시간 지속되는 것이 아니라 아주 짧은 펄스의 형태로 만들어져 전달되는 것이다. 그러니 악기마다 음색이 다르듯 단맛 수용체가 한 종류여도 감미료마다 다른 형태의 펄스의 패턴을 만들 수 있다.

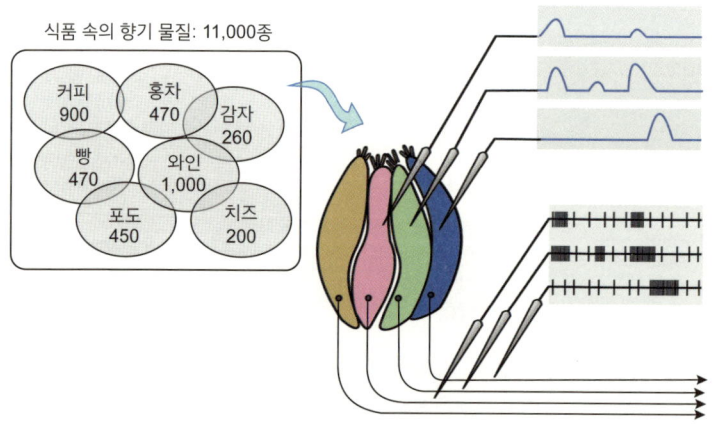

감각 세포에서 만들어지는 전기적 신호

● **감각 수용체의 신호는 맨 처음 사구체(토리)로 모인다**

수용체에서 발생한 전기적 신호는 사구체(토리)에 연결된다. 하나의 사구체에는 한 종류의 수용체에서 온 신호만 모인다. 후각 세포는 수명이

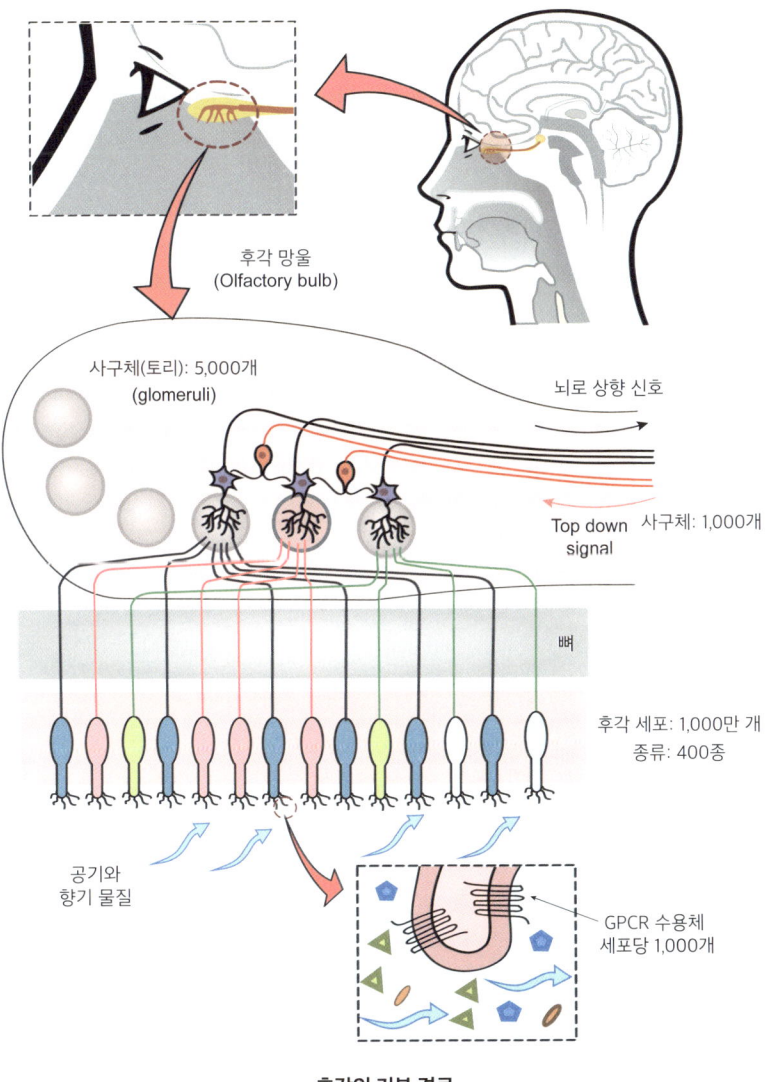

후각의 기본 경로

있어서 시간이 지나면 새로운 것으로 대체되는데 그럼에도 하나의 사구체에는 한 종류의 수용체만 모인다.

 토끼는 5,000만 개의 후각 세포가 있는데, 후각 망울에 있는 사구체는 2,000개에 불과하다. 2만 5천 개의 신호가 1개의 사구체에 모이는 것이다. 개는 1억 개가 넘는 후각 세포 신호가 수천 개의 사구체에 모이고, 쥐는 1,000만 개의 후각 세포 신호가 2,000개의 사구체에 모여든다. 1개의 사구체에 5,000개의 후각 세포가 연결되어야 하는데, 쥐의 후각 수용체 종류는 무려 1,000가지다. 1,000만 개의 후각 세포가 2,000개의 사구체에 연결되어야 하므로 자신에게 맞는 둘 중 하나에 정확히 연결되어야 하는 정교한 작업이다. 사람은 1,000만 개의 후각 세포가 있는데, 후각 세포의 종류는 400종으로 2/5에 불과하고, 사구체는 5,500개로 2.5배 많다. 그러니 쥐보다는 6배 이상 여유가 있지만 그래도 1개의 사구체에 1,800개 이상의 짝이 되는 후각 세포가 정확하게 연결되어야 하는 정교한 작업이다.

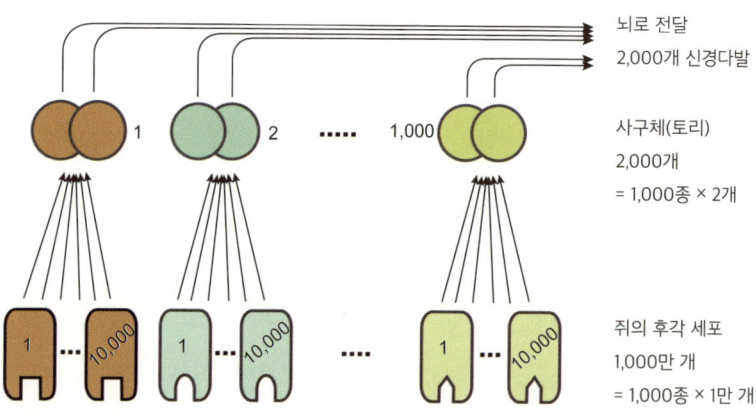

● 향기 물질에 의해 사구체의 다양한 위치에 불이 켜진다

각각의 향기 물질이 후각 세포를 자극하면 그 결과가 사구체로 모인다. 이때 사구체를 측정하면 향기 물질별로 다양한 발화 패턴을 볼 수 있다. 쥐의 사구체는 1,000종×2개의 전등으로 된 전광판, 인간은 400종×14개의 전등으로 된 전광판이라고 볼 수 있다. 그럼 향기 물질에 따라 이 전광판에는 어떤 패턴으로 불이 들어올까? 몇 가지 향기 물질에 대한 쥐의 후각 망울 발화 패턴을 관찰해 보면, 한 가지 향기 물질로만 자극해도 동시에 여러 사구체에 불이 들어오는 것을 알 수 있다. 그래서 해석이 쉽지 않다. 더구나 불이 들어오는 위치에 의미가 있는 것도 아니다. 위쪽은 좋은 향기, 아래쪽은 악취, 좌측은 신선한 느낌, 우측은 익은 느낌처럼 구역별로 기능이 정해졌다면 좋을 텐데 그런 분류는 없고, 향에 따라 쥐마다(사람마다) 불이 들어오는 위치는 제각각이다. 더구나 농도가 진해

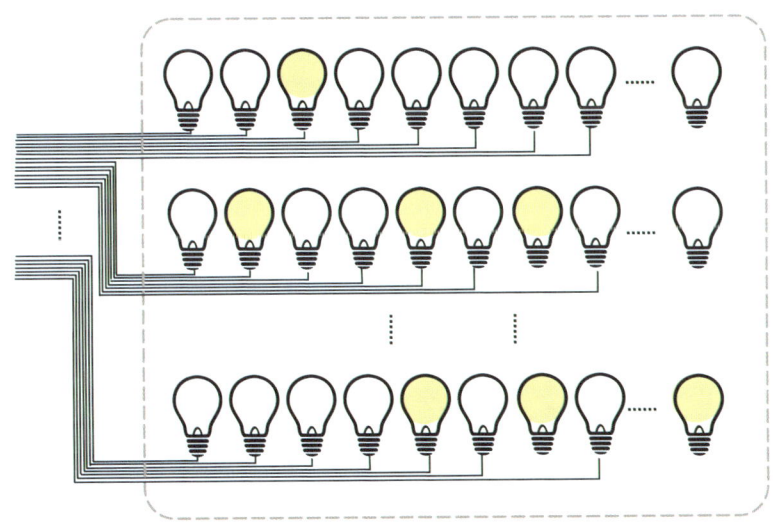

사구체의 모식도

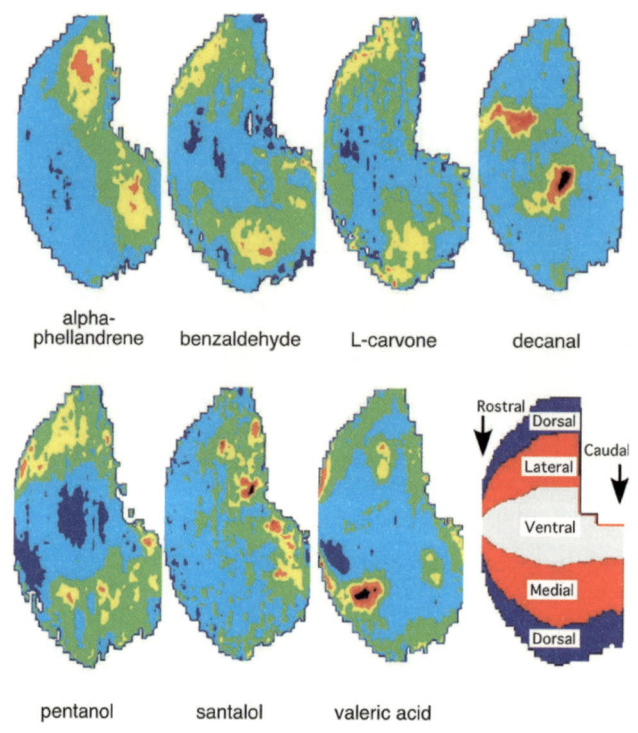

후각 물질에 따른 쥐의 후각 망울 패턴
(출처: Woo, Cynthia C., Edna E. Hingco, Brett Allen Johnson and Michael Leon. "Broad activation of the glomerular layer enhances subsequent olfactory responses." Chemical senses 32 1 (2007): 51-5.)

지면 동일한 위치에 더 강하게 불이 들어오는 정도를 넘어 새로운 위치에 불이 들어오는 경우도 있다. 새로운 느낌이 출현하는 것이다.

그래도 만약 한 가지 식품에 한 종류의 향기 물질만 있다면 우리는 후각 망울의 발화 패턴으로 어떤 식품의 향기인지 판단이 가능할 것이다. 하지만 한 가지 식품에도 수백 종의 향기 물질이 있고, 향기 물질은 다양한 상호작용을 한다. 그러니 발화 패턴을 알아도 무슨 물질이 자극했는지 판단하기는 힘들다.

향은 다양한 분자의 혼합물이다. 한 가지 물질도 다양한 수용체를 자

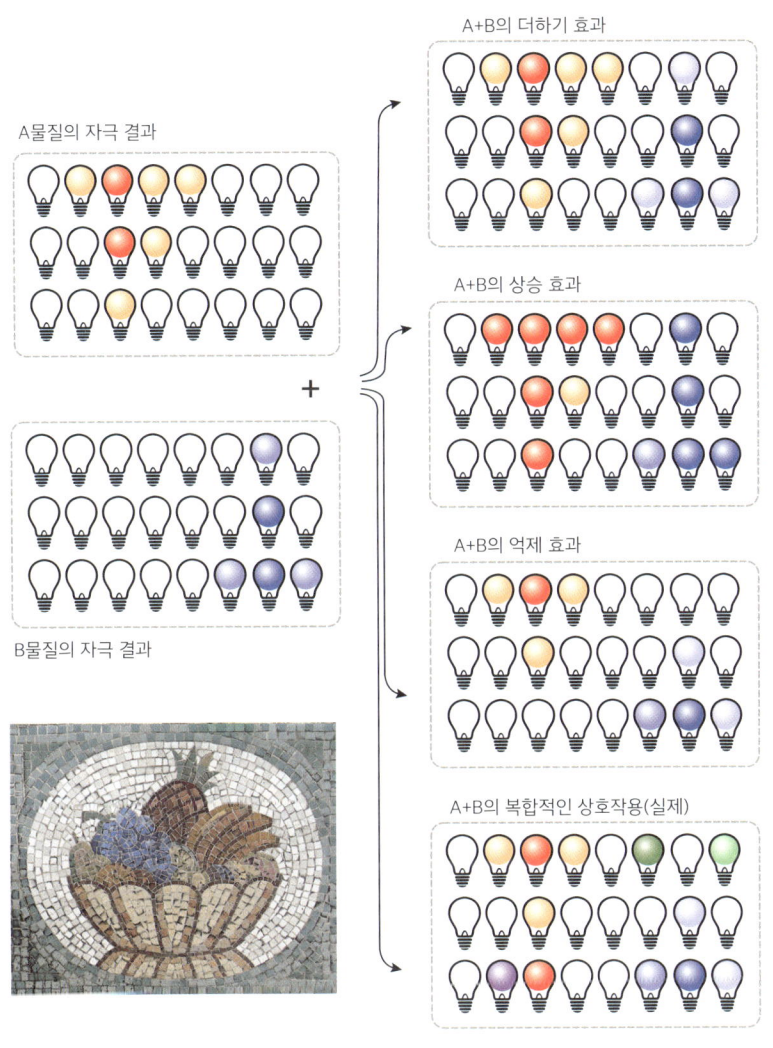

향기의 혼합 현상: 더하기, 곱하기, 빼기

극하여 다양한 발화 패턴을 만드는데, 여러 개의 물질이 동시에 작용하면 수용체에서는 단순히 더하는 효과뿐 아니라 상승, 억제, 덮음 등 다양한 상호작용이 발생한다. 그러니 혼합물의 향기는 개별 물질 느낌의 합과 많이 달라지는 것이다.

결국 핵심은 "이렇게 다양한 발화 패턴을 뇌는 어떻게 해석하는가?"이다. 우리의 코는 1조 가지 향의 차이를 구분할 수 있다고 하는데, 12가지 향기 물질을 10단계 농도 단위로 조합만 해도 1조 가지 경우의 수가 발생한다. 그것이 다양한 상호작용으로 400가지 후각 수용체를 자극하면 그것으로 만들어지는 발화 패턴은 무한대에 가까운데, 우리 뇌는 그것으로부터 어떻게 사과인지 딸기인지 구분할 수 있는지 모른다. 더구나 잘 익은 상태인지, 상한 상태인지 구분하는 법도 모른다.

후각 영역에 딸기 영역, 사과 영역 등이 따로 있지 않으며, 범위를 더 넓혀도 과일 느낌의 영역, 고기 느낌 영역으로 나뉘거나 하지 않는다. 그런데도 우리는 음식을 맛보는 순간 과일인지, 고기인지, 사과인지, 딸기인지, 맛이 좋은지 나쁜지를 순식간에 판단한다.

● 사구체 이후 신호는 미로로 사라진다

사구체에서 일어나는 발화 패턴을 이해하는 일은 그 뒤에 이어지는 신경회로에서 이루어질 텐데, 후각은 사구체에 도달할 때까지 애써 모은

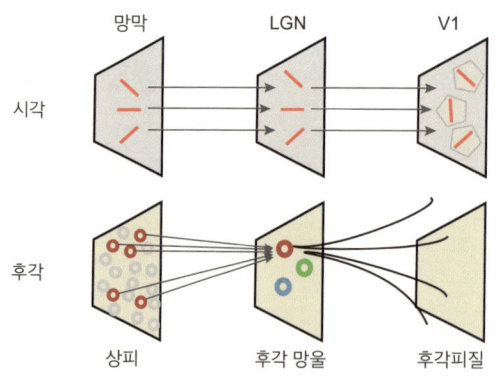

시각의 전달 패턴 vs 후각의 전달 패턴

신호를 그 이후 완전히 해체해버린다. 과학자들은 후각도 시각처럼 단계별 작동 내용을 어느 정도 추적할 수 있을 것이라 기대했으나 그냥 블랙박스 속으로 흩어져 버린다. 후각을 이해할 결정적인 부위가 없이 여러 부위로 신호가 흘러 들어가 버리니 지각의 원리를 찾기 힘든 것이다.

후각 신호는 다른 신호와의 조합과 상호작용이 가장 심한 편이다. 그래서 연결배선을 확인한다고 특정 수용체를 자극할 때 최종적으로 어떤 신호가 만들어질지 예측할 수 없다. 후각에는 특히 억제가 많은데 수용체 수준에서 일어나는 억제도 있고, 뇌 전체에 일어나는 억제도 있다. 그러니 단순히 연결배선을 이해한다고 후각을 이해할 수 있는 것도 아니다.

● **과학은 아직 지각의 비밀을 풀 실마리를 찾지 못했다**
여기까지가 후각에 대한 일반적인 설명이다. 감각 수용체에서 일어난

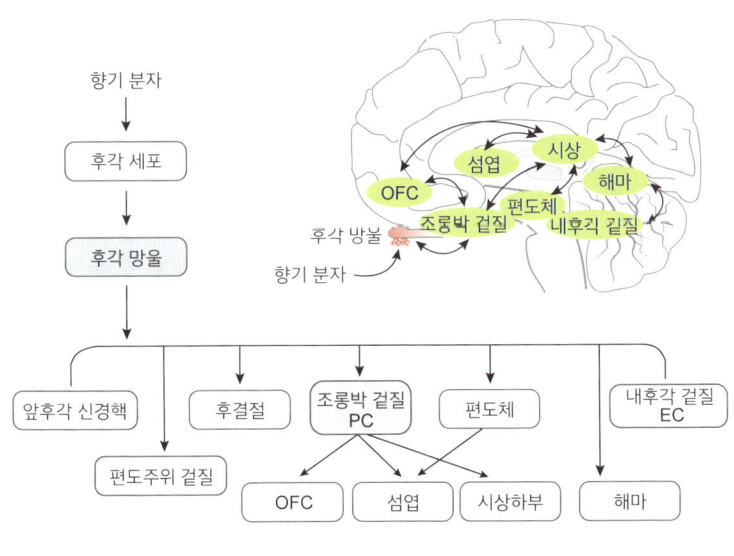

후각의 전달 경로

전기적 신호가 뇌에 어떻게 전달되는지를 아는 정도이지, 그 전기적 신호를 뇌가 어떻게 해석하고 이해하는지에 대한 설명은 없다. 우리는 아직 감각만 겨우 알 뿐, 지각에 대해서는 어떻게 공부를 시작해야 할지도 모르는 셈이다. 그리고 앞으로도 상당 기간 후각을 어떻게 지각하는지 구체적인 기작은 밝혀질 것 같지 않다. 그래서 답답한 심정에 내가 직접 시각의 원리에서 힌트를 찾아 후각을 이해해 보려 했던 것이다.

2. 맛의 지각에 대한 비밀도 환각에 있다

● 나는 맹점 채움에서 시각을 이해하는 실마리를 찾았다

나의 뇌에 대한 탐험은 "우리 뇌가 어떤 방식으로 복잡한 성분이 든 요리에서 전체적인 맛을 알 수 있고, 부분적인 맛도 구분하여 알 수 있는지 이해하기 힘들다"라는 문장에서 출발했다. 우리는 김밥을 먹으면서 맛있는지 맛없는지 전체적인 맛도 알고, 김, 달걀부침, 단무지, 우엉, 햄, 당근 등 각 재료의 맛을 각각 따로따로 구분해 느낄 수도 있다. 많은 사람이 이것을 너무나 당연하게 여기지만, 사실 각각 재료의 맛 차이는 향의 차이에 불과하고, 향은 다양한 향기 물질의 조합일 뿐이며, 단무지 고유의 향기 성분이나 우엉 고유의 향기 성분이 있는 것은 아니다. 이 말의 의미는 스피커에서 재현되는 소리를 생각해 보면 더 쉽게 이해된다. 우리는 스피커에서 나오는 사람의 목소리와 피아노 소리, 바이올린 소리를 따로따로 듣고 구분할 수 있다. 3개의 스피커에서 3개의 소리가 따로 재생되면 구분하는 것이 당연하지만, 하나의 스피커에서 하나의 파동으로 동시에 3가지 소리를 재현하는 것인데도 우리는 어떻게 3가지 소리를 구분해서 들을 수 있을까?

나는 이 구분(지각)능력에 대한 원리를 찾기 위해 뇌과학을 공부하던 중, 라마찬드란 교수가 쓴 『라마찬드란 박사의 두뇌 실험실』에 나온 맹점 채움 현상을 보고 너무나 놀랐다. 맹점 채움을 알게 되면서 우리가 어떻게 세상을 보는지에 대해 새롭게 생각하게 되었고, 올리버 색스가 쓴 『환각』을 통해 후각에도 환각(환후)이 있고, 모든 감각에 환각이 있다는 것을 알고 나서 내 나름대로 지각의 원리를 찾을 수 있었다. '뇌는 감각과 일치하는 환각을 만들면서 세상을 지각한다'는 것이 바로 내가 이해한 지각의 원리이다. 그리고 이를 여러 현상에 대입해 보니 그동안 궁금했던 여러 질문에 대한 답이 나왔다. 착시, 착각, 환각뿐 아니라 인간의 탁월한 흉내 내기, 학습능력, 표정 읽기, 상대방의 마음 읽기, 공감 능력, 문화 현상을 뇌의 생물학적 메커니즘으로 해석이 가능해진 것이다. 향을 지각하는 원리는 결국 환각(따라 하기) 능력에 있다는 것이 나의 생각이다.

● 환후(Olfactory hallucination, Phantosmia)도 있다

후각도 시각과 같은 원리로 작동한다면 착후와 환후가 있어야 한다. 여기에서 여러 사례를 보여주면 좋겠지만, 향을 사진으로 보여줄 수 없으니 마땅한 방법이 없다. 하지만 분명 환후는 있다.

이번 코로나 19의 가장 특이한 점이 후각이나 미각 상실을 겪은 사람이 많다는 것이다. 이렇게 갑자기 후각을 상실하면 환후를 경험하는 일이 상당히 많다. 실제로 코로나 환자의 6% 정도가 구운 토스트 향이나 정체를 알 수 없는 특이한 향을 맡는 환후를 경험했다고 한다. 존재하지 않는 향을 맡게 되는 환후 증상으로는 타는 냄새를 맡는 경우가 가장 흔하며, 상하거나 썩은 냄새를 맡기도 하고, 일부는 메이플 시럽, 베이컨, 버터 바른 구운 빵 같은 기분 좋은 향을 경험하기도 한다.

측두엽 손상에 의한 조현병일 경우에도 흔히 환후가 나타나는데 자기 몸에서 이상한 냄새가 나서 남들이 자기를 피한다는 망상을 수반하는 경우가 많다고 한다. 심한 편두통의 환자도 발작이 시작되기 전에 환후를 겪는 경우가 많다. 이처럼 환후는 평소에는 드러나지 않다가 병에 걸리거나 쇠약해질 때 또는 뇌에 이상이 생기면 갑자기 등장하기도 한다. 외과의사 와일더 펜필드Wilder Penfield는 국소 마취제를 사용하여 환자가 깨어있는 상태에서 뇌수술을 하는 방법을 개발했다. 전극으로 환자의 뇌 일부를 자극하고 유발된 감각을 설명하도록 해서 꼭 필요한 기능을 제거하는 실수를 줄이려 한 것이다. 그는 수백 회의 뇌수술을 통해 얻은 정보를 바탕으로 뇌 피질의 기능적 지도를 만들었으며, 환후를 제거하는 수술을 하기도 했다.

1934년, 뇌전증을 앓아서 펜필드에게 치료를 받던 한 여성은 실제로는 존재하지 않는 '토스트 타는 냄새'를 맡고는 했다. 그가 전극으로 조심스럽게 뇌 표면을 찌르는 작업을 하던 중 어느 한 부위를 자극하자 그 여성은 "새까맣게 타는 토스트! 펜필드 박사님, 토스트 타는 냄새가 나요!"라고 소리쳤다. 그렇게 그 부위를 제거할 수 있었다. 이처럼 전기적 자극만으로 환후가 등장하는 것을 보면, 결국 환후는 원래 있던 기능이 억제가 힘들어져 봉인이 풀려 드러나는 현상이라고 볼 수 있다.

● 후각에도 맹점 채움이 있다

A. S. 바위치A. S. Barwich의 『냄새』에는 설퍼롤이란 향기 물질이 등장한다. 향수계의 거장 크리스토프 로다미엘Christophe Laudamiel은 2017년 4월, '인간의 냄새 감각'이란 주제의 강연에서 설퍼롤을 적신 띠(시향지)를 청중에게 나누어 주고 향을 맡게 했다. 반응은 다양했다. 이 향이 어떤 것인지에 대한 불확실성이 강연장을 가득 메웠다. 그것은 유기 물질의 느낌이었고, 땀 냄새도 약간 났으며, 어떤 면에서는 달콤하고 기름

진 느낌도 들었다. 불쾌하지 않았지만 그렇다고 유쾌하지도 않았다.

"이게 뭘까요?" 로다미엘이 청중에게 따뜻한 우유 사진을 보여주며 묻자 "따뜻한 우유였어!" 하며 중얼거리는 소리가 흘러나왔다. 로다미엘이 이미지를 햄 사진으로 바꾸자 청중들은 금세 햄 냄새를 맡았다. 같은 화학 물질에 같은 향이지만 단순히 이미지를 바꾸는 것만으로 사람들의 지각이 달라진 것이다. 로다미엘이 그림을 번갈아 바꿀 때마다 설퍼롤에 대한 청중의 경험은 달라졌다. 햄에서 우유로, 우유에서 햄으로 보여주는 그림에 따라 향이 바뀌었다. "저 역시 그렇게 느껴요." 로다미엘은 웃으며 말했다.

설퍼롤은 티아민(비타민 B1)의 분해로 만들어지는 향기 물질로써 미묘한 불순물의 차이에 따라 향이 달라지며, 단일한 물질이지만 여러 느낌이 들고 그만큼 모호하다. 그러다 보니 이미지나 말에 의해 그 느낌을 쉽게 바꿀 수 있다. 누군가 고기 느낌이라고 하면 고기 느낌이 들고, 육수 느낌이라고 하면 육수 느낌이 들게 된다.

이것은 청각의 '몬더그린(Mondegreen) 효과'와 비슷하다. 몬더그린 효과는 미국의 작가 실비아 라이트Sylvia Wright가 어렸을 때 어머니가 들려주던 스코틀랜드 곡 중 "Laid him on the green"이라는 구절을 "Lady Mondegreen"으로 잘못 알아들었다고 고백한 것에서 유래했으며, 이후로 모호한 발음을 본인이 아는 단어로 바꿔 듣는 현상을 지칭하게 되었다. 이 현상은 특히 외국어를 들을 때 자주 발생하는데, 예전에 개그맨 박성호 씨가 팝송의 "All by myself" 부분을 "오빠 만세!"라고 부르자 그 다음부터 누구든 그 노래를 들으면 오빠 만세라고 듣게 되었다.

몬더그린 효과는 시각에서 맹점의 부족한 정보를 채워 넣는 맹점 채움과 매우 유사하다. 부족하고 모르는 정보를 적당히 짐작하여 채워 넣는 현상인 것이다. 이를 후각에서 가장 쉽게 경험할 수 있는 방법은 앞서 설명한 설퍼롤 같은 몇 가지 향기 물질을 직접 맡아보는 것이다. 향기 물질은 뭔가 즐겁고 유쾌한 향이 가득할 것으로 기대하지만, 실제 개별 향기 물질은 마치 외국어를 처음 듣는 것처럼 낯설고 모호한 경우가 많다.

예를 들어 메톡시이소프로필피라진이란 향기 물질은 콩(Bean) 피라진으로도 불리며, 향을 맡으면 감자, 흙냄새, 파슬리 잎과 같은 향기가 난다고 한다(String-bean, Pea, Earthy, Chocolate, Nutty). 이런 표현을 듣고 그게 무슨 향일지 짐작하라고 하면 전혀 알 수 없을 것이다. 그런데 한국 사람에게 그 향을 맡게 하고 혹시 인삼 향이 느껴지지 않느냐고 물으면 100% 인삼 향이 맞다고 답한다. 처음에는 못 느끼던 사람도 인삼이란 말을 들으면 인삼 향이 코를 지배한다. 오히려 인삼이라는 말 때문에 그 물질이 가진 복잡한 느낌이 사라진다. 일종의 '언어 장막'에 갇히는 것이다. 이 현상을 반대로도 체험할 수 있다. 인삼의 향을 인삼을 전혀 모르는 사람에게 그 사람이 알만한 단어로 표현하라고 하면 딱히 떠오르는 단어도 없을 것이고, 심지어 직접 인삼의 냄새를 맡으면서 표현하라고 해도 적당한 단어를 찾기 힘들 것이다.

향기 물질은 대부분 모호하고 여러 가지 복합적인 느낌을 주는 경우가 많지만, 신남알데하이드는 그 물질만으로도 계피를 곧바로 떠올릴 정도로 특징적이다. 그런데 계피라는 판단을 너무 빨리 내리면 그 향기 물질이 가지고 있는 달콤하고 따뜻한 고유의 느낌은 알아채기 힘들다. 바닐린의 경우도 아무런 정보 없이 향을 맡으면 달콤하고 부드러운 특징이 느껴지지만, 바닐라 향을 자주 경험한 사람은 바로 바닐라를 떠올리기 때문에 오히려 객관적인 특징을 인식하기 힘들어진다.

그래서 예비 조향사가 향기훈련을 할 때면 흔히 알려진 느낌을 설명해주지 않는다. 조향사는 수백 가지 향기 물질의 미묘한 차이를 구분하고 기억해야 하는데, 자신의 날 것 그대로 감각을 최대한 이용해야지 단어에 의해 선입견을 가지면 단어가 감각을 압도해서 미묘한 특징을 감각하기 힘들어지기 때문이다. 이처럼 정보에 따라 감각이 달라지는 사례는 시중 제품에서도 만날 수 있다.

2017년 6월, L사는 '거꾸로 수박바'를 출시한다. 기존 제품에서 빨간색 부분과 초록색 부분의 위치를 바꾸어 상대적으로 작았던 초록색 부분을 크게 늘린 것이다. 이전에 수박바를 먹어 본 사람들이 파란색 부분이 훨씬 맛있다고 그 양을 크게 해달라고 너도나도 요청하는 바람에 출시한 제품인데, 이 제품을 맛본 소비자들은 실망을 감추지 못했다. 늘어난 초록색 부분이 마음에 들지 않았던 것이다. 그래서 다들 "색만 바꾼 거 아냐?"라고 따졌는데 회사 관계자는 배합비는 완벽히 똑같고 순서만 바꾼 것이라 해명했다. 빨간 부분은 멜론 맛, 초록 부분은 딸기 맛으로 기존과 동일하다는 것이다. 이때 빨간 부분이 멜론 맛, 초록 부분이 딸기 맛이라는 설명에 더욱 혼란에 빠진 소비자도 있었는데, 사실 수박바는 모양만 수박이지 한 번도 수박 맛인 적이 없다. 수박의 형태와 색으로 첫인상을 지배하고, 보통은 빨간색이 딸기, 초록색이 멜론인 조합을 뒤집어 빨간색이 멜론, 초록색을 딸기로 혼동을 주어 색깔과 형태로 소비자가 수박 맛이 아니라는 사실을 더 모르게 한 것이다.

거꾸로 수박바

● **향도 뇌가 그린 그림이다**

　시각에서 착시와 환시처럼 향에도 착후와 환후가 있으니 향을 지각하는 기본 원리는 시각과 같을 것이라는 게 나의 생각이다. 뇌에서 감각의 결과를 환각을 통해 재현하는 작업이 없으면 감각 자체는 아무런 의미가 없다는 것은 이번 코로나 19를 겪은 환자의 체험담을 통해서도 어느 정도 알 수 있다.

　코로나 19 환자 중 일부는 갑작스러운 후각 상실을 경험한다. 어느 순간 갑자기 아무런 향을 맡지 못하게 되는 것이다. 이때 후각 세포는 대부분 아무런 문제가 없다. 후각 세포 옆의 보조 세포는 감염이 되어도 후각 세포는 바이러스에 감염이 되지 않는 것이다. 후각 상실은 결국 후각 세포의 신호가 뇌로 전달되는 경로에 이상이 생기거나 뇌에서 재현하는 회로에 이상이 생겨서 발생한 것인데, 흥미롭게도 많은 환자가 어느 순간 갑자기 향기를 맡을 수 있게 회복된다. 일반적인 후각 이상은 회복에 오랜 시간이 필요하고 단계적으로 진행되는데, 갑자기 확 돌아오는 것이다. 그리고 후각이 돌아왔다 다시 사라졌다를 반복하면서 회복하는 경우도 있다. 이것은 확실히 후각 세포나 뇌세포의 손실 또는 회복으로는 설명하기 힘들고, 그것을 재현하는 환각 장치의 ON/OFF로 추정되는 현상이다. 이런 환자 중에는 기이한 향의 왜곡이나 환후를 경험하는 경우도 많았다.

　하여간 시각이 눈으로 들어온 정보를 바탕으로 뇌가 그대로 재현해보면서 세상을 이해하는 것이라면, 후각은 코에서 들어온 정보를 바탕으로 뇌에서 유사한 모형을 찾아 재현해 보면서 향기를 이해하는 현상이라고 할 수 있다. 더구나 후각은 시각보다 훨씬 감각으로부터 전달되는 정보가 부족하고 모호하다. 그러니 앞서 설명한 '언어 장막' 현상처럼 뇌의 판단이 개입할 여지가 많은 것이다.

맛과 향은 개입하는 분자의 종류도 수용체의 종류도 너무 많은데, 고작 파장 하나(?)로 이루어진 시각과 청각에 비해 감각적인 정보가 부족하다. 그러니 맥락에 따라 전체를 적당히 해석하는 예측력과 재구성 능력이 핵심인 것이다. 뇌는 감각에서 입력된 정보를 바탕으로 기억에서 가장 유사한 것을 찾아 해석하는 작업을 한다.

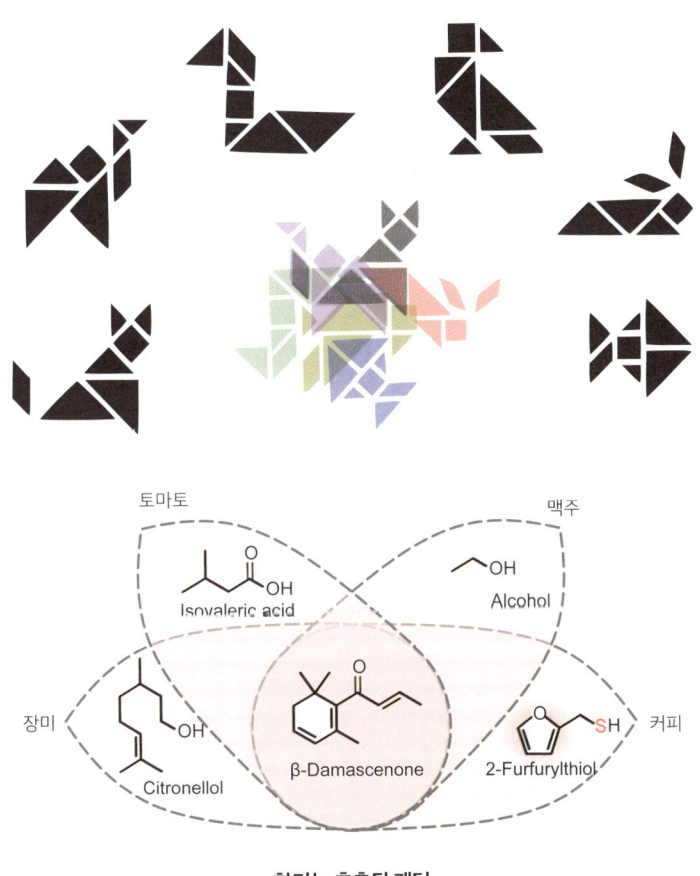

향기는 호출된 패턴

● 향은 뇌의 해석이다

미각과 후각도 엉성한 정보로부터 뭔가 종합된 이미지를 만들어내는 작업이다. 하지만 시각만큼 정교하지는 못하여 부족한 부분을 채워 넣는 작업이 더 많다. 그래서 더 많은 예측이 들어가고 경험과 환경, 언어와 관념 등이 만든 첫인상의 영향을 많이 받는다. 시각에도 물론 많은 감정이 개입하지만 그래도 풍부한 정보를 바탕으로 사물을 있는 그대로 보려 한다. 하지만 후각은 정보가 불충분해서인지 자꾸 정보 이상의 감정적인 판단을 한다. 향기를 그 자체 그대로 두려 하지 않고 좋은 향인지 수상한 향인지 분류하고 판단하려 하는 것이다. 사실 향은 워낙 그 양이 적어서 그 자체로는 이미 이취도 아니고 해롭거나 유익하지 않은 것이 대부분인데도 그렇다.

우리는 수많은 향기 성분의 칵테일에서 뭔가의 특징을 드러내는 힌트를 찾으면 그것을 중심으로 끊임없이 짐작하고 비교하고, 모자란 부분은 적당히 채워 넣으면서 그것이 무엇인지를 판단하고 동시에 좋고 싫음도 판단한다. (이때 많은 예측이 개입된다.)

● 뇌가 그릴 수 있는 만큼 구분할 수 있다

우리는 교향곡을 들으면서 전체적인 리듬을 들을 수 있고, 바이올린과 피아노 등의 소리를 따로 구분할 수 있다. 지휘자라면 연주자 한 명 한 명의 모든 소리를 구분해 들을 수도 있을 것이다. 뇌가 소리에 따라 구분해서 연주하는 만큼 우리는 소리를 구분해 들을 수 있는데, 지휘자는 훈련을 통해 모든 연주자의 소리를 뇌로 구분해 재현할 수 있기 때문이다. 나이 든 사람은 "학교 종이 땡땡땡~"이라는 노래를 듣거나 글만 읽어도 머릿속에 저절로 "~기다리신다!"까지 자동으로 멜로디가 나올 것이다. 이 노래는 누가 부르든 박자가 틀리든 리듬이 틀리든 아무런 상관

없이 들을 수 있다. 이런 노래가 들리는 원리는 맛과 향에도 똑같이 적용된다.

모든 파장이 섞인 스피커 소리에서 전체 소리를 듣고 각각 악기의 소리를 따로 들을 수 있는 것처럼, 우리는 전체적인 맛을 느끼고 향을 따로 구분해 느낄 수도 있다. 음식이 주는 자극에서 뇌가 딸기의 향을 재현하

맛은 숨은그림찾기?

고 사과의 향을 재현할 수 있으면 그것을 구분할 수 있는 것이다. 그래서 나는 항상 "맛은 입과 코로 듣는 음악이다"라고 말한다.

● 뇌가 코를 바꿀 수 있는 것은 비유가 아니라 생물학적 현상이다

향기는 집중, 배고픔, 피로 등 여러 조건에 따라 달라지는데, 이것은 심리학적인 현상이라기보다는 생물학적 현상에 가깝다. 후각은 후각 망울에서 조롱박 겉질, 내후각 겉질, 편도체, 해마 등으로 연결되고, 결국 안와전두피질(눈확이마 겉질, OFC)에 도달한 후에 다시 쾌감중추와 후각 망울까지 다시 이어진다. 되먹임 루프가 형성되어 신호가 돌고 돌면서 해석되고 조정되는 것이다. 이 과정에서 놀라운 조절과 적응이 일어난다. 계속 반복되는 신호는 점점 둔감하게 만들어 신경을 덜 쓰이게 하고 새로운 신호에 반응하는 것이다. 음식을 먹을 때 포만감을 알리는 호르몬 신호를 결합하면 음식에 대한 매력이 감소하기도 한다. 몸의 상태에 따라 느껴지는 감각이 달라지는 것이다. 감각의 결과가 여러 가지 복잡한 모듈에 연결되고 상호작용을 하고 재구성하는 과정을 통해 현실에 가장 적절한 행동을 하기에 적합한 감각으로 조정하는 것이다. 대표적인 예가 '후각 피로'로 알려진 현상이다.

내가 다른 책에서도 여러 번 설명한 내용이지만, 후각 순응 또는 후각 피로라는 현상은 결코 후각 세포가 향기를 맡다가 피곤해져서 쉬는 현상이 아니다. 후각 세포의 수명이 60일인데, 단순한 피로로 고작 몇 분 만에 그렇게 감소한다는 증거는 말이 되지 않는다. 그보다는 생존을 위해 뇌가 적극적으로 조절한 결과로 봐야 한다. 후각이 피로해진 게 아니라 뇌가 민감도를 줄였다는 것은 페로몬 현상을 생각해 보면 더 분명해진다. 곤충은 극소량의 페로몬에도 극도의 쾌감을 느끼도록 설계되어 있다. 만약에 나비가 4km 밖에서 페로몬을 감지하고 쾌감에 만족한다면 아무 의미가 없을 것이다. 시간이 지나면서 쾌감이 줄어들어야 나비는 조금이라도 농도가 진한 쪽으로 이동하려는 욕구를 가진다. 또한 4km 밖의 나비가 1km만 안으로 이동해도 그 농도 차이는 수백 배가 된다. 만약 감각이 지속적이고 효과적인 둔화가 없으면 쾌감이 충분하다고 느끼고 나비는 거기에 머물 것이다. 그러니 적극적으로 둔화시켜 농도가 진한 쪽으로 이동하게 해야 한다.

　이것은 후각의 토리(사구체) 주위의 연결 배선만 확인해 봐도 알 수 있다. 향기는 매우 복잡한 상호작용 피드백이 꼬리에 꼬리를 물고 계속 일어난다. 수용체 신호가 토리로 전달되지만 동시에 토리의 신호가 수용체를 조절하고, 승모 세포의 신호가 과립 세포로 전달되지만 동시에 과립 세포의 신호가 승모 세포로 전달된다. 또 조롱박 겉질에서 상위 겉질로 신호를 보내지만 되먹임에 의한 조절을 받는다. 이들 신호는 단순히 보낸 후 그대로 되돌려 받는 신호가 아니라 그 신호를 받은 세포가 주변의 다른 신호도 받아 좀 더 조절되고 통합된 신호이다. 그러니 우리의 코는 목적에 맞게 능동적으로 향기를 탐색할 수 있는 것이다.

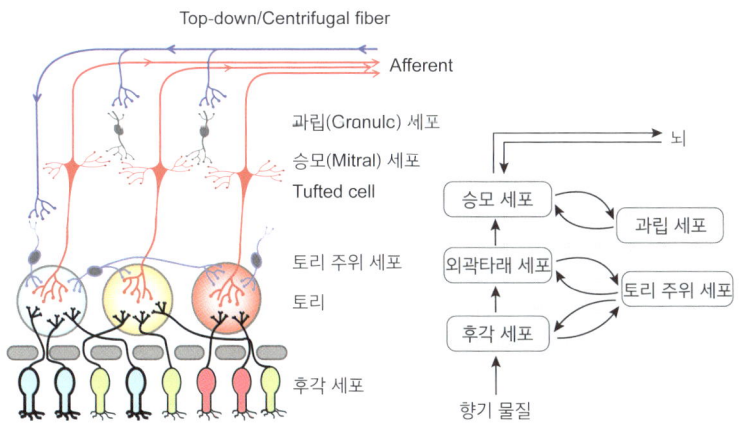

뇌가 후각을 통제하는 원리

동일한 향기가 지속될 때 이에 대한 민감도를 낮추는 것은 새로운 향기에 대한 식별을 높이는 기능이기도 하다. 항구에 가면 비린내가 코를 찔러 다른 향을 맡기 힘들다. 그런데 시간이 지날수록 비린내는 줄어들고 다른 향을 생생하게 맡을 수 있게 된다. 모두 뇌의 통제력 덕분이다. 이런 선택적 순응보다 더 기가 막힌 것이 습관적 순응이다. 습관적 순응은 특정 장소를 자주 방문하면 그 장소의 향기에 둔해지는 현상이다.

우리는 향기 물질에 포위되어 산다. 따라서 완전한 무취 상태를 만드는 것은 거의 불가능하다. 우리는 각자 특유의 체취를 가지고 있다. 그런데 자신의 체취를 의식하지 못한다. 또한 익숙한 건물에 가면 그 건물에 간다는 사실을 의식하기도 전에 그곳의 특유 향기를 느끼지 못하도록 후각을 조정한다. 가령, 향료회사 직원은 외부 손님들이 느끼는 강한 향기를 잘 인식하지 못한다. 건물로 다가가려는 순간 뇌가 코의 신호체계를 조정해 배경 향기를 맡지 않도록 해주기 때문이다. 이런 조절은 부지불식간에 이루어진다.

이런 통제와 조정은 언뜻 복잡해 보이지만, 카메라의 화이트밸런스 조정처럼 생각보다는 복잡하지 않을 수 있다. 색은 특정 파장의 흡수 현상이므로 흰색은 빛에 따라 모두 달라져야 정상인데, 우리 뇌는 빛의 상황에 맞추어 언제나 흰색은 흰색으로, 피부색은 피부색으로 보이도록 보정한다. 그렇다고 그것을 모든 화소 단위로 계산해 진행하지는 않는다. 아래 그림에서 생선의 형태를 바꾸기 위해 하나하나 조정을 하는 것이 아니라 축만 바꾸면 전체적인 형태가 달라지듯 색은 기준점만 바꾸면 쉽게 보정된다.

● **좋은 향과 나쁜 향의 기준마저 쉽게 바뀔 수 있다**

사람들은 흔히 좋은 향과 나쁜 향이 따로 있다고 생각하지만, 향기 물질 자체에는 아무런 호불호가 없고 맥락에 의해 해석이 달라진다. 예전에는 청국장은 좋지만 치즈는 대단히 불쾌하다는 사람이 많았는데, 요즘은 거꾸로 블루치즈는 좋아하면서 청국장을 싫어하는 사람이 늘고 있다. 과거에 부티르산(Butyric acid)은 상한 음식에서 많이 생성되는 물질이라 부패취의 대명사였는데, 최근 부티르산의 향기를 맡게 하면서 연상되는 것을 묻자 토사물보다는 치즈를 연상하는 사람이 많아져서 새삼 변화를 실감한다.

데카날(Decanal)은 고수의 대표적인 향기 물질이다. 중국에 가면 음식에서 곧잘 나는 비누 향기가 이 고수(향채)의 데카날 때문인데, 예전에는 질겁하는 사람이 많았다면 요즘은 데카날 향을 맡고 쌀국수를 먼저 떠올리는 사람들이 많다. 정말 놀라운 변화다. 과거에는 지금처럼 담배 냄새를 질색하지 않았다. 말린 담배 잎 자체는 향이 상당히 근사하고, 태울

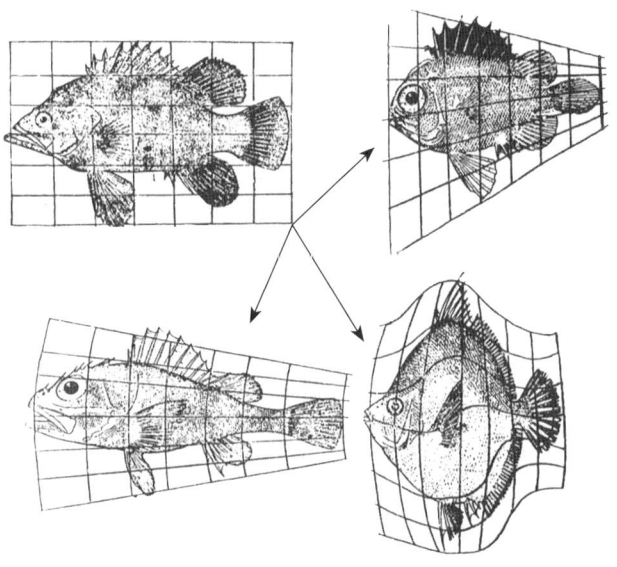

변형과 조절의 원리(출처: Thompson, 1917)

때 나는 향도 다른 나뭇잎과 비교하면 나쁘지 않다. 담배에 대한 혐오가 증가하면서 담배 냄새에 대한 혐오도 증가한 것이다.

흙 내음은 실제로 흙에서 나는 향이 아니라 흙속에 사는 방선균이 수분을 만나 순식간에 자라면서 방출하는 극미량의 지오스민이란 향기 물질 때문에 발생한다. 공기 중 지오스민 농도가 0.005ppb만 넘어도 곧바로 흙 내음을 알아차릴 수 있다. 이 정도 양은 인체에 전혀 해롭지 않지만, 마시는 물이나 매운탕에서 흙 내음이 나면 기분 좋을 사람은 별로 없을 것이다. 하지만 휴양림에서 흙을 밟을 때 난다면 기분을 좋게 해주기도 한다. 낙타가 지오스민을 이용해 사막에서 오아시스를 찾는다는 이야기도 있다. 젖은 땅에서 자라는 스트렙토미세스 균에 의해 지오스민이 생성되면 낙타는 이것을 아주 멀리서도 찾을 수 있고, 세균은 낙타에 의해 포자를 널리 퍼뜨릴 기회를 가지게 된다. 이처럼 맛은 맥락에 따라 그에 맞는 모형을 불러오고, 모형에 따라 호불호가 달라지는 것이다.

3. 지각의 신뢰성은 생존/검증 능력에서 나온다

● 우리는 왜 후각이 기대보다 훨씬 엉성하다는 것을 몰랐을까?

이런 설명을 듣다 보면 우리의 후각은 생각보다 엉성하고, 그만큼 뇌의 개입이 많기 때문에 흔들리기 쉬운데 왜 우리는 마치 절대후각이라도 되는 것처럼 우리의 입과 코를 믿어 의심치 않았을까? 아니 왜 엉성함의 일부조차 눈치 채지 못했을까? 우리는 과연 그런 코를 믿고 살 수 있는 것일까?

우리가 코의 엉성함을 전혀 눈치 채지 못한 데는 뇌의 신속 단호한 판단이 한몫했다. 사실 향기뿐 아니라 대부분의 감각은 행동을 위한 것이고, 행동은 ON/OFF적으로 단호하고 빠른 출현이 많다. 올리버 색스는 큰 부상으로 병원에 오랜 시간 입원했었다. 그는 조금씩 회복하면서도 과연 다시 걸을 수 있을지 자신이 없었다. 그런데 음악을 듣다가 갑자기 어느 순간 보행동작의 선율이 돌아와 자연스럽게 걸을 수 있게 되고, 다리의 감각도 돌아와 다시 몸의 일부처럼 느꼈다. 이처럼 생각보다 많은 것들이 단계적으로 진행되기보다는 출현적으로 일순간에 이루어진다. 코로나 19로 몸이 너무 쇠약해져 예전에 운동을 통해 배운 어려운 동작을 도저히 다시 할 자신이 없었는데, 어느 순간 다시 어려운 동작을 할 수 있게 몸의 능력이 통합되는 일도 있다.

감각 정보는 불완전하고 불충분하며 뇌의 작동 속도는 느린 편인데 우리가 그렇게 빠르고 효과적으로 반응을 할 수 있는 것은 뇌 안에 구축된 패턴(기억)을 바탕으로 효과적인 예측을 하기 때문이다. 때로는 경솔한 예측도 거침없이 하면서 감각을 해석한다. 그리고 그 안에 뭔가 심오한 것이 있는 양 우리를 속인다.

● 빠르게 예측하고 행동을 결정해야 한다

우리는 예측을 좀 특별한 경우에만 하는 것이라 생각하지만, 우리의 모든 행동에는 이미 뇌의 예측이 포함되어 있다. 과학자들은 빛의 파동이나 향기 물질이 우리의 감각기관에 도달하기도 전에 이미 주변 세계의 실시간 변화들을 감지하기 시작한다고 말한다. 예를 들어 우리가 목이 말라서 물을 마시면 물을 다 마시기도 전에 이미 갈증이 해소되기 시작한다. 물을 마셨으니 갈증이 해소되는 것은 너무나 당연하게 보일 수 있지만, 실제로 물이 혈류에 도달해서 갈증을 해소하기 시작하려면 대략 20분 정도가 걸린다. 술을 마실 때 취기가 올라오는 속도를 생각해 보면 알 수 있다. 그러니 물을 마신다고 몇 초 만에 갈증이 해소되는 것이 아니라 뇌가 물을 마시는 순간 이미 갈증이 해소될 것이라 예측하고 갈증을 미리 줄이는 것이다. 만약에 이런 예측이 없다면 우리는 갈증이 사라질 때까지 20분 동안 물을 마시게 되고 곧 심각한 문제가 발생할 것이다. 이처럼 뇌가 예측에 따라 몸을 통제하는 예는 많다.

오래전 BBC의 다이어트 프로그램에서 이와 유사한 특징이 드러난 실험이 있었다. 먼저, 남자들을 3그룹으로 나누어 사탕수수를 빨리 수확하는 시합을 시켰다. 한 그룹은 일하는 중간에 설탕물을 마실 수 있게 하고, 한 그룹은 설탕물을 머금고 바로 뱉게 하고, 한 그룹은 물만 마시게 했다. 3그룹 모두 이기겠다는 승부욕에 불탔지만 물만 마신 그룹은 이내 지쳐서 시합에서 뒤처졌고, 반대로 설탕물을 마신 그룹은 에너지를 보충해서 속도를 유지했다. 놀라운 것은 설탕물을 입에 머금기만 하고 바로 뱉은 그룹이다. 그들은 설탕물을 마신 그룹과 비슷한 속도를 유지했다. 아무리 승부욕이 강해도 맹물만 마신 그룹은 전혀 힘을 내지 못했지만, 설탕물을 적시기만 했는데도 뇌가 잠시 뒤에 에너지원이 공급될 것이라 예측하고 아껴둔 마지막 한 방울의 에너지까지 꺼내 쓰게 하여 지구력을 유지한 것이다. 의지만으로는 힘을 낼 수 없고, 예측할 수 있는 증거가 필요하다. 물론 그런 편법이 오래 통하지는 않지만 말이다.

● **신뢰성은 생존을 건 검증을 통해 확보한다**

식품회사는 수십 년 전부터 칼로리를 낮춘 제품을 개발해 출시했지만 번번이 실패했다. 한두 번은 속일 수 있어도 오랫동안 우리 몸을 속일 수는 없기 때문이다. 뇌는 예측도 많이 하지만 사후 검증도 많이 한다. 그래서 어설픈 감각과 경솔한 예측의 가능성에도 불구하고 속고 속이는 야생에서 살아남았다.

우리 몸에 칼로리를 직접 감각하는 수용체는 없지만, 음식을 먹으면 위와 소장에서 분해한 후 탄수화물, 단백질, 지방의 총량을 일일이 확인하기 때문에 귀신같이 칼로리를 알아챈다. 그래서 칼로리를 따지는 다이어트는 항상 실패하는 것이다. 제로(0) 칼로리 제품이 다이어트에 도움이 될 것이라 기대하지만 우리 몸은 그렇게 바보가 아니다.

혀에 단맛을 느끼는 순간 조만간 몸에 충분한 탄수화물이 들어올 것이라 예측하여 소화할 준비를 한다. 그리고 음식이 들어오면 효소로 탄수화물은 모두 포도당으로 분해하고, 단백질은 아미노산으로, 지방은 지방산으로 분해하여 일일이 총량까지 확인한다. 그런데 제로 칼로리로 혀에 단맛만 준 것은 뇌가 기만을 당한 것이라 그것을 무의식(시상하부)에 기억하고 있다가 나중에 복수한다. 어떻게든 더 먹게 하는 것이다. 그래서 저지방 우유를 먹어도 살이 찌기 쉬워진다. 기대가 컸을 때 실망감이 더 크고, 별로 기대하지 않았는데 만족도가 높을 때 더 강렬하게 기억한다. 그런 기능이 있기에 우리가 같은 속임수에 자꾸 속지 않고 생존할 수 있었던 것이다.

4. 맛의 시작은 간단했을 것이다

● 맛은 먹을 수 있는지 없는지에 대한 판단이다

요즘 맛에 대한 이야기를 볼 때면 가끔 너무 개별적이거나 세부적인 사안에 빠져들어 본질을 놓치는 경우가 많다고 느낀다. 요즘 우리가 먹는 것 중에 3일을 굶어도 먹기 싫을 정도로 맛이 없는 것은 없다. 맛은 원래 배부를 때 먹어도 맛있을 정도의 음식끼리 우열을 가리기 위한 수단이 아니라 독과 위험이 넘치는 자연물 중에서 아무리 배가 고파도 절대 먹어서는 안 될 것을 구분하는 기능에서 출발한 것이다.

뇌의 기본 임무는 생각도, 이성도, 창의성도 아니다. 뇌는 생존을 위해 자신이 가진 에너지를 파악하고 생존에 필요한 움직임을 효율적으로 해내도록 신체를 제어하는 것이 기본 목적이다. 동물은 행동이 본질이고, 뇌는 생각은커녕 이성조차 없을 때부터 존재했다.

맛 또한 뇌의 발달과 경험의 축적에 따라 점점 복잡한 형태로 발전했을 텐데, 맛의 시작은 음식의 풍미를 객관적으로 판단하기 위한 것이 아니다. 원래는 야생에서 어렵게 뭔가 먹을 만한 것을 발견하면 그것을 한 입 먹어볼지 말지, 한 입 베어 물고는 계속 먹을지 말지, 먹고 난 뒤 다음에 똑같은 것을 발견하면 또 먹을지 말지를 결정하기 위한 것이었다. 우리가 맛을 감각하는 기본 목적은 그것을 먹을지 말지 판단하는 것이다. 먹을 만한 음식을 맛있다고 느끼고, 몸에 해로운 음식을 맛없다고 느껴야 한다.

그런데 우리 몸에는 그런 것을 느끼는 수용체가 전혀 없다. 후각에 400여 종의 수용체가 있지만, 어디에도 그 향이 '좋다/나쁘다'를 감각하는 수용체는 없다. 심지어 사과나 딸기를 구별하는 수용체도 없다. 우리는 과일을 먹으면 그것이 잘 익었는지 덜 익었는지 즉시 알아채고, 어떤 식품이 신선한지 아닌지도 바로 판단한다. 신선함을 구분하는 수용체는 없고, 신선한 느낌을 주는 구체적인 향기 물질이 없는데도 그렇다. 결국 감각 능력보다 개별 정보를 취합하여 해석하는 능력이 핵심인 것이다.

지금의 모든 음식은 충분히 안전성을 검증한 것이라 먹으면서 탈날 걱정을 하지 않아도 된다. 그런데 과거에는 식재료가 부족하고, 상태도 열악하여 굶어죽을지, 먹다 배 아파서 죽을지를 결정해야 할 정도로 열악한 음식이 많았다. 음식을 입에 넣고, 지난번에 심한 배탈이 났던 음식 맛이 날 때와 먹고 힘이 났던 음식 맛이 날 때의 차이가 어떠했을지는 주기적으로 심한 굶주림을 경험해 보기 전에는 알기 힘들다. 우리는 생존을 위해 끊임없이 감각하여 먹을 수 있을지 없을지를 예측하고 판단해야 했다. 그렇게 만들어진 감각이 지금은 생존의 목적을 넘어서 즐거움의 수단으로까지 발전했다. 그래서 맛이 복잡해진 것이다.

● 혀의 미각이 중심을 잡고 코의 향이 풍미를 더한다

혀로 느끼는 맛은 5가지뿐이지만 생각보다 훨씬 중요하다. 고작 달고, 짜고, 시큼한 것 같은 단순해 보이는 미각도 그것이 바탕을 이루지 않으면 향도 빛을 잃는다. 5가지 맛에 향이 더해져야 과일, 너트, 고기, 채소

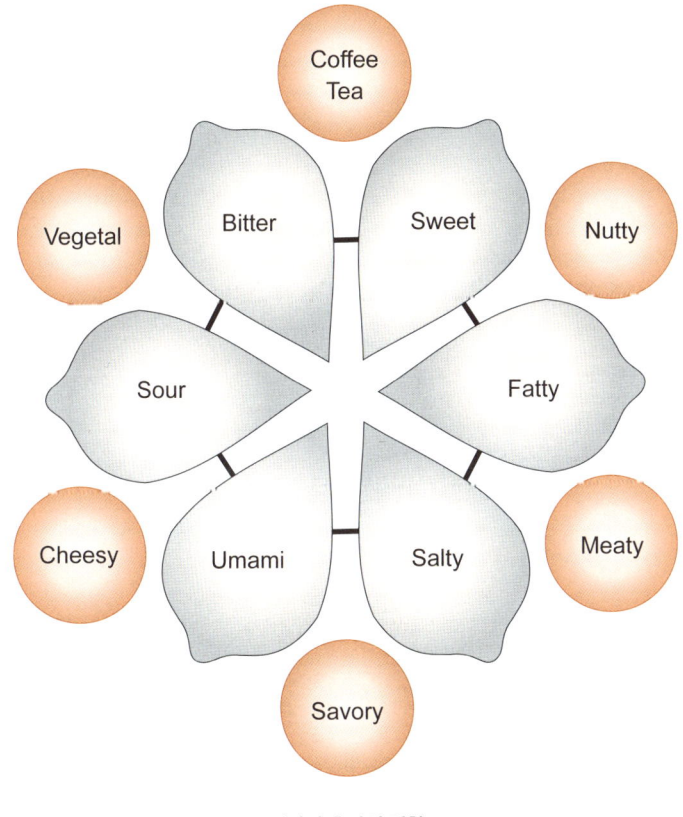

미각과 후각의 결합

등의 다양한 풍미가 만들어진다. 맛은 종합과학이라 이것 말고도 아주 많은 요소가 작용하지만, 그래도 음식의 기본은 혀로 느끼는 감각에서 시작된다고 할 수 있다.

우리는 여러 음식의 '향조(Flavor note)'를 구분할 수 있다. 개별 음식의 특징뿐 아니라 여러 식품이 가지는 종합적인 풍미도 동시에 이해하는 것이다. 개별 풍미가 종합되어 향조가 형성되지만, 향조는 개별 풍미를 더욱 섬세하게 느끼는 수단이 되기도 한다.

무지개색은 몇 가지일까? 학교에서는 7가지 색으로 배우지만 과거 우

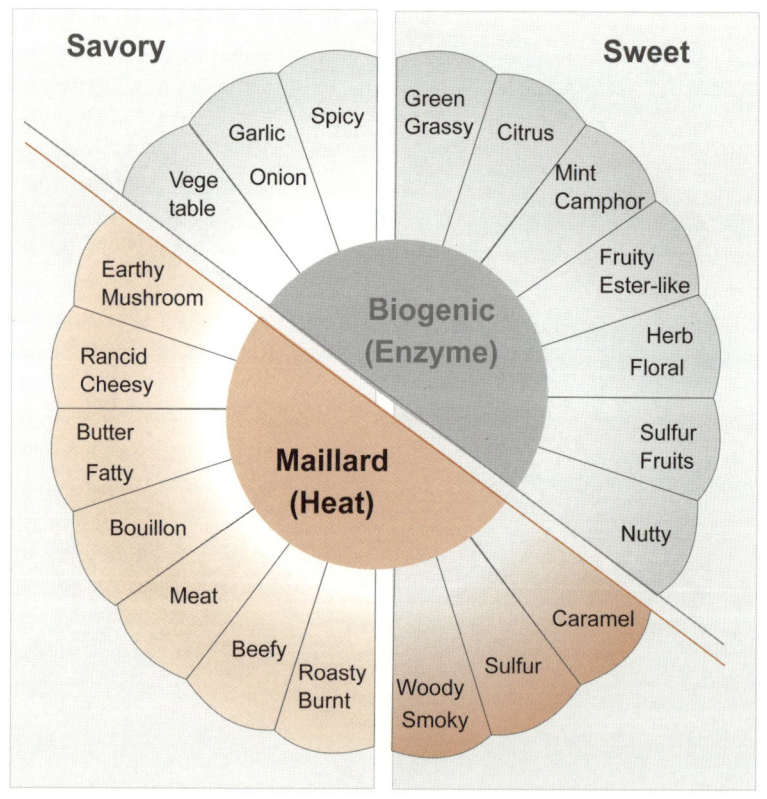

향조 = 패턴

리나라는 오행설의 영향으로 흑백청홍황의 오방색으로 인식했으며, 화려한 빛깔을 보면 오색찬란하다는 표현을 썼다. 외국도 나라마다 달라서 미국이나 영어권 사람들은 초록과 파랑을 구분하지 않고 6가지 색으로 인식했고, 네덜란드는 보라색마저 빠진 5가지 색으로 인식했다. 심지어 아프리카는 빨강과 검정의 2가지 색으로 인식하기도 했다. 그런데 언제부터인지 물리학자 뉴턴이 도레미파솔라시의 7음계에 따라서 7색이라고 한 것이 널리 받아들여져 이제는 모두가 7가지 색이라고 배운다. 하지만 실제 무지개는 그 색의 경계가 애매하여 몇 색이라고 정의하기 힘들다. 빨강이라 해도 하나의 빨강이 아닌 것이다. 그렇다면 무지개색을 분류하는 것은 틀린 것이고 아무런 의미가 없을까? 맛을 '맛있다/맛없다'의 2가지만으로 구분하면 아쉬울 것이다. 그렇다고 한없이 세부적으로 나누면 활용하기 너무 복잡하다. 7가지 무지개색처럼 적당히 분류하면 무지개를 한 번쯤은 유심히 바라보게 하는 힘을 주고, 관심을 가지는 데도 도움이 될 것이다.

맛에서의 향조도 마찬가지로. 나누기 나름인데, 잘 된 분류라면 우리가 맛을 섬세하게 느끼는 데 도움이 된다. 언어는 우리에게 생각하고 활용하는 힘을 부여하기도 하고, 거기에 갇히게 하는 구속이 되기도 한다.

5. 뇌는 감각을 바탕으로 모형을 만들고, 모형을 바탕으로 감각을 해석한다

뇌는 감각을 통해 얻은 정보를 바탕으로 이 세상에 대한 다양한 모형을 구축한다. 여러 다중 피드백 회로를 이용하여 끊임없이 만들어지고, 다듬어지는 이런 모형을 바탕으로 뇌는 우리가 보고 듣고 맛보는 모든 것에 대해 예측을 만들고, 예측과 실제 감각을 비교하면서 세상을 이해하고 반응한다. 이것은 뇌가 맛을 해석하는 과정에도 그대로 적용된다. 감각은 그저 맛의 시작일 뿐이고, 감각과 일치하는 풍경을 뇌에 그릴 때 우리는 비로소 감각의 의미를 알 수 있다.

음식의 기본 가치는 우리가 살아가는 데 필요한 에너지와 영양소를 제공하는 것에 있다. 그리고 맛의 기본 역할도 감각을 통해 음식의 영양적 가치를 판단하는 것이다. 과거에는 야생에서 뭔가 먹을 것을 발견하면 그것을 먹을지 말지를 판단할 유일한 수단이 감각을 통해 느껴지는 맛이었다. 그런데 우리의 입과 코는 음식 속의 영양분을 파악하기에는 많이 부족하다. 혀의 미각 수용체는 고작 5종뿐이고, 그것으로 느낄 수 있는 성분은 식품의 2~10% 정도이고, 코의 후각 수용체는 400종이지만 그것으로 느낄 수 있는 성분은 0.1%도 안 되는 양이다. 그래서 소량의 맛이나 향을 추가하여 입과 코를 잠시 속이는 게 가능한 것이다.

그렇다고 우리 몸이 그렇게 호락호락하지는 않다. 입과 코는 맛을 처음으로 정찰하는 수준이지 최종 판단이 아니다. 우리 몸의 내장기관은 소화 과정을 통해 탄수화물은 포도당, 단백질은 아미노산, 지방은 지방산으로 분해하여 흡수하면서 그 양까지 정확하게 측정한다. 장에 가서야 맛에 대한 평가가 제대로 이뤄지기 시작하는 것이다.

그런데 만약 혀로는 맛있다(=영양이 풍부하다)고 판단했는데, 실제로 장에서 흡수할 영양분이 없는 음식이면 어떻게 될까? 뇌(무의식)는 기만당했다는 것을 알게 되고 다시는 속지 않으려 노력한다. 뇌에 저장된 맛의 판단 모형을 수정하는 것이다. 그 음식을 먹었을 때의 기억을 되살려 차이를 찾아내고 검증을 한다. 앞서 설명한 피아제의 학습 모형과 같다. '바퀴가 두 개이고, 그 위에 사람이 타고 가는 것은 자전거다'라고 자전거에 대한 모형을 구축했던 아이는 오토바이를 보고도 "저건 자전거다"

라고 할 수 있다. 그때 "저건 자전거가 아니라 오토바이란다"라고 가르쳐주면 자신의 자전거에 대한 판단 모형을 점검한다. 그러다 '아~! 바퀴가 두 개에 사람이 페달을 밟으면 자전거고, 혼자서 쌩쌩 달려가면 오토바이구나'라고 패턴을 추가한다. 맛에서도 이런 식의 모형 수정이 이루어질 수 있다. 단맛이 나면 무조건 당류(에너지)원이 공급될 것이라는 모형을 가진 사람이 몇 번 인공감미료에 속다 보면 단맛과 함께 특유의 쓴맛을 감지하고는 '이건 가짜 단맛이구나!' 하고 모형을 다듬는다. 이런 학

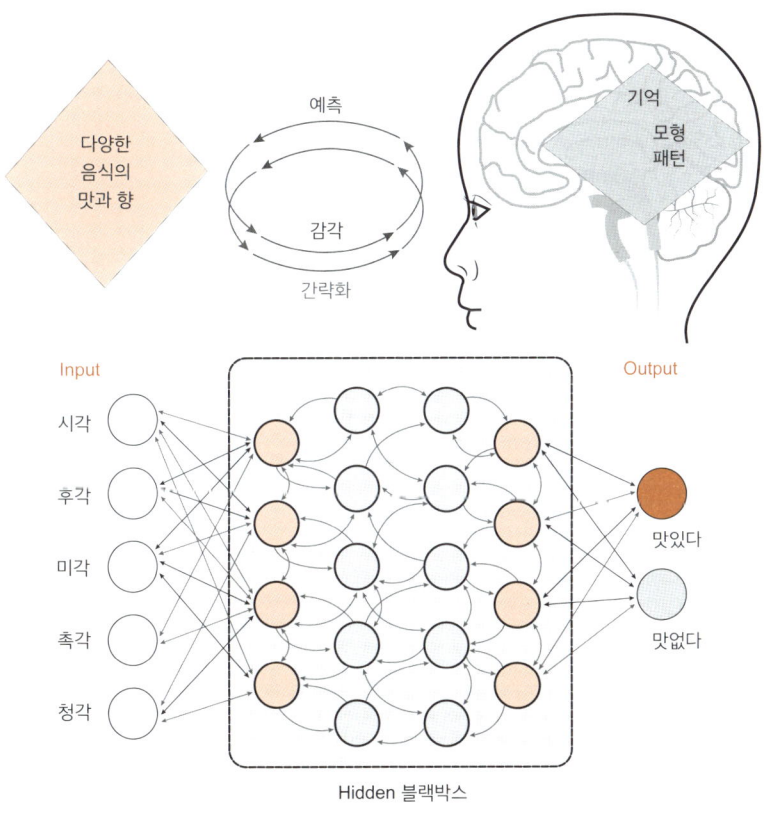

How brain create flavor

습과 모형의 세분화를 통해 음식을 점점 더 잘 구분할 수 있게 된다.

반대의 경우도 마찬가지다. 입과 코로 느껴지는 것은 평범하지만 소화 후 만족감이 큰 음식이 있다면 뇌는 당연히 점수를 주도록 모형을 수정한다. 그래서 입으로 나중에 큰 만족을 주는 음식의 패턴이라는 것을 아는 순간 우리는 미리(?) 맛있게 먹을 수 있다.

사실 단순히 혀와 코로 느껴지는 맛이나 향기 성분만 따지면 갖은양념과 조미를 한 고기가 육회나 생등심보다 훨씬 맛있어야 한다. 하지만 고기를 먹어본 경험이 쌓이면 판단이 달라진다. 혀로 느끼는 맛은 적어도, 실제로 소화 잘되고 영양이 풍부한 음식에 평가가 점점 좋아지도록 모형을 수정하는 작업을 한다. 그래서 겉에 드러난 것은 별로 없어도 나중에 큰 만족을 줄 것을 알고 있기 때문에 맛있게 먹을 수 있다. 사실 뇌는 나중에 문득 깊은 만족감을 주는 음식을 점점 사랑하게 되는 본능이 있다. 아는 사람만 아는 맛이라고 하면서 말이다.

뇌에 음식의 종류만큼 다양한 맛의 모형이 있다면 우리는 그것을 통해 음식을 판단할 수 있다. 기억(모형)은 단순히 추억이 아니라 판단의 가이드인 것이다. 그러니 기억은 감각의 초기 단계부터 빠르게 개입한다. 즉 우리 뇌는 저장된 기억(패턴, 모형)을 이용하여 우리가 보고 듣고 맛보는 모든 것에 대하여 끊임없이 예측하고 감각과 비교하면서 의미를 파악한다. 이것이 내가 생각하는 맛을 지각하는 원리이다. 이 정도면 생존을 위한 맛은 어느 정도 설명이 가능할 것이다.

그런데 우리는 생존을 넘어서 배가 부른 상태에서도 음식의 맛을 평가한다. 맛이 '생존의 수단'을 넘어 '즐거움의 수단'이 된 것이다. 우리의 귀는 결코 음악을 듣기 위해 만들어지지 않았다. 하지만 귀로 좋은 소리와 소음을 구분하게 되었고, 점점 듣기 좋은 소리를 찾다 보니 음악이 만들어지게 되었고 음악에 빠져 산다. 생존의 목적을 훨씬 벗어난 음식의 즐거움은 음악의 즐거움과 같다. 그래서 과학적인 설명이 쉽지 않은 영역이다.

음악은 도대체 어떤 매력이 있기에 그렇게 많은 사람이 깊이 빠져 있을까? 사실 언어가 달라도 음악은 언제나 통한다. 가사를 몰라도 노래의 느낌은 충분히 공유할 수 있다. 가사를 잘 몰라서 오히려 강한 상상력을 불러오고 느낌이 강해지는 경우도 있다. 음악은 분명 단순한 파장일 뿐인데 거기에는 가장 깊은 은유가 들어 있다. 시가 그러하듯 음악도 우리의 감정을 은유를 통해 순식간에 호출한다. 한 번쯤은 음악을 듣다가 감정이 북받치는 경험을 해봤을 것이다. 음악에 필요한 것은 직접적인 설명이 아니다. 시간상으로 묘사되는 리듬을 통해 이미지를 만들고 상상을 불러오면 되는 것이다. 그것이 음악을 들었을 때의 장면과 결합하여 기억으로 저장된다. 그리고 나중에 그 음악을 들으면 그때의 추억도 불러온다. 우리의 기억은 장면적이라 '그 음악'을 회상하면 '그 감정'도 추억과 함께 회상되는 것이다. 음악은 시간을 따라 흐르는 이미지이다. 순간적인 인상을 쌓아 하나의 건축물을 만든다.

음악에 시간에 따른 리듬이 있다는 것은 어느 정도 예측이 가능하다는 것을 의미한다. 우리는 음악을 들을 때 과거와 현재 그리고 미래를 같이 듣는다. 과거의 기억이 새로운 것을 들을 때마다 소환되고 혼합된다. 그래서 뇌과학자 에델만Gerald Edelman은 "모든 지각은 어느 정도 창조의 행위이며, 모든 기억의 행위는 어느 정도 상상의 행위다"라고 말한다.

리듬은 현재를 통해 과거를 불러와 미래를 예측하는 기능이 수행된다. 기대에 부응하는 전개에 익숙함과 편안함을 느낀다. 그래서 적당히 익숙한 음악을 선호한다. 하지만 지나치게 익숙함이 반복되면 지루함을 느끼고 새로움을 찾는다. 음악은 기대와 늘어짐, 긴장과 이완, 각성과 해소, 강함과 약함의 적절한 변화와 배치로 리듬감을 주고, 그것으로 즐거운 중독을 만든다. 맛은 파동이 아니라 맛과 향기 분자를 사용한다는 것만 다르지 즐거움의 요소는 음악과 정말 많이 닮아있다. 우리 뇌의 신경세포는 각자 개별적으로 작동하지 않고, 여러 신경세포가 펄스에 따라 박자를 맞추어 연합하여 작동하고, 심장도 박자에 맞추어 뛰고 있다.

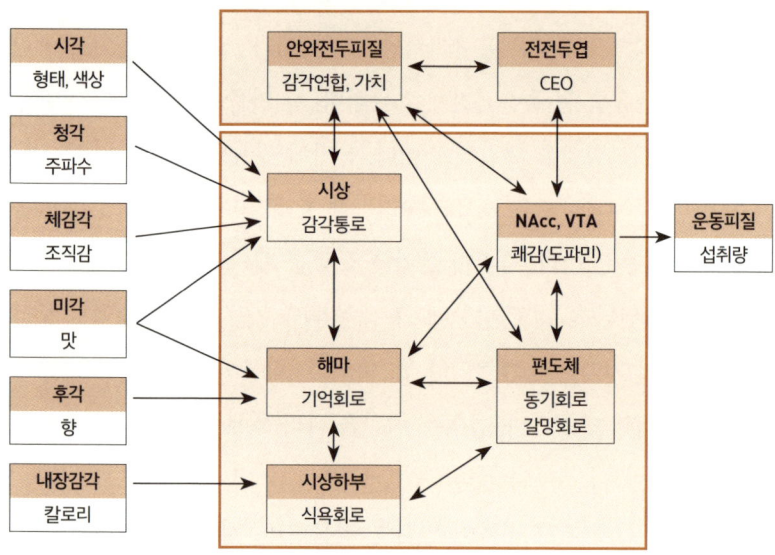

생존과 관련된 맛의 의미

어떻게 지각이
감동이 될까?

2
Flavor
Perception

1. 감각할 수 있다고 모두 감동할 수 있는 것은 아니다

내가 '맛이란 무엇인가'에 대한 답을 찾다가 미각(감칠맛, 신맛, 짠맛), 후각(향의 언어, 커피 향), 촉각(물성의 기술) 그리고 이처럼 지각에 대해서도 책을 썼지만, 맛에 대한 최종 과제는 아무래도 감정이 아닐까 한다. 우리가 홍어나 번데기를 먹을지 말지 결정하는 것은 그것이 번데기인지 홍어인지 아는 지각이 아니라 그 음식에 대한 감정이다. 먹고 싶다는 감정이 생겨야 먹는다. 소리를 들을 수 있다고 모든 사람이 음악에 빠져들지는 않는 것처럼, 맛을 느낄 수 있다고 무작정 음식을 탐닉하지는 않는다.

이성보다는 감정이 행동하게 만드는 결정적인 힘이 된다. 더구나 우리가 가진 뇌는 하나뿐으로 감정의 뇌와 이성의 뇌가 따로 있는 것이 아니고, 쾌감을 만드는 뇌와 통증을 만드는 뇌가 따로 있지 않다. 우리의 지각은 너무나 생생하고 직접적이기 때문에 우리가 세상 자체를 경험한다고 믿지만, 실제로 우리가 경험하는 것은 우리 자신이 구성한 세계이다. 그 과정을 감정이 촉발하고 적절한 지각과 행동을 돕는다. 우리 뇌는 뚜렷한 지휘자 없이 작동하는 거대한 신경세포의 네트워크이고, 그것을 조율하는 역할을 감정이 하는 것이다. 뭔가를 지각하고 그에 대한 감정이 발생했다고 생각하지만 사실 감정은 지각과 동시에 일어나거나 그보다 먼저 일어나 지각을 돕는 역할을 한다.

결국 모든 경험에는 감정이 함께 하며, 지각처럼 우리 뇌 속에서 구성된다. 지각했다는 것은 감각을 이해했다는 뜻이고, 감정을 통해 나름의 의미를 부여했다는 뜻이기도 하다. 따라서 감각과 지각과 감정은 따로 있는 것이 아니다. 하지만 이번 책의 주제는 감정이 아니고, 여기에서 설명하기에는 복잡하므로 그중에서 '빠져듦'에 대해서만 설명해 보고자 한다. 여러 감정 중에서 맛에 핵심적인 감정이고, 입체감 즉 시각을 통해 설명하기 좋은 주제이기 때문이다.

2. 입체감, 우리가 맛에 빠져드는 이유

● 눈만 뜬다고 모두 볼 수 있는 것은 아니다

우리는 날마다 음식을 먹는다. 음식을 먹는데 소비하는 시간을 합하면 그보다 열심인 것도 드물다. 그러니 모두가 맛 전문가인 것이다. 맛의 즐거움은 우리 안에 내재한 가장 기본적인 즐거움의 하나다. 사람들은 먹을 때 가장 행복하고 편안해진다. 그래서 식사는 영양을 섭취하는 수단에서 미식과 즐거움의 수단으로 변화하고 있다. 음식을 만들 때는 각각의 식재료와 조리 방법의 조화에서 일어나는 변화에 몰입하여 세심하게 다룬 결과, 각각 식재료의 특징을 더 잘 활용할 수 있게 되었다. 다양한 조합과 조리법으로 상대적으로 제한된 식재료의 한계를 넘어 거의 무한대에 가까운 다양한 맛의 즐거움을 이끌어낼 수 있게 된 것이다. 이런 음식에 대해 느끼는 즐거움은 개인에 따라 많이 다르다. 나는 그 대표적인 요인이 입체감이라고 생각한다.

심청전에서 심 봉사는 딸 청이를 다시 만나면서 눈을 번쩍 뜨고, 세상을 두 눈으로 보게 된다. 이것은 실제로도 가능한 일일까? 지금은 수술을 통해 눈을 고치는 것이 가능하지만, 나이가 든 사람은 아무래도 완전한 회복이 힘들다. 눈에서 신호가 들어와도 그것을 처리할 시스템이 없기 때문이다. 갓난아이가 눈을 뜬다고 바로 볼 수 없는 것과 마찬가지다. 그래서 나이 들어 수술로 시력을 찾은 사람은 오히려 우울증에 걸리기 쉽다고 한다. 색도 형태도 불충분하기 때문이다. 특히 입체감이 문제인데, 입체감이 없으면 10층 아래가 바로 발밑에 있는 것처럼 보이기도 한다. 그래서 오히려 위험할 수 있다.

● 입체감이 사라지면 밋밋해진다

맛을 볼 수 있다고 모두 맛에 빠져들지는 않는다. 맛집이라면 천리 길도 마다하지 않고 찾아가는 사람도 있고, 음식은 살아가는데 필요한 연료일 뿐이라고 생각하고 맛에는 전혀 신경 쓰지 않는 사람도 있다. 그런데 이것은 음식에만 유별난 현상은 아니다. 음식은 그나마 씹고 삼키고 하는 실체라도 있지만, 소리는 단지 파장일 뿐인데 어떤 사람은 한없이 빠져들고 어떤 사람은 무덤덤하다. 어떤 사람은 번들용 이어폰으로도 만족하고, 어떤 사람은 수천만 원짜리 오디오 시스템으로도 만족하지 못한다. 무엇이 그런 큰 차이를 만들까? 그것을 한마디로 설명할 수는 없지만 그래도 이런 '빠져듦'의 차이를 설명할 만한 단어가 그나마 '입체감'이 아닐까 한다.

올리버 색스의 『뮤지코필리아』에는 노르웨이의 내과 의사인 요르겐 요르겐센의 사례가 등장한다. 그는 음악을 정말 좋아하는 사람이었지만 청신경종 제거 수술을 받은 뒤 오른쪽 청력을 완전히 잃어버렸다. (청각이 스테레오에서 모노로 바뀌었다.) 그리고 갑자기 음악을 감상하는 능력이 달라졌다. 소리를 듣는 능력 즉 리듬, 음높이, 음색 같은 특징은 예전과 다름없이 구분할 수 있지만, 완전히 밋밋하고 이차원적으로 변해 음악을 듣고 느꼈던 감동이 완전히 사라져버린 것이다. 그는 말러의 음악을 들으면 언제나 '온몸이 압도되는 듯한' 강렬한 경험을 해왔는데, 수술 후 찾아간 음악회에서는 '절망적일 만큼 밋밋하고 시시한' 느낌을 받았다. 음악의 즐거움이 사라져버린 것이다. 나는 이 입체감이나 공간감이 시각이나 청각뿐 아니라 맛에서도 감동을 결정하는 결정적인 요소라고 생각한다.

우리는 대부분 너무나 당연하다는 듯 풍경을 입체적으로 보고, 한 번도 평면적 세계를 경험한 적이 없어 2차원적인 세상을 상상하기 힘들다. 그러니 태어나서 계속 2차원적인 세상을 살다가, 치료 후 입체적 시각을 갖게 되었을 때의 감동을 상상하기 힘들다. 세상을 총천연색으로 보는 사람이 흑백의 세상에서 살다가 색으로 된 세상을 보게 되었을 때의 감동을 상상하기 힘든 것과 같다. 한 번도 입체를 보지 못한 사람은 남들도 자기처럼 세상을 보는 줄 알고 살아간다. 하지만 세상을 입체로 보다가 갑자기 입체감을 잃은 사람은 정말 큰 상실감을 느낄 수밖에 없다.

3. 입체감은 뇌가 정밀하게 계산한 결과물이다

우리는 세상을 입체적으로 보는 게 너무나 당연하다고 생각하지만, 결코 그렇게 단순하지 않다. 우리 눈의 각막에 배치된 시신경은 분명히 평면적으로 배치되어 있고, 시각이 시작되는 1차 시각피질도 분명히 평면이다. 카메라의 센서가 평면이면 그 결과물인 사진도 평면인 것이 당연한데, 우리 눈은 센서가 평면인데도 결과물이 입체인 것이다.

우리가 보는 세상은 너무나 생생한 입체여서 공간감이 크고 가까이 있는 것과 멀리 있는 것을 아주 쉽게 구분한다. 너무나 당연해 보이는 이 감각은 사실은 전혀 당연한 기능이 아니다. 입체로 보이는 것은 시각 시스템이 고도로 작업한 결과물이다. 우리는 두 눈으로 보지만 두 눈으로 보는 시야의 3/4이 겹친다. 한 눈으로 보는 것보다 가시 면적은 별로 늘지 않는 비효율적 구조다. 하지만 이런 시야의 겹침이 입체감(공간감, 거리감)의 산출에 절대적인 요소이다. 입체감을 위해서는 좌우 눈을 동조하여 거리감을 측정해야 한다. 그리고 기억과 연산된 결과에 따라 망막에 비친 2차원적인 정보를 입체적인 영상으로 처리한다. 우리 눈은 넓은 시야 대신에 아주 정밀한 거리 감각을 선택한 것이다.

움직임이 입체감을 만드는 원리는 페이스북 등에 등장하는 소위 입체 사진을 잘 관찰해 봐도 알 수 있다. 원래는 일반 사진과 같은 2차원적인 사진이지만, 일반 사진과 달리 휴대폰의 움직임에 따라 가까이 있는 것과 멀리 있는 것의 움직임이 달라지게 하여 훨씬 입체적으로 보이게 한 사진이다. 그린 사진은 움직이지 않고 가만히 두면 평면 사진으로 느껴

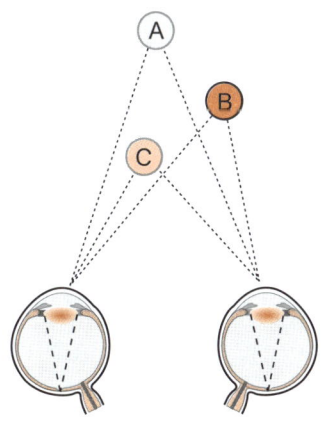

입체시의 원리

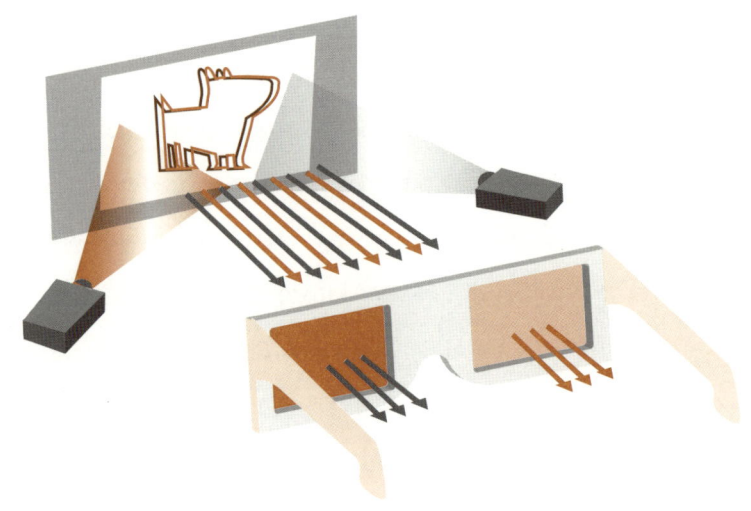

입체 영화의 원리

진다.

우리의 눈동자는 정확한 입체감을 계산하기 위해 쉴 틈 없이 움직인다. 심지어 한 점을 응시할 때도 눈동자는 이른바 '단속적 움직임'이라는 짧고 재빠른 움직임을 계속한다. 그럼에도 우리는 눈동자가 그렇게 심하게 움직이는지 알지 못한다. 우리가 보는 것은 뇌가 자신의 만든 움직임마저 완벽하게 보정한 그림이기 때문이다.

● **타고난 입체 눈을 가졌다는 생각은 완전히 착각이다**

입체감은 타고난 능력이 아니라 태어난 이후 만들어진 능력이다. 아마존 밀림과 같은 숲에서 10살까지 자란 아이는 밀림 밖으로 나오면 조금만 멀어도 모두 똑같이 멀리 있는 것처럼 보인다고 한다. 10m 밖인지, 1km 밖인지, 10km 밖인지 전혀 구분하지 못하는 것이다. 한 번도 그렇게 멀리까지 본 적이 없다 보니 뇌에서 구별 능력(공간감)이 발달하지 못해 벌어지는 일이다. 이렇게 원근을 잘 구분하지 못하는 것은 그들만의 문제가 아니다. 보통의 우리도 마찬가지다.

밤하늘의 별을 보면 하늘이라는 평면에 수를 놓은 것처럼 보인다. 그래서 사람들은 가까이 보이는 별끼리 묶어서 별자리를 만들어 부르기도 한다. 하지만 별자리를 구성하는 가까운 별과 옆으로 가장 떨어져 있는 별 중에 어느 별이 실제로 가까운지는 알지 못한다. 바로 옆에 있어도 뒤쪽으로 4광년이 떨어진 것인지 수억 광년 떨어진 것인지 모르기 때문이다. 좌우의 거리보다 앞뒤의 거리가 무한에 가깝게 먼 것인데, 우리는 가장 가까운 별과 수만 배나 멀리 있는 별을 모두 똑같은 밤하늘의 평면에 다닥다닥 붙어있는 것처럼 생각한다. 그래서 태양이 달보다 3,600만 배 크고, 가까이 보이는 별보다 오히려 멀리 떨어져 보이는 별이 실제로는 더 가까울 수 있다는 사실을 모른다. 별에 관한 한 우리는 완전히 입체맹인 것이다.

밤하늘의 별자리

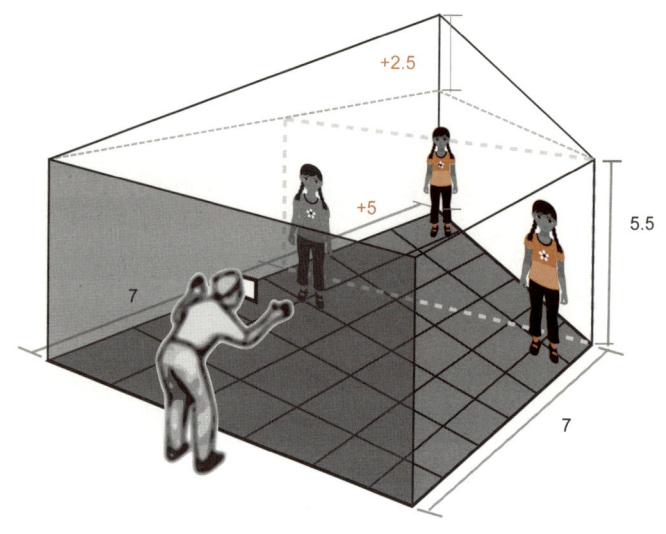

에임스 방 착시(Ames room illusion)

이와 유사한 착시로 '에임스 방 착시(Ames room illusion)'도 유명하다. 이것은 거리에 의해 크기가 달라지는 것처럼 보이는 착시다. 방을 교묘하게 설계하여 실제로는 한쪽 사람이 훨씬 뒤에 있지만, 마치 같은 거리에 있는 것처럼 보이게 하여 사람의 키가 완전히 달라져 보이게 한다.

3. 평면에서 입체를 본다는 의미

● 어느 날 갑자기 평면시가 입체시가 된다면

『3차원의 기적』이라는 책에는 주인공 수전 베리의 체험담이 나온다. 그녀는 어렸을 때부터 사시였고, 그런 탓에 입체를 보는 능력이 개발되지 못했다. 그러다 눈을 치료하고 시각 훈련을 받다가 48번째 생일 다음

날, 갑자기 어떤 공간을 보게 된다. 평범한 운전대가 공간 속에 둥실 튀어나왔고, 운전대와 계기판 사이에는 빈 공간이 생겨났다. 그 순간 그녀는 못 박힌 듯 그 자리에서 꼼짝도 할 수 없었다. 그날 내내 간헐적으로 입체시를 보았고, 절대적인 경이와 기쁨의 순간을 주었다. 싱크대의 수도꼭지가 그녀를 향해 뻗어 나왔고, 샐러드의 포도는 전에 보았던 어떤 포도보다 둥글고 알찼다. 나뭇가지들 사이의 공간을 단지 추론하는 것이 아니라 눈으로 직접 볼 수 있었고, 그 공간을 바라보는 것이 너무 좋아서 완전히 빠져버렸다.

그녀처럼 뒤늦게 입체시를 얻게 된 사람들은 한결같이 크고 작은 사물들이 날카롭고 깨끗하게 보인다고 한다. 모든 사물에 가장자리가 있다는 것을 알게 되고, 섬세하게 하나하나 따로 보이는 것에 감동한다. 입체감이 생기면 색도 섬세해진다. 평면시로 숲을 볼 때처럼 단순히 초록빛 바다로 보이지 않고, 각각의 덩어리가 분리되어 올리브, 에메랄드, 정차, 비취, 청록, 연둣빛을 띠는 것이다. 입체를 본다는 것은 앞뒤로 떨어진 물체를 더 잘 구분한다는 깃이고, 그만큼 각각의 가장자리를 더 잘 본다는 의미이다. 각각 분리되면 그것은 색깔마저 더 선명해진다.

그리고 관찰자가 아니라 그 속에 들어가 일부가 되어 전체와 세부를 동시에 보는 능력을 갖추게 된다. 수전 베리 박사는 운전할 때면 항상 시야가 앞에 가는 자동차 몇 대로 극히 제한적이었다. 그래서 운전이 불편했고, 낯선 곳에 가면 표지판도 읽지 못하고 길을 찾지 못해 한참을 헤매야 했다. 자동차를 운전할 때 유리창 밖의 풍경이 입체로 펼쳐진 것이 아니라 평면 사진처럼 유리창에 붙어 있었기 때문이다.

우리는 대부분 3차원에 살며 2D 영화를 별로 이질감 없이 볼 수 있다. 이미 3차원을 보는 능력을 갖추고 2D를 3D로 해석하여 보기 때문이다. 사실 2D의 세계에도 입체감 없이 거리를 추론할 단서가 많다. 한 사물이 다른 사물에 가려지면 이는 더 먼 곳에 있는 것이라 추론하고, 평형선이 좁아질수록 먼 곳이라 추론하고, 작게 보이면 멀리 있는 것이고, 명암이나 윤곽이 흐려지는 것 또는 공기 작용으로 푸른빛을 띠고 흐려지는 것을 멀리 있다고 추론한다.

더구나 운동시차가 있으면 내가 움직일 때 가까이 있는 것은 더 많이 움직이는 것으로 거리를 측정할 수 있다. 휴대폰에 등장하는 입체 사진은 휴대폰을 움직일 때는 매우 입체적으로 보이지만 가만히 두면 평면적으로 보이는 것으로도 알 수 있다. 그래서 영화를 찍는 사람은 그런 움직임을 통해 공간감을 만들려고 애쓴다. 카메라를 가만히 두지 않고 쉴 새 없이 움직이면서 공간적인 정보를 제공하고 우리 뇌가 영화를 입체적으로 보게 하여 지루하지 않고 화면에 더 빠져들게 만든다. 그래도 계산에 의한 3D와 눈에 들어온 정보가 자동으로 융합되어 입체로 펼쳐지는 3D에는 엄청난 차이가 있다. 우리는 항상 입체의 세상을 보기 때문에 평면시로 살다가 갑자기 입체시를 얻게 되었을 때 세상이 얼마나 경이적일지 짐작하기조차 힘들다.

수전 베리는 입체감을 얻는 과정을 간헐적이라고 했는데, 이는 어느 순간 입체적으로 보이다가 어느 순간에는 다시 평면시로 확 바뀌는 것이다. 시간이 지나면서 입체시로 안정되지만, 심한 스트레스를 받는 경우 등에는 다시 평면시로 돌아간다. 코로나로 인해 후각을 상실한 환자의 경우도 마찬가지다. 어느 순간 후각이 온전히 돌아왔다가도 순간적으로 다시 사라지기도 하고, 아침에는 멀쩡하고 오후에는 약해지기도 하며, 스트레스를 받으면 다시 약해지기도 한다. 이것은 감각의 문제가 아니라 뇌의 문제라 그렇다.

🟠 나에게 입체감은 영원한 감동이다

내가 뇌를 공부하면서 얻은 것들 중 가장 오랫동안 감동을 주는 것은 '입체감은 전적으로 뇌가 만든 것'이라는 사실이다. 나이가 들면서 대부분의 신체 감각이 약해진 게 느껴지지만, 입체감은 오히려 강해져서 나를 위로한다. 내 눈앞에 펼쳐진 생생한 풍경이 거울에 비추듯 그냥 투사한 것이 아니고 '뇌가 한 땀 한 땀 그린 정교한 그림'이라는 것을 알게 되면서 맹점 채움의 비밀, 레티나 해상력의 비밀, 모듈성 등을 알고 놀랐지만 그중에서도 가장, 그리고 끝까지 놀라운 것은 입체감이다.

중학교 때 안경을 쓰게 되면서 이러다 눈이 점점 나빠지면 어쩌나 걱정을 많이 했다. 그래도 그럭저럭 잘 버티다가 요즘 노안이 오자 오히려 안경을 벗게 되었다. 안경을 쓰면 멀리는 잘 보이나, 책이나 PC 화면 등은 오히려 잘 안 보이게 되어 안경을 벗은 것이다. 이 점이 나이가 든다고 모든 것이 나빠지지만은 않는다는 위안이 되기도 했다.

그러다 문득 차에서 안경을 벗으면 멀리는 잘 안 보이지만 차 앞 유리창에 붙은 먼지는 잘 보이고, 다시 안경을 쓰면 유리창의 먼지가 싹 사라지고 바깥 세상이 조금 더 맑고 밝아진다는 사실을 깨달았다. (맑아지는 것은 당연한 것이지만 밝아지는 것은 아직도 이해 곤란하다.) 이런 현상을 쉽게 이해할 수 있는 것은 뇌를 공부하면서 얻은 사소한 덤이지만, 입체감에 대한 이해는 나름의 행복이기도 하다. 나이가 들면서 감동이나 흥미로운 것은 점점 사라지고 무덤덤해지는데 입체감은 생각할 때마다 놀랍고 신기하다. 어떻게 한 눈을 감아도 입체감이 사라지지 않고, 매번 그렇게 일관성 있게 입체감을 만들어내는지, 이것이 진정 나의 능력인지 스스로 놀라곤 한다. 입체감이 없다면 눈앞의 풍경이 자동차의 앞 유리에 붙인 사진처럼 평면으로 보일 텐데 그런 세상은 얼마나 답답하겠는가?

우리는 입체감 덕분에 세상을 더 선명하게 볼 수 있고, 구분할 수 있다. 이 입체감은 현실이 입체이니 당연히 입체로 보이는 것이 아니라 뇌가 일일이 계산하고 보정한 결과라는 것을 이제는 잘 알기 때문에 생각할 때마다 더 경외감이 든다. 지금까지 싫증나지 않고 나를 계속 감동하게 만드는 것은 입체감이 유일한 것 같다.

● 맛도 입체적일 때 깊이와 섬세함이 생긴다

맛에 빠져드는 현상도 과연 입체감으로 설명할 수 있을까? 시각이 양 눈의 시차를 이용하여 입체감을 만들듯이 청각은 양쪽 귀에 들려온 소리의 시간차를 이용해 소리의 방향을 알아내고, 음악을 들을 때는 소리를 입체적(스테레오)으로 들을 수 있게 해준다. 소리의 공간감을 만드는 것이다. 내가 음악에서 경험한 놀라운 첫 번째 입체감은 중학생 무렵 처음으로 헤드셋을 쓰고 스테레오 음악을 들었을 때다. 소리가 양쪽 귀가 아니라 머리 한가운데에서 들리는 느낌에 정말 놀랐던 기억이 있다.

그런데 맛과 향은 너무나 평면적이다. 개는 양쪽 콧구멍에서 느끼는 냄새의 차이로 방향을 찾을 수 있다고 하지만, 인간은 그 정도로 예민하지 않다. 그리고 입에는 그런 방향성의 의미도 없다. 그러니 맛과 향의 감각 자체는 지극히 평면적이라고 할 수 있다. 그럼에도 우리 뇌는 맛을 입체적으로 느끼려 한다. 우리가 음식의 향기를 맡을 때는 단순히 코만 자극하는 것이 아니다. 우리가 음식을 먹을 때면 날숨으로 느끼는 향기는 물론, 혀로 느끼는 오미, 촉각(식감), 온도감각 등이 복합적으로 작용한다. 사과를 먹을 때 후각으로 느끼는 것은 사과의 향이고, 미각으로 느끼는 것은 단맛과 신맛이고, 촉각으로 느끼는 것은 아삭거리는 식감인데 서로 완전히 하나가 되어 느껴지기 때문에 우리는 맛과 향을 구분하지 못하고 통합해서 사과 맛이라고 생각한다. 더구나 감각은 기억을 호출하고 감정을 불러와 느낌을 훨씬 풍부하게 한다.

맛의 감동에서 입체감의 의미는 입체시를 갖게 된 사람들이 한결같이 평면시로 볼 때보다 여러 사물이 선명하게 느껴진다고 말하는 것에서 찾을 수 있다. 만약 음식을 먹게 되었는데, 각 재료의 맛이 뭉개져서 각각의 맛은 사라지고 하나의 뭉텅한 맛으로 느껴지면 우리는 계속 감동하기 힘들 것이다. 각 재료의 맛이 가장자리까지 선명하고 섬세하게 따로따로 느껴지고, 풍미도 더 선명하게 느껴져야 감동이 커진다. 숲을 볼 때 단순히 초록색이 아니라 나무마다 제각각 올리브, 에메랄드, 비취, 청록, 연둣빛으로 구분되어 보이듯이 재료의 풍미가 개별적으로 느껴지면 그 다양성에 매료될 것이고, 그것이 조화롭게 숲을 이루듯 식재료도 조화롭게 어울리면 맛은 커다란 입체를 이루게 된다. 맛이 그렇게 입체적이 되면 우리는 사진 속의 정물처럼 멀리서 관찰자의 시선으로 덤덤하게 바라보지 못하고 그 안에 풍덩 빠져들게 되는 것이다.

● **나이가 들면 모든 것이 시들해지기 쉽다**

인간의 미각과 후각은 신생아 때 가장 예민하다. 신생아는 혀뿐 아니라 입안 전체에 맛봉오리(미뢰)가 돋아 있어서 입천장, 목구멍, 혀의 옆면으로도 맛을 느낄 수 있다. 그래서 아기들은 밍밍한 분유도 맛있게 먹을 수 있다. 그런데 이 맛봉오리는 10세 무렵이 되면 수가 줄어든다. 후각의 경우에는 20대 이후 조금씩 무뎌지기 시작해 60세를 넘어서면 급격히 둔화한다. 80세가 되면 건강한 사람의 3/4이 냄새를 잘 맡지 못한다. 어머니가 만드는 반찬의 간이 점점 세지는 것도 이 때문이다.

나이가 들면 다른 감각도 약해지는데, 야간 시력은 무려 1/16 수준으로 떨어진다. 낮에는 망막에 있는 원뿔세포가, 밤에는 막대세포가 작동해서 사물을 보는데, 나이가 들면 막대세포의 감소폭이 훨씬 크고 빛에 반응하는 색소의 활성과 효소의 신호물질 증폭 능력이 줄어든다. 더구나 빛이 통과하는 동공의 크기를 조절하는 홍채 근육의 탄력도 감소하고, 수정체에 점차 불순물이 끼어 투명도가 낮아짐에 따라 망막으로 유입되는 빛의 양도 줄어 야간 시력이 크게 떨어진다.

그런데 나이가 들어도 평소에는 야간 시력이 크게 저하되었다는 사실을 체감하기 어렵다. 우리 뇌가 적당히 보정해주기 때문이다. 밝은 곳에 있다가 어두운 곳으로 가거나 어두운 곳에 있다가 밝은 곳에 가면 처음에는 잘 안 보이다가 이내 적응을 한다. 이는 인간의 시각 시스템이 감도(빛을 감지하는 민감도)를 최대 10만까지 조절하며 시력을 보정해주기 때문이다. 그러나 아무리 보정을 잘 받는다 해도 나이가 들면 망막으로 유입되는 절대 광량이 줄어들기 때문에 대응 속도에 한계가 생길 수밖에 없다. 그래서 나이를 먹고 밤에 운전하면 빠르게 물체를 식별하지 못해 크게 불편할뿐더러 사고 위험도 커진다.

나이가 들수록 감각이 둔해지는 것 이상으로 체력의 저하 또한 체감하게 된다. 이런 신체적 변화가 심리에도 영향을 미쳐 자신감이나 흥미가 떨어지는 한편, 젊고 활력 있을 때보다 하루하루 시간이 더 빠르게 흘러가는 것처럼 느껴진다. 아무리 생물학적 수명이 늘어난다 한들 체감하는 시간이 빨리 흐른다면 무슨 소용이 있겠는가? 절대적인 시간은 동일하게 흘러가는 것이 분명한데도 노년의 시간이 더 빠르게 느껴지는 것은 무슨 이유일까?

나이를 먹을수록 시간이 점점 빠르게 흐르는 것처럼 느껴지는 결정적인 이유는 새롭게 기억하는 것이 감소하기 때문이다. 기억한 것이 줄어들면 어제 무엇을 했는지 질문을 받아도 "그냥 별일 없었어"라고 답할 가능성이 높아진다. 어제가 그제 같고, 오늘이 어제 같으니, 한 달이 일주일 같고 일 년이 한 달 같아진다. 그런데 곰곰이 생각해 보면 요즘처럼 변화무쌍한 시대에 똑같은 날들이 계속될 리가 없다. 일상 속에서 특별한 느낌과 자극을 받는 경우가 줄어든 것뿐이다.

어린아이는 '기억'이 별로 없다. 그러니 모든 것이 새롭다. 그만큼 많이 기억해야 하니 피곤하지만 새로운 일로 꼭꼭 채워진 기억의 양이 그만큼 시간이 느리게 가는 것처럼 느껴지게 한다. 하지만 성인이 되면 이미 수많은 '기억(경험)'을 가지고 있어서 대부분의 상황이 '예측' 가능해지고, 경험을 바탕으로 쉽게 대처할 수 있어서 놀라움이나 새로움은 적어지고 기억할 것도 적어진다. 아는 게 많아서 놀람이 적어지고 기억할 것도 없어지면서 시간이 빠르게 흐르는 것처럼 느껴진다. 자극이 사라지면 기억이 사라지고, 기억이 사라지면 시간도 사라지는 셈이다.

이처럼 노화로 인해 절대적 감각이 둔화하는 것은 부인할 수 없는 사실이지만, 감각의 둔화 때문에 우리가 인생을 느끼고 즐기는 데 지장을 받을 이유는 없다. 인간의 감각은 차이에 반응하는 시스템이지 절대량에 반응하는 시스템이 아니다. 어떨 때는 고추를 고추장에 찍어 먹을 정도로 자극에 둔감하다가도 사실상 무미인 생수의 맛 차이를 감별하기도 한다. 사실 인간의 코는 1조 가지 향기의 차이를 구분할 정도로 예민하다. 그러니 아무리 나이가 들어 감각이 퇴화한다고 해도 맛의 즐거움을 누리기에는 충분할 정도의 감각을 보유하고 있는 셈이다.

게다가 미각과 후각은 무조건 예민하다고 좋은 것만도 아니다. 향에 지나치게 예민하거나 쓴맛에 과민하면 그만큼 싫어하는 음식이 늘어날 가능성이 높다. 실제로 와인을 좋아하는 사람 중에는 쓴맛에 둔감한 사람이 의외로 많다. 둔감한 덕에 진입장벽이 낮아져 와인의 다양한 풍미를 즐길 수 있는 것이다. 쓴맛에 예민한 어린아이들은 채소뿐만 아니라 맥주나 커피 같은 음식도 쓴맛 때문에 싫어한다. 대학교에 갈 즈음이면 비로소 충분히 쓴맛에 둔감해져 아이스아메리카노마저 거침없이 마실 수 있게 된다.

과거에는 쓴맛을 민감하게 감지하는 능력이 음식물에 함유된 독으로부터 내 몸을 지키는 역할을 했지만, 지금은 검증된 식재료를 사용하므로 쓴맛을 예민하게 느낄 필요가 많이 없어졌다. 하지만 나이가 들어 미각이 둔감해지면 쓴맛 때문에 자신도 모르게 기피해온 음식도 즐길 수 있게 되고, 후각이 둔감해지면 특이한 향 때문에 싫어했던 음식에 대해서도 거부감이 줄어든다. 그만큼 즐길 수 있는 음식의 레퍼토리가 풍성해지는 것이다.

후각과 미각이 둔해지더라도 차이를 식별하는 능력은 여전하고, 야간 시력이 약해져도 첨단 조명 기술이나 안경 착용 및 수술 등으로 이를 보완할 길이 열려 있다. 감각의 노화에 대응할 방법은 많다. 문제는 감각의 노화가 아니라 정신 즉, 기대의 노화이다. 나이가 들면 경험을 통해 예측을 잘하므로 새로움과 흥미를 잃기 쉽다. 나이가 들어도 흥미를 잃지만 않으면 우리의 감각은 음식을 즐기고 세상을 즐기기에 차고 넘친다.

과거에 싫어했던 음식에 도전해 보거나, 남이 해주는 요리를 즐기는 차원을 벗어나 손수 요리에 나서 새로운 요리에 도전하거나, 어떻게 하면 보다 맛있게 즐길 수 있는지 재료의 궁합을 찾아 페어링을 연구해 보는 것도 좋은 방법이다.

우리가 지닌 감각을 오랫동안 잘 활용하기 위해서는 끊임없이 새로움에 도전해야 한다. 신선한 자극을 추구하고 호기심을 잃지 않아야 시간(기억)을 붙잡아둘 수 있다. 설령 인간의 생물학적 수명이 200세까지 늘어난다 해도 새로움이 사라지면 기억이 사라지고, 기억이 사라지면 시간도 의미도 사라진다.

4. 음식의 감정, 호불호는 아직 과학보다는 예술의 영역이다

● 맛은 빠져드는 즐거움이 있다

같은 음식도 사람마다 느끼는 것이 다르다. 맛에 빠져드는 차이를 이번 책에서는 입체감을 통해 설명했지만, 맛에는 이런 입체감 말고도 풀어야 할 개념이 많다. 우리는 맛에 있어서도 뭔가 그 음식이 가질 수 있는 이데아적인 맛을 추구하는 경향이 있다. 식재료마다 맛이 다르지만 계속 먹다 보면 본능적으로 각 식재료로 구현 가능한 가장 이상적인 맛이 머릿속 어디엔가 점점 그려지는 것이다. 그 맛은 모난 구석 없이 평균적인 균형이 잘 맞으면서도 취향을 저격하는 매력을 가지고 있다. 음식에서도 그것이 속한 제품군의 맛의 요소를 평균만 잘 맞추어도 실패하기 힘든 조건이 된다. 그리고 여기에 정점이동(Peak shift)을 추가하면 최고가 된다. 가장 친숙하고 안정적인 맛에 선호하는 포인트가 강화되어 "여기에서 이 정도의 맛이 나다니!" 하고 감탄하면 최고의 맛이 되는 것이다. 소위 황금 비율이라고 할 정도로 균형과 개성이 조화를 이루고 장점이 강조되면 최고다. 정점에 도달할수록 아주 사소한 차이가 큰 차이를 만들기도 한다. 하지만 최고란 무지개와도 같아서 멀리서 보면 잘 보이지만 구체적으로 다가가려 하면 점점 더 흐릿해지는 존재다. 그래서 우리는 최고의 맛을 찾아 탐험과 방황을 계속한다.

● 호불호는 일시적이고, 더 큰 쾌락을 원하게 된다

우리는 항상 더 많은 쾌감(도파민)을 원하지만 도파민이 계속 지나치게 넘쳐나면 생존에 도움이 되지 않는다. 모든 생명체는 생존을 위해 생물학적 항상성을 만들어왔고, 마음과 쾌감에도 항상성이 적용된다. 그래서 커다란 슬픔이나 압도적 공포도 시간이 지나면 약해지고 이것은 좋은 일에 대해서도 똑같이 적용된다. 아무리 크고 영원할 것 같은 기쁨도 며칠이나 몇 주가 지나면 우리는 어느새 적응하고 만다. 그리고 그것이 새로운 기준이 되어 다시 행복을 느끼기 위해서는 더 강한 자극이 필요해진다. 항상성에 의해 쾌락의 적응이 일어나는 것이다.

항상성이 생존에 기본조건이고 쾌감도 평상시에는 평온한 상태를 유지하도록 동일한 쾌감에는 도파민의 분비량을 줄인다. 그러니 인간은 쾌감을 위해서 새로움이나 '더(More)'를 추구해야 한다. 인류의 가장 차별적인 능력이라 할 수 있는 새로움에 대한 도전력은 결국 도파민 덕분이다. 더구나 실패에도 크게 개의치 않는다. 새로움이 예측 오류를 만들고 그것이 오히려 인간에게 흥미와 도전 정신을 높인다. 예측 가능한 보상보다는 예측하기 힘든 보상이 오히려 쾌감을 높인다. 만약에 축구 경기의 결과가 실력과 완벽하게 비례하여 예측대로의 결과만 나오면 지루해질 것이고, 반대로 실력과 전혀 무관하게 완전히 예측 불가한 결과만 나오면 포기할 것이다. 하지만 경기 결과가 실력과 운을 적당히 혼합한 수준으로 자신의 응원에 들쑥날쑥한 보상이 이루어지기 때문에 사람들은 축구에 더 매료되는 것이다.

이런 무수한 미식 이론은 『맛의 원리』에서 이미 다룬 것들이라 여기에서는 생략하지만, 우리가 맛을 온전히 이해하기 위해서는 감정의 원리와 감정의 힘까지 잘 알아야 한다.

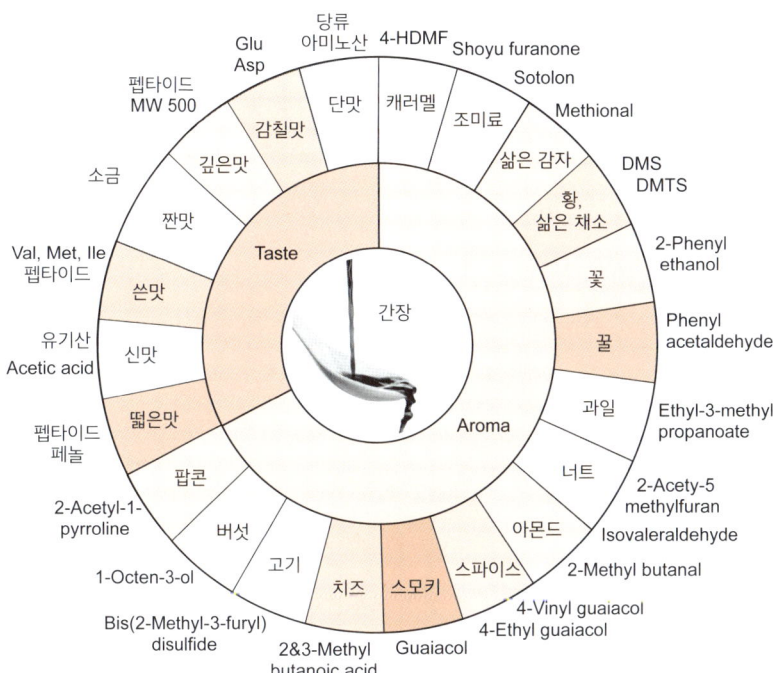

어떻게 해야
맛을 잘 표현할 수 있을까?

3
Flavor
Perception

1. 맛은 왜 말로 표현하기 힘들까?

● 이미 생존을 위한 맛의 단계를 훨씬 뛰어넘었기 때문이다

과거에는 항상 음식이 부족하여 그저 주어진 대로 먹을 수밖에 없었고, 배가 고프지만 않아도 행복했다. 하지만 지금은 음식이 즐거움의 대상이고, 이왕이면 잘 알고 제대로 즐기고자 하여 맛과 맛집 이야기가 넘친다. 술을 잘 빚고 요리를 잘하는 것도 기술이지만, 맛을 잘 느끼고 표현하는 것도 큰 기술인 것이다. 그런데 맛을 말로 설명하거나 표현하는 게 요리를 잘하는 것보다 훨씬 쉬울 것 같은데 왜 잘 안 되는 것일까? 그나마 오미는 생존에 직결된 것이라 설명이 쉽다. 짠맛은 소금의 맛인데 소금은 식량 못지않게 생존에 절대적인 요소다. 다른 미네랄도 물론 필요하지만, 그것은 식물에 충분히 있어서 적당히 골고루 음식을 먹는 것으로 해결이 된다. 더구나 대부분 세포 안에 있어서 손실될 확률이 낮다. 소금은 아무리 아끼려 해도 콩팥을 통해 배설되기 쉬운 혈액에 존재하고, 아무리 음식으로 섭취하려 해도 자연에 나트륨이 풍부한 식재료가 없어서 소금을 별도로 따로 챙겨 먹어야 한다.

설탕을 좋아하는 이유도 명백하다. 우리가 음식을 먹는 주목적은 생존에 필요한 에너지(ATP)를 합성하기 위함이고, 그것에 가장 적당한 것은 당류(포도당)이다. 그러니 그 대표 격인 설탕을 좋아하는 것이다. 감칠맛은 단백질의 맛이다. 식물은 포도당만 합성하면 나머지 모든 탄수화물과 지방을 합성할 수 있지만 단백질만큼은 따로 질소원을 구해야 한다. 그러니 우리 몸도 감칠맛으로 아미노산(글루탐산)을 감각하는 것이다.

이처럼 생존을 위한 맛은 설명이 쉽지만, 지금은 단지 생존을 위해 먹는 것이 아니라 즐거움과 온갖 욕구의 충족을 위해 먹는다. 그래서 맛의 설명이 힘들다. 더구나 맛에 마땅한 단어도 부족하다. 우리는 언어가 있어야 생각할 수 있고 표현도 가능한데, 단어가 부족하니 맛을 표현하기가 매우 어렵다.

● 맛을 표현할 단어가 부족하기 때문이다

외국인에게 막걸리 맛을 설명하려면 어떻게 해야 할까? 막걸리뿐 아니라 대부분의 맛은 말로 표현이 불가능하다. 단어가 있어야 말을 할 수 있는데, 향에 대해 소통할 수 있는 단어가 거의 없으니 맛을 말로 표현할 방법이 없는 것이다.

이런 어려움을 극복하기 위해 '아로마 휠(Aroma wheel, Flavor wheel)'이 개발되었다. 예를 들어 와인을 마시다 뭔가 익숙한 향인데 구체적으로 생각이 나지 않으면 먼저 아로마 휠의 내부 원에 표시된 기본 향조를 찾아본다. 만약 그중에서 과일 느낌이면 과일의 묘사 부분을 찾아 감귤류인지, 베리류인지, 열대과일인지와 같은 2차 분류를 선택한다. 그리고 마지막으로 딸기인지 라즈베리인지 블루베리인지 같은 구체적인 향을 선택하는 식이다.

아로마 휠은 향의 묘사와 소통에 도움이 되지만 한계도 명확하다. 예를 들어 누군가 맵다고 하면 그것이 어느 정도 강도인지 판단이 힘든데,

캡사이신 농도로 표시하면 훨씬 비교가 쉽고 검증이 가능하다. 향도 이처럼 수치로 표현하면 좋을 텐데, 어떤 물질로 어떻게 표현하면 좋을지 그 표현 방법에 대한 기초적인 연구조차 되어있지 않다.

커피에는 향의 묘사를 위한 아로마 휠 외에 학습을 위한 '아로마 키

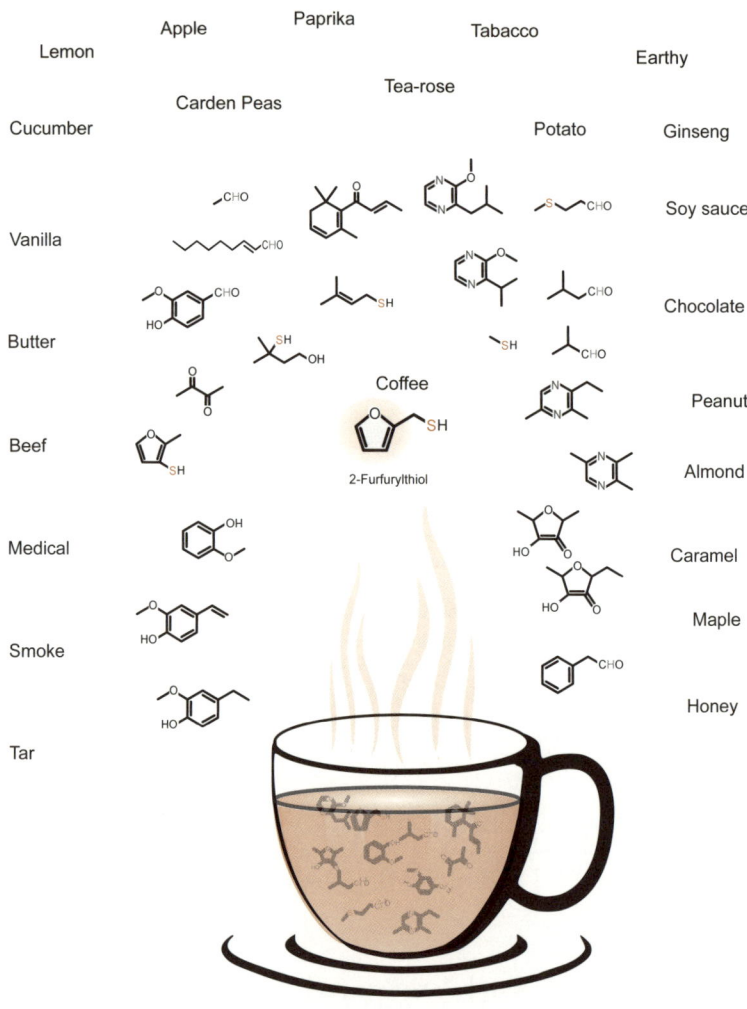

커피의 향기 물질에서 느낌이 출현하는 원리

트'도 있다. 키트(용어)에는 흙냄새, 감자 향, 완두콩 향, 오이 향, 풀/볏집 향, 나무 향, 향신료, 바닐라, 꽃 향, 레몬, 사과, 살구, 꿀, 초콜릿, 캐러멜, 아몬드, 땅콩, 헤이즐넛, 호두 같은 것이 등장하지만 커피에 실제로 흙이나 감자 등이 들어 있을 리는 없다. 단지 그런 느낌을 주는 향기 물질이 있을 뿐이다. 이런 향조와 향기 물질을 조합하여 설명하면 좀 더 구체적으로 검증 가능하고 발전 가능성도 있는데, 아쉽게도 이런 노력은 별로 없다.

2. 언어(단어)가 있어야 생각과 소통이 가능하다

● 아로마 키트, 예측의 목록

아로마 휠은 풍미를 설명하는데 필요한 공통의 용어를 마련하려는 노력에서 시작되었다. 처음 개발된 것은 무지개형 기법이다. 1950년대 아서 D. 리틀(Arthur D. Little)시에서 개발한 '플레이버 프로필(Flavor Profile)'은 'fruity', 'spicy', 'sweet' 등의 느낌을 이미지로 표현하기 위해 무지개색으로 표현하고, 살구나 감초 등의 부차적인 맛은 주요색의 하위 색상(청록, 연보라)으로 표현했다.

이후에 등장한 아로마 휠은 기본 향미는 안쪽에 세부적인 향미는 바깥쪽에 위치하고 있고, 단어의 느낌을 직관적으로 나타내기 위해 색을 사용한다. 예를 들어 식물은 초록색, 꽃은 분홍색, 향신료는 빨간색 같은 방식이다. 1970년대 후반에는 '맥주 아로마 휠'이 개발되었고, 1980년대 중반에는 '와인 아로마 휠'이 개발되었다. 와인 아로마 휠을 개발한 캘리포니아 대학 앤 노블Ann C. Noble 교수는 아로마 휠을 통해 와인의 특징을 좀 더 섬세하게 설명할 수 있었다고 말한다. 이에 자극 받아

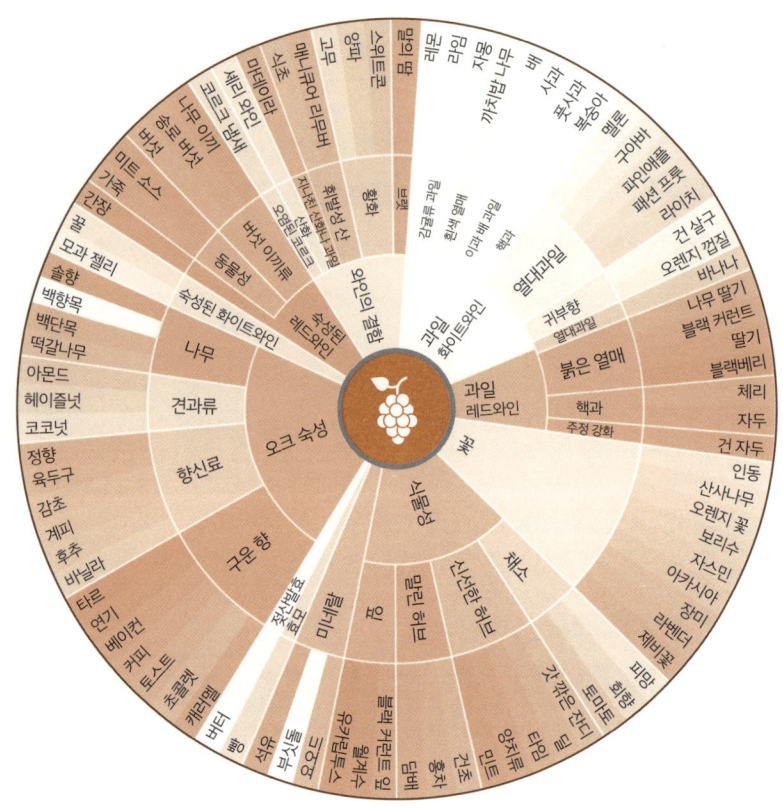

와인의 아로마 휠

'커피 아로마 휠'도 1995년에 개발됐다. 사람들이 커피를 맛보고 떠오르는 느낌을 적으면, SCAA와 캘리포니아 대학 연구원들이 단어들을 통계적으로 분석해 정리하는 방식으로 3년에 걸쳐 만들었다. 커피 아로마 휠을 통해 커피를 맛보면서 적당한 단어를 빨리 골라낼 수 있기를 기대한 것이다. 이런 용어 정리를 통해 얻게 되는 가장 큰 이득은 커피 농장에서 소비자까지 같은 단어로 커피의 맛을 설명하고 소통할 수 있다는 점이다.

'MEAT' 찾기. 한 번 찾으면 두 번 찾기는 너무 쉬워진다

● 용어의 의미, 향은 자동 연상(Auto-associative)이다

아로마 휠의 향을 느끼는 것은 숨은그림찾기와 비슷하다. 우리는 향의 차이는 구별하기 쉬워도 그 이름을 떠올리기는 정말 어렵다. 아무리 이런 현실을 설명해도 설마 그럴까 생각하지만, 직접 향기 물질 몇 가지를 체험해 보거나 조합한 향을 체험해 보면 이내 절감한다. 투명한 병에 투명한 액체가 들이 있고, 그 향기를 맡으면 친숙하기는 한데 이름은 잘 떠오르지 않는다. 그러다 그 향기 물질의 이름을 알려주면 충격에 빠지기도 한다. 본인이 날마다 쓰는 제품의 향인데 왜 떠오르지 않았는지 믿기 힘든 것이다.

향기에 대한 지각은 '자동 연상(Auto-associative)'처럼 느껴진다. 알듯 모를 듯 생각나지 않는 향의 이름을 말해주면 그 순간 모호함은 사라지고 다른 어떤 향도 될 수 없는 것처럼 느껴진다. 이름을 통해 '그것이 맞다'는 생각이 들면 뇌는 그 향기로 온전히 재구성하기 때문이다.

● 맛 훈련은 예측 훈련, 전문가는 적절한 예측을 잘하는 사람이다

어떤 식품을 먹을 때 그 풍미를 느끼기 가장 쉬운 방법은 예측이다.

김밥을 먹을 때 경험이나 이름 또는 단면을 보면 어떤 재료가 사용되고 어떤 맛이 나올지 예측할 수 있고, 그래서 씹을 때마다 느껴지는 다른 맛이 무엇에 의한 것인지 쉽게 짐작 가능하다. 김밥을 처음 먹는 사람에게 잘린 단면도 보여주지 않고 바로 입에 넣고 맛을 맞춰보라고 하면 훨씬 제한적일 수밖에 없다. 예측은 우리가 무엇을 느낄 것인지에 대한 가이드를 제공한다. 결국 '당신이 찾는 것을 보게 될 것'이라는 말과 같은 개념이다. 전문가란 적절한 예측을 잘하는 사람인 것이다.

"내가 그의 이름을 불러주기 전에는 그는 다만 하나의 몸짓에 지나지 않았다. 내가 그의 이름을 불러주었을 때, 그는 나에게로 와서 꽃이 되었다." 김춘추 시인의 '꽃'에 나오는 첫 구절이다. 모든 것은 이름을 가짐으로써 그것으로 인식된다는 의미를 가지고 있다. 이 시는 향의 인식에 너무나 잘 들어맞는다.

향은 '설단(Tip of the tongue) 현상'과 닮아서 그 이름을 부르기 전에는 머릿속에서 간질거리기만 하고 잘 떠오르지 않다가, 이름이 떠오르면 너무나 당연한 것처럼 감각이 조정된다. 커피 향의 전문가라고 하면 풍미

전문가는 적합한 단어(이름)를 많이 가지고 있다

에 적합한 단어를 많이 가지고 있어서 어떤 커피를 접하면 그중 유력한 후보를 순식간에 나열하고, 감각과 비교하면서 이름을 선택할 수 있는 사람일 것이다. 보통 사람은 마땅한 단어(개념)가 없어서 형언하지 못할 때 훨씬 다양하게 느끼고 묘사할 수 있다.

예측과 확인은 마치 노래를 듣는 것과 같다. 노래를 부를 때 사람마다 음색과 음높이가 다르며, 악기도 모두 다른 소리를 낸다. 하지만 우리는 어떤 소리를 듣더라도 같은 노래인지 아닌지 즉각 알아챈다. 노래를 듣는 순간 수많은 예측과 검증이 동시에 일어나기 때문이다.

● 때로는 예측 때문에 전문가가 더 틀릴 수도 있다

전문가도 잘못된 예측으로 어이없는 실수를 한다. 와인에는 이와 관련된 유명한 사례가 있다. 2001년 보르도 대학의 프레데릭 브로셰 Frederic Brochet 교수는 동일한 중등품 와인을 두 개의 다른 병에 담아 내놓았다. 하나는 고급 브랜드, 다른 하나는 평범한 브랜드였다. 그런 후 전문가에게 맛을 보게 하자 고급 브랜드처럼 포장한 것을 더 맛있다고 이야기했다. 심지어 화이트와인에 색소를 넣어 레드와인처럼 보이게 하자 전문가들은 화이트와인을 레드와인처럼 묘사했다.

보통 가격 정보에 따라 맛의 평가가 달라지는 것을 마음이 해석한 결과라고 생각하지만 이는 사실과 다르다. 뇌가 맛 정보와 가격 정보를 따로따로 받아들인 후 비싼 음식이 더 맛있다고 해석하는 게 아니라 끊임없이 와인에 대한 정보를 탐색하고 판단하여 맛 정보보다 먼저 가격 정보를 입수한 뒤 이미 맛에 대해 판단하도록 입과 코를 개조한다. 비싼 와인은 맛있고, 싼 와인은 맛이 덜하다고 느껴지도록 미각과 후각 자체를 바꾸어 감각하는 것이다. 쉽게 믿기지 않겠지만 뇌과학에서 이미 그런 식으로 작동한다는 사실을 밝혀냈다. 결국 선입견은 마음이나 의지의 문제가 아니라 하드웨어 즉, 뇌의 배선 문제이다. 그러니 여기에서 벗어나기가 쉽지 않다.

소믈리에는 기억된 자료를 바탕으로 예측하고, 그 예측과 감각의 결과를 비교하면서 힌트를 바탕으로 맛을 평가하지, 천재적 후각으로 단숨에 평가하지 못한다. 소믈리에가 와인의 산지를 추정하는 것은 결국 코가 아니라 여러 시나리오를 검증할 수 있는 지식에 의한 것이다.

사실 초보자라 할지라도 두 잔의 와인이 서로 같은 와인인지 다른 와인인지는 쉽게 구별할 수 있다. 전문가의 식별 기술은 정보가 서로 일치할 경우에 국한된다. 인위적으로 정보를 조작하면 오히려 틀릴 수 있다. 소믈리에는 입과 코가 아니라 와인을 보는 눈이 더 발달한 사람이기 때문이다. 보통 사람과 동일한 코를 가졌지만 축적된 경험으로 예측하고

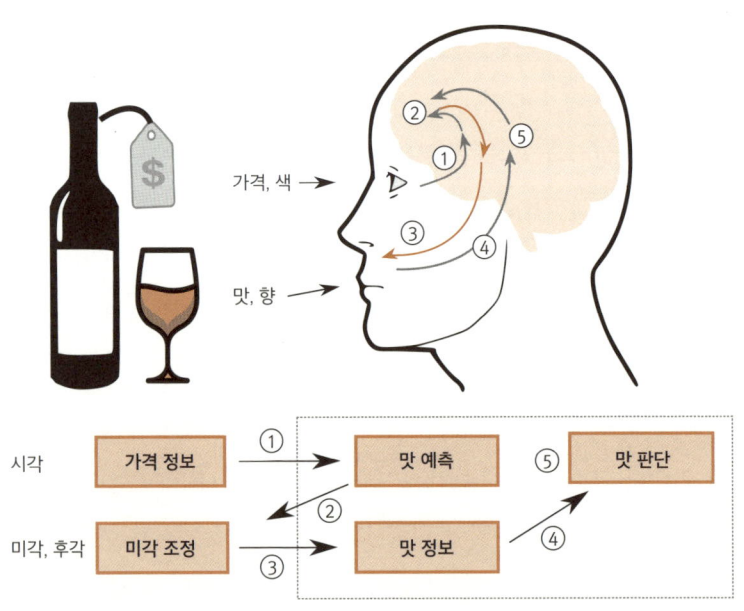

가격이 맛에 영향을 미치는 기작

검증하고 판단을 하는 것인데, 그 지표를 흔들면 일반인보다 더 많이 흔들릴 수밖에 없다.

맛은 뇌의 끝없는 되먹임 구조로 작동한다. 그러니 맛은 감각의 상향식 흐름과 기억과 판단의 하향식 흐름이 대화하고 타협한 결과라 할 수 있다. 맛이 가격을 결정하고, 가격이 맛을 좌우한다. 맛있으면 기분 좋고, 기분이 좋으면 맛있다고 느낀다.

3. 언어와 맛은 사회적 현상이다

● 사회적인 맛, 사회적인 뇌

뇌는 외부세계의 자극에 단순히 반응하는 기계가 아니다. 항상 예측하고 예측과 감각을 비교한다. 그리고 통계적인 패턴을 찾아 학습하고 개념을 만든다. 개념이 없다면 그것을 구분하여 감각하기조차 힘들다. 식물은 사전에 객관적으로 존재하지만, 꽃과 잡초의 구분은 상황과 그것을 지각하는 사람이 있어야만 가능하다. 개념(단어)이 지각의 단위인데, 개념은 주로 거대한 사회 공동작업의 산물이다. 실제 무지개에는 색의 경계가 없지만, 문화에 따라 무지개색을 6개로 보는 나라도 있고, 7개로 보는 나라도 있는 것처럼 말이다. 경험은 개인적이지만 해석은 사회적인 것이다. 용어(단어, 개념)는 사회적으로 만들어진 생각의 도구이고, 감정을 섬세하게 이해하고 소통하는 수단이다.

많은 사람이 자신의 생각과 행동을 스스로 결정하며 주도적인 삶을 산다고 생각하지만, 우리는 생각처럼 주도적이지 않다. 인간은 사회의 눈치를 많이 보는 가장 사회적인 동물이다. 그래서 외부의 칭찬 한마디에 모든 기분이 달라지고, 여러 즐거움 중 인정받는 즐거움이 가장 크다.

타인이 나를 인정하고 소중하게 생각해준다는 느낌이 들면 감동하는 것이다. 귀한 재료로 정성스레 준비된 음식에 감동하는 것도 그만큼 존중받고, 대접받았다는 느낌이 크기 때문이다. 맛은 그런 사회성과 집단지성의 결과물이다. 남들이 모두 맛있다고 하는 것은 그만큼 안전하고 검증된 음식이라는 뜻이기도 하다. 그러니 그런 음식을 맛있게 느끼려고 감각을 조절하는 것은 생존에 매우 유리한 행동이라 볼 수 있다.

● 맛이 말을 만들고, 말이 맛을 만든다

위스키나 와인의 짠맛 또는 미네랄리티는 무엇일까? 특정 와인이나 위스키에는 간혹 짠맛이 느껴지는데, 과학의 관점에서 보면 위스키에서 실제로 짠맛을 내는 인자는 발견할 수 없다. 따라서 위스키에서 나는 짠맛은 신맛과 황을 포함한 향이 불러일으키는 일종의 착시와 같은 현상일 수 있다. 감각은 생존을 위한 예측과 편견까지 포괄하고 있어 어떤 조건이 맞아떨어지면 착시가 흔히 일어나기 때문이다.

헝가리 작가 벨라 함바스Béla Hamvas는 1945년 『와인의 철학』이라는 책을 통해 "고유의 환경에서 생산된 와인은 모방할 수 없는 특유의 미네랄 풍미를 지닌다"라고 주장한다. 이를테면 모래 토양에서 재배한 포도로 만든 와인은 "아주 작은 별 같은 모양의 알갱이로 우리 혈관을 채우고 이 알갱이가 은하수처럼 혈액 속에서 춤춘다"는 것이다. 와인에서 '미네랄리티'란 용어는 1970~80년대에 등장했으며, 2000년대 초부터 본격적으로 사용되었다. 그리고 지금은 가장 흔하게 사용되는 표현 중 하나로 자리 잡았다.

와인은 '테루아(Terroir)'를 강조하고, 그 단어가 갖는 긍정적 이미지와 은유적 모호성 때문에 더 인기를 끈다. 물론 소량의 미네랄은 분명히 와인에 존재한다. 하지만 그것이 맛으로 느껴질 만큼 충분한 양은 아니다.

더구나 대부분의 미네랄은 그 자체로는 좋은 맛도 아니다. 결국 미네랄리티의 실체가 무엇이든 말 그대로 포도 농장의 돌이나 토양 속 미네랄의 맛일 수는 없다. 오히려 정신적인 연상인 것이다. 만약에 누가 와인에서 용암 같은 맛이 난다고 하더라도 아무도 용암의 일부가 들어 있을 것이라고는 생각하지 않는다. 사실 그 누구도 용암을 맛보거나 그 맛을 알고 있는 사람은 없다. 단지 그것이 적절한 은유여서 많은 사람이 공감할 수 있다면 적절한 용어가 되는 것이다. 와인에서 미네랄리티는 적절한 은유이자 미스터리다. 그래서 사람들이 더 마음에 들어 하는지도 모른다. 그리고 그 말 덕분에 와인에서 미네랄리티를 더 잘 느끼게 된다.

● 휘발유, 약품취, 소독취 등은 어쩌다 악취가 된 것일까?

리슬링 와인을 장기 숙성하면 이오논 같은 카로티노이드 분해물로부터 강력한 이취인 TDN(휘발유 냄새)이 생성될 수 있다. 역치가 낮아 $2\mu g/L$만 있어도 이취의 원인이 되므로 장기 숙성 시 유의해야 한다. 그런데 휘발유 냄새는 최근에 인식된 향이다. 우리가 휘발유 냄새를 몰랐을 때도 존재하던 TDN은 과거에도 나쁜 냄새였을까? 지금은 석유 냄새를 좋아하지 않지만, 과거에 엔진은 귀한 것이고 고마운 것이었으며, 거기에서 나는 휘발유 냄새를 문명의 향이라며 나름 좋아했던 때도 있었다. 어릴 때 소독차 뒤를 쫓아다니며 그 냄새를 맡았던 것처럼 말이다.

페놀 향이 음식에서 나면 병원 냄새가 난다고 질겁한다. 그런데 페놀은 원래 자연의 물질에서도 조금씩 만들어진다. 하지만 병원에서 다량으로 사용되면서 이제는 자연에서 나는 향기여도 병원 냄새라고 느끼면서 불쾌감을 드러낸다.

정체를 모르는 향기에 어떤 감정을 가지기는 힘들다. 향기에 대한 선호도는 학습에 의한 것이다. 향기는 자극일 뿐 가치중립적인데, 경험과 주위의 평판에 의해 좋은 쪽인지 나쁜 쪽인지 취향을 확립해간다. 남들이 하는 말을 통해 향기에 대한 평판을 듣고, 그것에 대한 호불호를 만들어간다.

● 맛은 문화적인 현상이다

미각 중에 쓴맛은 25종의 수용체가 있어 개인차가 100~1,000배라고 하는데 후각은 미각보다도 차이가 더 심할 수 있다. 이미 50여 종의 취맹이 발견되었고, 개인에 따라 같은 후각 세포도 민감도가 다르다. 한 실험에서 27가지 후각 수용체를 조사한 결과, 16~22개의 개인별 차이가 있었다. 만약 인간의 400개 수용체로 확장하면 237~326개가 다른 셈이다. 자몽 머캅탄은 고농도에서는 유황이나 고무 같은 냄새가 나고, 10ppm 이하에서는 자몽 느낌이 난다. 농도에 따라 강도뿐 아니라 향조 자체가 달라지는 것이다. 그러니 식품에서 풍기는 β-이오논, β-다마세논, 이소부틸알데하이드, 이소발레르산의 느낌은 사람마다 다를 수밖에 없다.

모든 사람은 각자 자신의 맛 세계에 살고 있지만, 대부분은 다른 사람도 자신과 비슷하게 느낄 것이라 착각한다. 이와 같은 개인차의 요인을 알아보면 오히려 여러 사람이 공통으로 좋아하는 요리나 맛집이 존재한다는 사실이 얼마나 놀라운 일인지 알게 된다. 이처럼 우리는 거꾸로 알고 있는 것이 많다. 사람들은 정말 각양각색의 감각이 있다. 따라서 "어떻게 이것을 맛있다/맛없다고 할 수 있을까?"는 완전히 잘못된 질문이고, "우리는 각자 천차만별의 다른 감각을 가지고 있는데도 어떻게 이만큼이나 똑같이 맛있다고 느낄 수 있을까?"가 훨씬 제대로 된 질문이다.

인간이 큰 뇌를 갖게 된 것은 거대한 사회를 이루고 살아갈 수 있는 능력을 갖추기 위함이라고 한다. 큰 사회의 구성원이 되어 원활히 살아가려면 각자 고도의 사회성을 갖추어야 하는데, 이를 위해 고도의 지능과 훈련이 필요하다. 우리의 감각기관은 제각각 다르지만, 뛰어난 사회성으로 훈련된 공감 능력과 적응력 덕분에 서로가 전혀 다른 입맛을 가졌다는 것을 인식하지 못할 정도로 서로 적응한다. 인류는 항상 아웅다웅 다투는 것 같지만, 인간처럼 평화롭게 살면서 서로의 입맛을 존중하고 기쁨과 슬픔을 같이 나누는 집단도 없다. 다른 사람이 맛집이라고 하면 내 입맛에는 별로여도 맛있게 먹으려고 최선을 다하는 것이다. 그렇게 우리의 입맛은 서로가 서로를 닮아 간다. 맛에서 뇌의 역할이 크고 그만큼 차이를 보정하는 능력이 큰 덕분에 같은 식당에서 같은 음식을 즐길 수 있는 것이다.

결국, 맛은 과학적이면서도 문화적인 현상이다. 좋아하는 맛과 음식은 시간이 지남에 따라 조금씩 달라진다. 맛은 개인적인 것이라 취향이 있지만, 동시에 사회적인 것이라 유행도 존재하는 것이다. 맛도 패션이나 음악처럼 유행이 있어서 서로가 서로에게 영향을 주며 조금씩 변해간다.

맛은 나름 객관적이라 과학이 설명하는 부분도 많고, 적당히 주관적이라 다양성도 가지고 있다. 만약에 개인차가 없다면 가장 좋아하는 한 가지로 맛으로 수렴하고 다양성이 사라질 것이다. 더구나 향기는 음식을 기억하는 수단이지 음식의 가치에 대한 평가가 아니며, 그 음식을 통한 이득이 충분하다면 얼마든지 향기에 대한 취향을 바꿀 수 있다.

4. 맛도 객관적으로 측정이 가능할까?

● 맛과 향의 정량화는 식품과학의 최종 과제이다

맛을 잘 표현하고 객관화하고 싶은 것은 식품업계도 마찬가지다. 지금까지 식품회사는 제품의 개발에는 최선을 다했지만, 그것을 설명하는 능력을 키우려는 노력은 부족했다. 자기들이 개발한 식품의 풍미에 대해 제대로 된 설명을 제공하는 경우도 드물었다. 맛을 객관적으로 표시할 수 있는 기술의 개발 역시 필요하다. 어쩌면 영양 성분 표시보다 풍미 표시가 소비자의 선택에 도움이 될지도 모르기 때문이다.

가공식품에서 품질은 기본 중 기본이다. 제품에 재현성과 일관성이 없다면 판매가 불가능하다. 판매 중량이 100g인데 가끔 130g이 생긴다면 130g을 얻은 사람의 즐거움보다 100g을 받은 사람의 불만이 커질 수밖에 없다. 그래서 식품회사는 제품의 일관성을 얻고 변수를 줄이기 위해 시간은 초 단위, 무게는 0.1g 단위로 관리한다. 맛에 있어서도 이렇게 수치적이고 객관적으로 관리하고 싶지만 아직 특별한 방법은 없다.

내가 맛에서 수치적 관리의 중요성을 처음 알게 된 것은 단맛 때문이다. 과거 아이스크림 개발팀에서 제품을 개발할 때 완성의 단계쯤에서 가장 듣기 싫은 동시에 가장 자주 들었던 말이 "맛은 좋은데 좀 단 것 같으니 감미를 조금 낮춰보라"는 요구였다. 그런데 단맛은 단순히 단맛이 아니다. 아이스크림에서 단맛이 변하면 모든 것이 변해 단맛 하나 때문에 모든 것을 처음부터 다시 해야 하는 악순환의 고리에 빠진다. 그런 요구가 정말 싫어서 방법을 찾다가 기존에 판매되고 있거나 과거에 판매된 제품의 모든 배합표(Recipe)를 분석해 보았다. 그렇게 통계적으로 분석하여 제품 유형별 고형분(Total solid), 감미도, 지방 함량 등을 유형별로 평균값과 제품 특성을 알아내자 이론적 수치만으로 문제를 해결할 수 있었다. 수치적 기준이 마련되자 두 번 다시 감미 때문에 제품 시제를 다시 해야 하는 일이 발생하지 않은 것이다. 아이스크림이 유통 중에 녹는다는 불만도 더 이상 나오지 않았다. 고형분과 빙점 강하 정도를 계산하고 유통 중 견딜만한 마지노선을 찾아내어 지키면 그만이었던 것이다.

이런 수치적 지표는 다른 식품에도 잘 적용된다. 음료를 개발할 때는 목표하는 과일의 당산비를 확인한 후 배합표의 당산비(산도/당도)를 계산하여 당과 산의 함량을 설정하고 향과 색 등을 맞춘다. 소스류에서는 염도가 기본이다. 커피는 단지 관능적인 확인만 있을 것 같지만 농도(TDS), 추출수율이 맛의 기준이 된다. 이런 수치적 지표가 있으면 많은 시행착오를 줄일 수 있고, 문제 해결이나 방향을 잡는 기준이 된다. 단순히 '달다', '짜다'라는 평가보다는 "아이스크림의 감미도가 15인데도 매우 달게 느껴지네요", "찌개 염도가 1.4인데도 짜지 않네요", "염도를 0.2 줄였는데도 싱겁지 않네요." 같은 표현이 훨씬 시사점을 제시하기 때문이다.

그런데 향미에는 아직 수치적 기준이 없다. 어떤 향이 차이가 분명 있음에도 그것이 어떤 차이이고 얼마만 한 차이인지 수치화할 방법이 없다. 그나마 매운맛은 스코빌 단위가 있어서 매운 정도를 근거로 구분할 수 있지만, 풍미는 그런 수치적 기준이 없다. 엄청난 분석 장비와 분석기술의 발전에도 불구하고, 향기 성분을 기준으로 한 풍미 지수가 개발되거나 활용되지 못하고 여전히 관능평가와 같은 감각적인 수단에 의존한다. 감각적인 수단에서 벗어나 좀 더 객관적이고 정밀하게 풍미를 관리하는 수단이 없는 것은 너무나 아쉬운 대목이다.

● 맛의 시각화만큼 의미 있는 기술도 드물다

식품을 선택할 때 첫 번째 요인은 맛이다. 모든 가공식품에 표시사항이 있지만, 맛에 대한 표시는 없다. 술에도 알코올 농도 정도만 표시되어

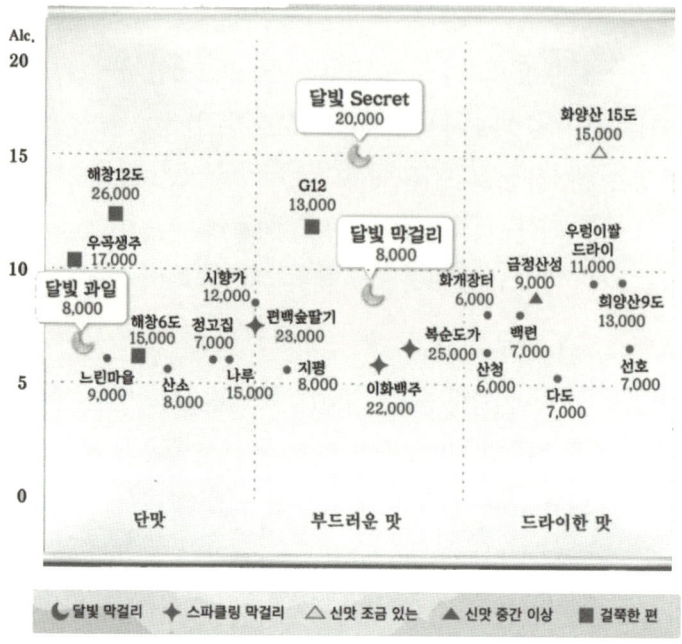

전통주의 풍미를 시각화한 모습(출처: 달빛보쌈)

있다. 물론 알코올의 농도만 해도 상당한 정보지만, 와인의 경우 당도, 산도, 바디감, 타닌의 양, 오크 향의 정도와 같은 몇 가지 지표라도 표시해주면 선택에 큰 도움이 될 것이다. 전통주만 해도 종류가 너무나 많아 초보자는 선택이 쉽지 않다. 이런 전통주의 풍미를 시각화해주면 소비자가 취향에 맞게 선택하기 쉬워질 것이다. 그런데 이들은 여전히 감각에 의존하고 있어서 인간의 개입이 필요하고 흔들리기 쉬워 한계가 분명하다.

● 향기도 바둑처럼 인공지능이 풀 수 있을까?

맛을 수치로 객관적으로 표현하고 관리하려는 노력으로 인해 전자코, 전자 혀 등이 개발되었다. 향을 GC/MS로 분석하며 긴 칼럼을 통과시키면서 물질을 하나하나 분리해 그 종류와 함량까지 측정하므로 코보다 훨씬 정교하고 정량적인 분석이 가능하다. 문제는 우리의 코는 GC/MS처럼 순차적으로 작동하지 않는다는 것이다. 향기 물질을 코에 작동하면 향기 물질 간에 경쟁하고, 수용체에서 상승, 억제, 마스킹 같은 복잡한 상호작용이 동시에 일어난다. 그러니 특정 향기를 구성하는 물질을 모두 알아도 우리 코를 통해 어떻게 느껴질지 예측하기 힘든 것이다.

그렇다면 인공지능은 어떨까? 인간의 고유 영역이라고 생각했던 바둑계에 알파고가 등장하면서 그동안의 모든 고정 관념이 깨졌다. 사실 컴퓨터가 등장한 지 10년도 채 되지 않은 1960년대에도 이미 바둑을 연구하는 과학자가 있었다. 하지만 연구는 지지부진했고, 컴퓨터가 두는 바둑은 아마추어 수준을 벗어나지 못했다. 그래서 바둑만큼은 영원히 인간 고유의 영역이고, 인공지능으로 해결할 수 없는 영역이라고 생각했다. 하지만 2006년, 컴퓨터 바둑에 '몬테카를로 트리 탐색' 방식이 도입되면서 비약적인 발전이 이루어졌고, 2015년에 마침내 알파고가 등장하면서 모든 것이 바뀌었다. 이제는 인공지능이 프로기사를 가르치는 입장이 된 것이다.

후각의 상호작용이 바둑보다 복잡할까? 향은 언뜻 관여하는 수용체와 향기 물질이 워낙 많고, 다양한 상호작용이 얽혀 있어 바둑보다 훨씬 복잡해 보인다. 하지만 후각 수용체의 종류는 400(20×20)으로 바둑의 경우의 수와 비슷하다. 그리고 향기 물질 하나하나의 영향이 바둑의 한 수의 영향만큼 크지는 않다. 이론적으로는 바둑이 풀렸으니 후각도 충분히 풀릴 수 있는 것이다. 유일한 문제는 결과의 피드백이다. 알파고는 먼저 인간의 기보를 학습하여 실력을 키웠다. 뒤이어 알파고 제로가 등장했는데, 알파고 제로는 기보조차 없이 72시간(490만 판)을 학습한 뒤 알파고와 100번 싸워 100번 모두 이겼다. 그리고 이제 프로기사들은 인공지능을 이용해 자신의 실력을 키운다. 인간의 고정 관념에서 벗어난 수를 제시하기도 하고, 한 수 한 수마다 최적의 수와 다른 수의 득실을 계산해줄 정도다.

후각에서도 이런 일이 가능할까? 바둑은 한 수의 의미를 정확한 집계산으로 평가할 수 있지만, 후각은 인간의 감각이라 컴퓨터가 그것을 대신할 수는 없다. 식품의 성분 분석과 감각 평가가 동시에 잘 갖추어져야 가능성이 있는 것이다. 과거라면 인공지능을 이용한다고 후각의 비밀을 풀 수 있는지 의문이겠지만 지금은 바둑을 통해 가능성이 이미 입증된 셈이고, 우리가 과연 학습에 적절한 데이터를 제공할 수 있는지가 관건이다. 더구나 바둑처럼 0.1집 이하의 유불리를 따질 정도의 정교함이 필요한 것은 아니고, 상당한 차이가 나더라도 충분히 활용할 가치가 있다. 언젠가 인공지능이 우리의 감각을 우리보다 더 잘 이해하고 설명해 줄 날이 올지도 모른다.

● 맛도 설명에서 예측의 시대가 된다면

인공지능이 향을 이해하게 된다면 가장 기대되는 건 역시 최소한의 원료로 원하는 모든 향을 만드는 것이다. 지금은 향료회사에서 1,000여 종 이상의 향기 물질을 사용하면서도 원하는 모든 향을 만들지 못한다. 그리고 지금 만들어진 향이 과연 최적화된 것일까 하는 생각도 든다.

사람이 구별할 수 있는 향기의 종류가 무려 1조 가지 이상이라고 하지만, 그렇다고 향기 물질이 그렇게 다양하게 필요한 것은 아니다. 향기도 색처럼 혼합되는 특성이 있다. 눈에는 3종류의 수용체가 있어서 3원색을 256단계로만 혼합해도 256×256×256 즉 1,600만 가지 색이 되고, 우리의 눈은 그 이상은 구분하지 못한다. 코에는 400종류의 수용체가 있다. 수용체가 단지 '있다(O)/없다(X)'는 2단계로만 구분되어 섞여도 20종이면 2^{20}(100만 가지), 40종이면 1조 가지의 조합으로 인간이 구별할 수 있는 범위를 넘어간다. '없다, 작다, 보통, 많다'와 같이 4단계로 섞인다면 8종의 수용체만 있어도 65,000가지, 20종이면 1조 가지 조합이 가능하다. 20종의 원향 향기 물질만 완벽한 비율로 조합해도 모든 향을 만들 수 있다는 계산이 나오는 것이다. 물론 20종은 너무 적은 숫자지만 우리가 후각의 비밀을 정확히 푼다면 200종 이하의 향기 물질로도 우리가 원하는 모든 향을 만들 수 있을지도 모른다. 과거에는 향이 나오는 영화나 TV를 개발하려는 노력도 있었는데, 그런 것을 개발하려면 무엇보다 먼저 필요한 원료의 수를 줄여야 한다.

풍미를 계산적으로 파악 가능하면 '푸드페어링(Flavor matching)' 같은 분야도 획기적인 발전이 가능할 것이다. 최근 향기 물질로 원료의 풍미를 설명하거나 페어링을 예측하려는 노력이 늘고 있다. 식재료의 궁합을 향기 물질을 바탕으로 기존의 관습적 활용에서 벗어난 획기적인 조합을 찾아 주는 프로그램도 개발되어 활용되는 중이다. 지금도 나름 성과를 보이지만, 여기에 인공지능을 활용한 평가시스템이 적용되면 그 정확도가 훨씬 증가할 것으로 예상된다.

식품을 소비자의 취향에 맞는 구독 서비스로 제공하려 할 때도 인공지능이 유용하다. 코로나 이후 음식을 배달해서 먹는 경우가 많이 증가했는데, 소비자의 취향과 영양 등을 분석한 뒤 맞춤 음식을 제공하는 구독 서비스의 시장 가능성이 커지고 있다. 다만 소비자의 취향을 저격하려면 먼저 식품에 풍미에 대한 객관적인 평가가 필요한데, 아직 식품의 호불호 요소인 관능적 특성에 대해서는 자료를 축적하려는 시도가 이루어지지 않고 있다. 분석기기로 아무리 잘 분석해도 그게 어떤 맛이 날지, 좋은 맛이 날지, 나쁜 맛이 날지, 어떤 사람이 좋아할지 예측하지 못한다. 향의 비밀이 풀려 분석을 통해 얻어낸 수치로 기호도와 취향의 특징을 수치화할 수 있다면 모든 것이 달라질 것이다.

아직은 그런 결과물이 없지만, 분석 자료로부터 식품의 풍미를 제대로 예측할 수 있는 시스템이 개발되면 결과의 활용성이 증가할 것이고, 그런 자료와 평가가 쌓이면 평가 시스템은 더욱 발전할 것이다. 그러기 위해 필요한 것은 식품에 아직 밝혀지지 않은 성분이나 비밀이 있는지에 대한 탐색보다는 우리의 코와 뇌가 어떻게 작동하는지에 대한 이해일 것이다. 그래야 그것을 흉내 낸 시스템의 개발이 가능하다. 일단 흉내만 잘 내도 절반은 성공하는 것이다.

맛은 뇌가 그린 풍경이다

뇌에는 각자의 경험이 새겨 놓은 풍경이 있고,
감각은 그 풍경을 따라 흐르면서 풍경을 조금씩 바꾸어 놓는다.
감각은 결코 홀로 목적지로 가지 않는다.
감각의 순간, 짝이 되는 기억과 느낌이 호출되어 있고,
감각은 그들이 안내를 받으며 함께 간다.
그들이 걷는 길을 따라 감정이 출렁이고,
그 출렁임에 따라 조금씩 풍경도 바뀌어 간다.
감각할 수 있다고 모두가 감동할 수 있는 것은 아니다.
경험과 훈련을 통해 섬세하고 입체적인 풍경을 만든 사람일수록
조그마한 차이에서도 깊고 화려한 감동을 느낄 수 있다.
맛은 감정을 통해 기억에 흔적을 남기고,
기억은 느낌을 통해 맛을 구성한다.

맛은 주관적이라 다양성이 있고, 맛은 객관적이라 과학이 있다.
맛은 개인적이라 취향이 있고, 맛은 사회적이라 유행이 있다.

증보판 작업을 마치고…

그동안 맛에 대해 여러 책을 썼지만 한 번도 감각 수용체를 제대로 다루지 못했다. 더구나 『감각·착각·환각』 초판에서는 지각의 원리만 설명했지 그것이 맛의 현상에 어떻게 적용되는지에 대해서는 자세히 설명하지 못했는데, 이번 증보판에서 감각이 어떻게 지각이 되고, 지각이 어떻게 감각을 조율하는지도 설명할 수 있었다.

그러다 보니 환각을 많이 동원했는데, 왠지 모르게 허무함이 느껴질 수도 있을 것이다. 사실 환각 측면에서 보면 인생은 눈뜨고 꾸는 꿈인지도 모른다. 이런 이야기는 영화 〈매트릭스〉뿐 아니라 수천 년 전부터 현인이나 종교에서 자주 말하는 내용인데, 나는 이것을 가장 가까이 있는 증거로 설명해본 것에 불과하다.

하여간 맛은 확실히 어려운 것 같다. 맛의 개별적인 현상에 대해 여러 권의 책을 썼고, 이번 책으로 감각에서 지각까지 그 전모를 살펴보았지만, 맛은 여전히 많은 부분이 안개 속에 있다. 그나마 최근 생리학과 뇌과학이 눈부신 성과를 얻고 있고, 그런 결과물이 속속 맛에 적용이 되고 있어서 맛도 과학의 도움으로 점점 더 구체적으로 설명할 수 있게 될 것이라는 희망이 커진다. 내가 생각하는 지각의 원리와 그것이 어떻게 맛에 적용되는지에 대한 나의 이론이 실제 뇌에서도 그렇게 일어나는지 아닌지는 아마도 시간이 더 지나야 밝혀지겠지만, 그래도 나는 맛의 현상을 처음부터 끝까지 통합적으로 설명해봤다는 사실에 매우 만족한다.

이 책의 원고를 마무리하고 출간을 앞둔 즈음에 닉 채터Nick Chater의 『생각한다는 착각(The mind is flat)』이라는 책을 보게 되었다. 내가 시각을 이용해 맛이 어떻게 작동하는지를 설명했다면, 닉 채터는 시각을 이용해 우리가 어떻게 생각하는지를 설명하고 있다. 결론적으로 우리의 생각은 그렇게 입체적이지 않고 매우 평면적(flat)이다. 뇌 안에 심오한 미음은 없고 그때그때 창작을 하는데, 그 과정이 너무나 빠르고 매끄러워서 우리의 정신적 깊이에서 나오는 것이라고 믿을 뿐이라고 말한다. 사실 맛도 향도 감각의 측면에서는 지극히 평면적이다. 그런데 우리는 입체적으로 느끼면서 감동한다. 확실히 맛은 음식에 있는 것이 아니고 내 안에, 우리 뇌 안에 있다.

최낙언

감사의 글(초판)

우연과 필연

이 책을 처음 쓰게 된 배경은 우연히 만난 두 권의 책이다. 올리버 색스의 『환각』과 라마찬드란 박사의 『명령하는 뇌, 착각하는 뇌』가 그것이다. 하지만 그것은 단지 이 책에 대한 동기였을 뿐, 실제 식품을 공부하고 다른 자연과학을 공부할 힘을 부여하기 시작한 책은 닉 레인의 『미토콘드리아』이다. 2009년, 식품 공부를 다시 시작하면서 내가 궁금했던 문제에 대한 답은 식품 자료보다는 주변의 자연과학 책에 더 많이 있다는 것을 알게 되었다. 그러다 『미토콘드리아』를 읽고 '아, 자연과학도 이렇게 재미있을 수 있구나!' 하며 놀랐다.

자연과학 자료를 찾다가 우연히 박문호 박사님의 강의를 알게 되었다. (www.mhpark.or.kr) 박사님의 지론이 "자연에는 매듭이 없는데 어떻게 그것을 이해하려는 학문에 매듭이 있겠는가? 자연과학은 통째로 이해해야 한다"는 것이다. 그래서 양자역학, 천문학, 지구과학, 생물학, 뇌과학 등 자연과학의 모든 주제를 융합하여 강의한다. 덕분에 나는 뇌과학을 처음 공부하게 되었고, 최근 뇌과학이 밝힌 내용을 이용하여 식품현상을 이해하는 데 관심을 가지게 되었다. 아직은 잘 밝혀지지 않는 후각의 인지 기작을 이해해 보고자 한 것이다.

여러 자연과학의 근본적인 프레임과 방향을 제시하여 주시는 박사님께 진심으로 감사드린다. 박사님은 매년 대중에게 자연과학에 대한 통섭적인 강의를 하신다. 우리나라에도 이런 수준 높은 강의가 더 많아지고 더 널리 공유되었으면 좋겠다. 이런 대중의 과학화야말로 무책임하고 부정확한 정보의 홍수 속에서 우리와 우리 아이들을 지키는 가장 현명한 방법이기 때문이다. 또한 인간이 만든 가장 수준 높은 지적산물이자 문화를 적극적으로 즐기는 삶이기도 하다.

물론 내가 가장 감사드릴 분들은 ㈜시아스 최진철 대표님과 임직원 여러분이다. 이 책은 정말 회사의 업무와 관계없고, 심지어 식품과도 별로 관계가 없다. 그런데 어떻게 회사생활을 하면서 이런 책을 쓸 수 있었겠는가? 대표님과 임직원님들의 배려와 노고 덕분이다. 진심으로 감사드린다.

최낙언

참고문헌

『향기』 A. S. 바위치 지음, 김홍표 옮김, 세로, 2020
『그림으로 읽는 뇌과학의 모든 것』 박문호 지음, 휴머니스트, 2013
『눈이 뱅뱅 뇌가 빙빙: 신기하고 재미있는 착시의 과학』 클라이브 기퍼드 지음, 이정모 옮김, 다른, 2015
『뇌 생각의 출현』 박문호 지음, 휴머니스트, 2008
『명령하는 뇌, 착각하는 뇌』 V. S. 라마찬드란 지음, 박방주 옮김, 알키, 2012
『라마찬드란 박사의 두뇌 실험실』 V. S. 라마찬드란 지음, 신상규 옮김, 바다출판사, 2007
『환각』 올리버 색스 지음, 김한영 옮김, 알마, 2013
『의식의 탐구』 크리스토프 코흐 지음, 김미선 옮김, 시그마 프레스, 2006
『시냅스와 자아』 조지프 르두 지음, 강봉균 옮김, 동녘사이언스, 2005
『생각하는 뇌, 생각하는 기계』 제프 호킨스·샌드라 블레이크슬리 지음, 이한음 옮김, 멘토르, 2010
『빅브레인』 게리 린치·리처드 그레인저 지음, 문희경 옮김, 21세기북스, 2010
『뇌의 마음』 월터 프리먼 지음, 진성록 옮김, 부글북스, 2007
『신경과학의 원리-5판』 에릭 켄달 외 지음, 강봉균 외 옮김, 범문에듀케이션, 2014
『신경과학으로 보는 마음의 지도』 호아킨 M. 푸스테르 지음, 김미선 옮김, 휴먼사이언스, 2014
『신경과학과 마음의 세계』 제럴드 에델만 지음, 황희숙 옮김, 범양사, 1998
『뇌의 가장 깊숙한 곳』 케빈 넬슨 지음, 전대호 옮김, 해나무, 2013
『마음의 눈』 올리버 색스 지음, 이민아 옮김, 알마, 2013
『프루스트는 신경과학자였다』 조나 레너 지음, 최애리·안시열 옮김, 지호, 2007
『감정은 어떻게 만들어지는가?』 리사 펠드먼 배럿 지음, 최호영 옮김, 생각연구소, 2017
『뇌의 왈츠』 대니얼 J. 레비턴 지음, 장호연 옮김, 마티, 2008
『느낌의 진화』 안토니오 다마지오 지음, 임지원·고현석 옮김, 아르테, 2019
『뮤지코필리아』 올리버 색스 지음, 장호연 옮김, 알마, 2012
『어쩐지 미술에서 뇌과학이 보인다』 에릭 캔델 지음, 이한음 옮김, 프시케의숲, 2019

『통찰의 시대』에릭 캔델 지음, 이한음 옮김, 알에이치코리아, 2014
『향의 과학』히라야마 노리아키 지음, 윤선해 옮김, 황소자리, 2021
『향의 언어』최낙언 지음, 예문당, 2021
『Food aroma evolution』Matteo Bordiga, Leo M.L. Nollet, CRC Press, 2019
『Nose Dive: A Field Guide to the World's Smells』Harold McGee, Penguin Press, 2020
『Springer Handbook of Odor』Andrea Buettner, Springer, 2017

미라쿨린: Intracellular acidification is required for full activation of the sweet taste receptor by miraculin, Keisuke Sanematsu외 Scientific Reports volume 6, Article number: 22807 (2016)

GPCR 구조: Structure, Function, and Signaling of Taste G-Protein-Coupled Receptors, Keisuke Sanematsu, Current Pharmaceutical Biotechnology, 2014,

생선 형태 변화: Transformation of fish shapes represented as deformation of the Cartesian coordinates of a generic fish shape (after Thompson 1917).

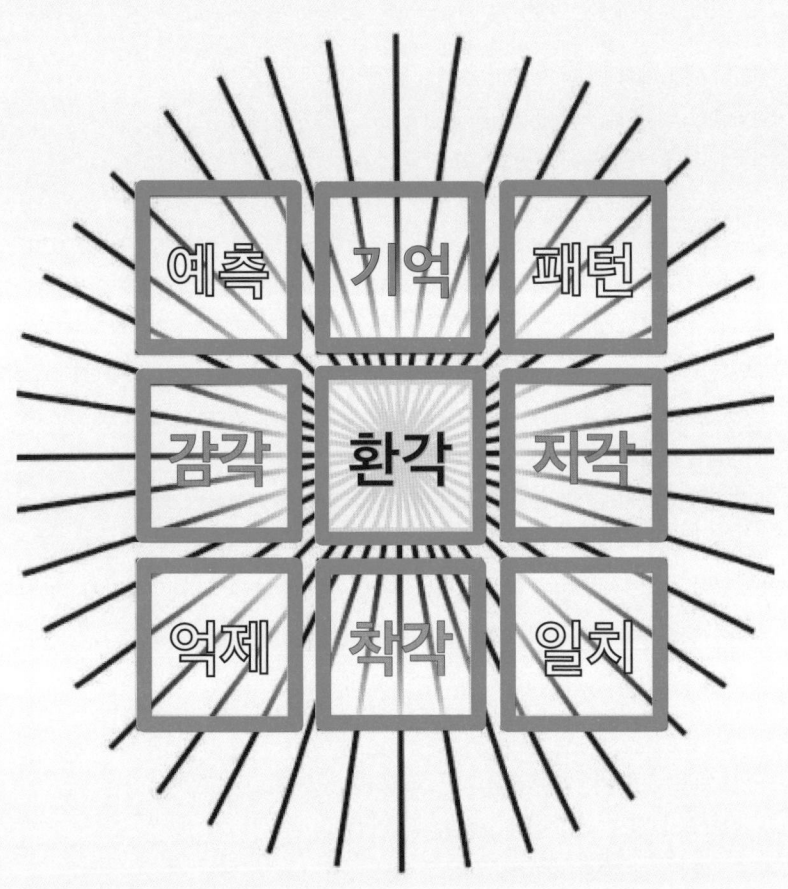